普通高等学校智能制造领域人才培养教材

智能传感与检测技术

主　编　刘红梅　吴何畏

副主编　孙艳玲　杜毓瑾　袁　芳

华中科技大学出版社

中国·武汉

内 容 简 介

本书介绍了智能传感与检测技术的基本概念、原理、分类、应用及其发展趋势,旨在帮助学生了解该领域的前沿动态,培养具备创新能力和实践能力的专业人才,为推动科技进步和社会发展做出贡献。

全书共有 8 章,分为上、下两篇,其中上篇为传感器部分,下篇为检测技术部分。第 1 章介绍了传感器基础知识、检测技术基础知识和课程性质及主要任务。第 2、3 章介绍了结构型传感器和物性型传感器的工作原理、分类和适用范围。第 4 章介绍了智能传感器与物联网。第 5 章介绍了智能制造领域常用的传感器。第 6~8章从信号的分类与描述、调理与转换、分析与处理等环节展开介绍。

本书可作为普通高等学校机械工程、智能制造等相关专业高年级本科生的教材或参考书,也可供相关技术人员参考。

图书在版编目(CIP)数据

智能传感与检测技术 / 刘红梅,吴何畏主编. -- 武汉 ：华中科技大学出版社,2024. 9. -- ISBN 978-7-5772-1288-3

Ⅰ. TP212.6

中国国家版本馆 CIP 数据核字第 2024CD2411 号

智能传感与检测技术
Zhineng Chuangan yu Jiance Jishu

刘红梅　吴何畏　主编

策划编辑：王　勇
责任编辑：罗　雪　周　麟
封面设计：廖亚萍
责任监印：朱　玢

出版发行：华中科技大学出版社(中国·武汉)　　　电话：(027)81321913
　　　　　武汉市东湖新技术开发区华工科技园　　　邮编：430223

录　　排：武汉三月禾文化传播有限公司
印　　刷：武汉市洪林印务有限公司
开　　本：787mm×1092mm　1/16
印　　张：16.5
字　　数：408 千字
印　　次：2024 年 9 月第 1 版第 1 次印刷
定　　价：49.80 元

前　　言

随着物联网、人工智能等技术的快速发展,智能传感与检测技术逐渐成为现代信息技术的重要组成部分。本书介绍了智能传感与检测技术的基本概念、原理、分类、应用及其发展趋势,旨在帮助学生了解该领域的前沿动态,培养具备创新能力和实践能力的专业人才,为推动科技进步和社会发展做出贡献。

本书为湖北文理学院特色教材,编写特色如下。

(1)在保持传统教材风格的基础上,本书融入拓展阅读模块,介绍了国家政策、科技前沿和相关领域的新知识,具有思想性。

(2)调整了内容结构,传感器部分按照传感器的发展历程展开介绍,检测技术部分按照信号的分类与描述、调理与转换、分析与处理展开介绍,脉络清晰,知识结构体系完整,具有科学性。

(3)为适应国家智能制造产业的发展,增加了智能传感器与物联网、智能制造领域常用的传感器等内容,具有专业性。

(4)精选了生活中的智能传感器的图片,图文并茂,理论与实际相结合,具有实用性。

全书共有 8 章,分为上、下两篇,其中上篇为传感器部分,下篇为检测技术部分。第 1 章介绍了传感器基础知识、检测技术基础知识和课程性质及主要任务。第 2、3 章介绍了结构型传感器和物性型传感器的工作原理、分类和适用范围。第 4 章介绍了智能传感器与物联网。第 5 章介绍了智能制造领域常用的传感器。第 6～8 章从信号的分类与描述、调理与转换、分析与处理等环节展开介绍。

本书由刘红梅、吴何畏任主编,孙艳玲、杜毓瑾、袁芳任副主编。湖北文理学院程柳娟同学参与了书稿的制图工作,在此表示感谢。

本书在编写过程中,参考了大量文献资料,感谢书后所列参考文献的作者,如有遗漏,深表歉意。

由于编者水平有限,书中难免有不当之处,请读者不吝批评指正。

编者

2024 年 8 月

目　　录

上篇　传感器部分

下篇　检测技术部分

上篇　传感器部分

第1章 绪 论

【知识目标】

（1）了解传感器的基础知识。
（2）了解检测技术的基础知识。

【能力目标】

（1）能够理解传感器性能指标的基本含义。
（2）能够理解本课程所包含的课程内容。
（3）提升自主分析的能力。

【素质目标】

通过铺垫基础知识和拓展知识的视频，结合《中国制造 2025》和我国制造强国战略，本章旨在引导学生树立远大理想和培养爱国主义情怀，树立正确的世界观、人生观、价值观，勇敢地肩负起时代赋予的光荣使命，全面提高学生思想政治素质。

【知识图谱】

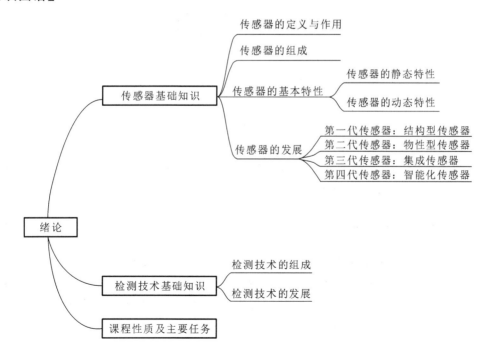

1.1 传感器基础知识

1.1.1 传感器的定义与作用

根据我国国家标准《传感器通用术语》(GB/T 7665—2005),传感器(transducer/sensor)的定义:能够感受被测量并按照一定规律转换成可用输出信号的器件或装置,通常由敏感元件和转换元件组成。其中,敏感元件是指传感器中能直接感受或响应被测量的部分;转换元件是指传感器中能将敏感元件感受或响应的被测量转换成适于传输或测量的电信号部分。

传感器的共性就是利用物理定律或物质的物理、化学或生物特性,将非电量(如位移、速度、加速度、力等)输入转换成电量(电压、电流、频率、电荷、电容、电阻等)输出。

根据传感器的定义,传感器的基本组成分为敏感元件和转换元件两部分,分别完成检测和转换两个基本功能。

1.1.2 传感器的组成

传感器的组成如图 1-1 所示。

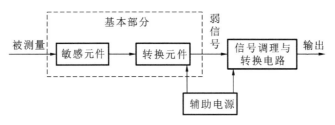

图 1-1 传感器的组成

传感器一般由敏感元件、转换元件和信号调理与转换电路三部分组成,但部分传感器也将辅助电源作为其组成部分。

敏感元件直接感受被测量(非电量),并输出与被测量有确定关系的物理量信号;转换元件将敏感元件输出的物理量信号转换为电信号;信号调理与转换电路负责对转换元件输出的电信号进行放大调制,转换为便于处理、显示、记录、控制和输出的可用电信号;转换元件和信号调理与转换电路一般还需要辅助电源供电。

1.1.3 传感器的基本特性

在测试过程中,传感器能感受到被测量的变化并将其不失真地转换成容易测量的量。被测量一般有两种形式:一种是稳定的,即不随时间变化或变化极其缓慢的,称为静态信号;另一种是随时间变化而变化的,称为动态信号。由于被测量的形式不同,传感器所呈现出来的输出-输入特性也不同,因此,传感器的基本特性一般用静态特性和动态特性来描述。

1. 传感器的静态特性

传感器的静态特性是指被测量的值处于稳定状态时的输出-输入特性。衡量静态特性的重要指标是灵敏度、非线性度、迟滞、分辨率、稳定性和漂移等。

1）灵敏度

灵敏度 S 是指传感器的输出量增量 Δy 与引起输出量增量 Δy 的输入量增量 Δx 的比值，即 $S = \dfrac{\Delta y}{\Delta x}$。

对于线性传感器，它的灵敏度就是它的静态特性曲线的斜率，即 S 为常数；而非线性传感器的灵敏度为一变量，用 $S = \mathrm{d}y/\mathrm{d}x$ 表示，如图 1-2（a）所示。

线性系统的静态特性曲线为一条直线。例如，某位移测量系统在位移变化 $1\ \mu m$ 时输出的电压变化有 $5\ mV$，则其灵敏度 $S = 5\ V/mm$，对输入、输出量纲相同的测量系统，其灵敏度无量纲，常称为放大倍数。

外界环境条件等因素的变化可能造成测试系统输出特性的变化，例如由环境温度的变化而引起的测量和放大电路特性的变化等，最终反映为灵敏度发生变化，由此引起的灵敏度变化称为灵敏度漂移，如图 1-2（b）所示。

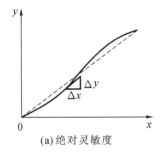

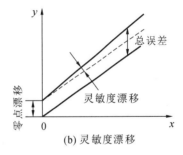

(a) 绝对灵敏度　　　　　　　(b) 灵敏度漂移

图 1-2　绝对灵敏度及其漂移

应该根据测量要求合理设计或选择测试系统的灵敏度。一般而言，测试系统的灵敏度越高，测量的范围就越窄，稳定性也往往越差。

2）非线性度

非线性度是指测试系统的输入、输出之间能否像理想线性系统那样保持线性关系的一种度量。通常采用静态测量实验的办法求出测试系统的输入输出关系曲线（即实验曲线或标定曲线），该曲线偏离其拟合直线的程度即为非线性度。可以定义非线性度 F 为在系统的全程测量范围内，实验曲线和拟合直线偏差 B 的最大值与输出范围（量程）A 之比，如图 1-3（a）所示。

$$F = \frac{\max(B)}{A} \times 100\% \tag{1-1}$$

3）迟滞

传感器在正向（输入量增大）行程和反向（输入量减小）行程期间，输出-输入特性曲线不重合的现象称为迟滞，如图 1-3（b）所示。也就是说，对于同一大小的输入信号，传感器的正反行程输出信号大小不等。产生这种现象主要是由于传感器敏感元件材料的物理性质和机械零部件的缺陷,例如,弹性敏感元件的弹性滞后、运动部件摩擦、传动机构的间隙、紧固件松动等,其具有一定的随机性。

迟滞大小通常由实验确定。迟滞误差(H)可由下式计算:

$$H = \frac{\max(h)}{A} \times 100\% \tag{1-2}$$

式中,$\max(h)$为正向行程与反向行程输出信号之差h的最大值。

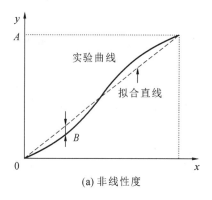 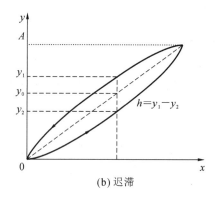

(a) 非线性度　　　　　　　　　　(b) 迟滞

图 1-3　非线性度和迟滞

4)分辨率

传感器的分辨率是指在规定测量范围内所能检测到的输入量的最小变化值 $\Delta x_{\min}$,有时也用该值相对满量程输入值 x_{FS} 的百分数($\Delta x_{\min}/x_{FS} \times 100\%$)表示。

5)稳定性

传感器的稳定性一般是指长期稳定性,是在室温条件下,经过相当长的时间间隔,如一天、一月或一年,传感器的输出与起始标定的输出之间的差异,因此通常又用其不稳定度来表示传感器输出的稳定程度。

6)漂移

传感器的漂移是指在外界的干扰下,输出量发生与输入量无关的变化,包括零点漂移和灵敏度漂移等。

传感器在零输入时,输出的变化称为零点漂移(亦简称零漂)。零点漂移或灵敏度漂移又可分为时间漂移和温度漂移。时间漂移是指在规定的条件下,零点或灵敏度随时间的缓慢变化。温度漂移是指环境温度变化引起的零点或灵敏度的变化。漂移一般可通过串联或并联可调电阻来消除。

2. 传感器的动态特性

传感器的动态特性是指传感器测量动态信号时,输出对输入的响应特性。一个动态特性好的传感器,其输出量将再现输入量的变化规律,即具有相同的时间函数。在动态的输入信号的情况下,输出信号一般来说不会与输入信号具有完全相同的时间函数,这种输出与输入间的差异就是所谓的动态误差。

影响传感器动态特性的主要是传感器的固有因素,如温度传感器的热惯性等,不同的传感器,其固有因素的表现形式和作用程度不同。另外,动态特性还与传感器输入量的变化形式有关。也就是说,我们在研究传感器动态特性时,通常是根据不同输入变化规律来考察传感器的动态响应的。传感器的输入量随时间变化的规律是各种各样的,下面对传感器动态特性的分析,同自动控制系统分析一样,通常从时域和频域两方面分别采用瞬态响应法和频率响应法。

1) 瞬态响应法

研究传感器的动态特性时,在时域中对传感器的响应和过渡过程进行分析的方法称为时域分析法,这时传感器对所加激励信号的响应称为瞬态响应。常用的激励信号有阶跃函数、斜坡函数、脉冲函数等。下面以最典型、最简单、最易实现的阶跃函数作为标准输入信号来分析评价传感器的动态性能指标。

当给静止的传感器输入一个单位阶跃函数信号:

$$u(t) = \begin{cases} 0, & t \leqslant 0 \\ 1, & t > 0 \end{cases} \tag{1-3}$$

此时,其输出特性称为阶跃响应或瞬态响应特性。瞬态响应特性曲线如图 1-4 所示。

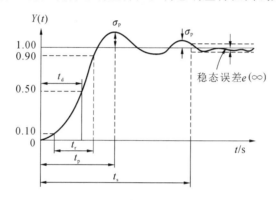

图 1-4　瞬态响应特性曲线

(1) 最大超调量 σ_p:响应曲线偏离阶跃曲线的最大值,常用百分数表示。当稳态值为 1,则最大超调量 $\sigma_p = \dfrac{y(t_p) - y(\infty)}{y(\infty)} \times 100\%$。最大超调量反映传感器的相对稳定性。

(2) 延滞时间 t_d:阶跃响应达到稳态值 50% 所需要的时间。

(3) 上升时间 t_r:

① 响应曲线从稳态值的 10% 上升到 90% 所需的时间;

② 响应曲线从稳态值的 5% 上升到 95% 所需的时间;

③ 响应曲线从零上升到第一次到达稳态值所需的时间。

对有振荡的传感器常用③描述,对无振荡的传感器常用①描述。

(4) 峰值时间 t_p:响应曲线从零到第一个峰值所需的时间。

(5) 响应时间 t_s:响应曲线衰减到与稳态值之差不超过 $\pm5\%$ 或 $\pm2\%$ 时所需要的时间,有时又称为过渡过程时间。

2) 频率响应法

测试系统的动态特性是指输入量随时间变化时,其输出随输入变化的关系。线性系统的动态特性有许多描述方法。测试系统在我们所考虑的测量范围内一般可认为是线性系统,因此可以用线性时不变系统微分方程描述测试系统输入输出之间的关系。传递函数、脉冲响应函数和频率响应函数是在不同的域描述线性系统传输特性的方法,其中频率响应函数是系统动态特性的频率描述,脉冲响应函数是系统动态特性的时域描述。

(1) 传递函数。

① 传递函数的定义。

线性系统输入、输出的关系可用式(1-4)来描述:

$$a_n \frac{d^n y(t)}{dt^n} + a_{n-1} \frac{d^{n-1} y(t)}{dt^{n-1}} + \cdots + a_1 \frac{dy(t)}{dt} + a_0 y(t)$$

$$= b_m \frac{d^m x(t)}{dt^m} + b_{m-1} \frac{d^{m-1} x(t)}{dt^{m-1}} + \cdots + b_1 \frac{dx(t)}{dt} + b_0 x(t) \tag{1-4}$$

式中,a_n、a_{n-1}、$\cdots$、a_0 和 b_m、b_{m-1}、$\cdots$、b_0 为系统的结构特性参数。

在输入量 $x(t)$、输出量 $y(t)$ 及其各阶导数的初始条件均为零的情况下,对式(1-4)取拉普拉斯变换(简称拉氏变换),可得

$$(a_n s^n + a_{n-1} s^{n-1} + \cdots + a_1 s + a_0) Y(s) =$$

$$(b_m s^m + b_{m-1} s^{m-1} + \cdots + b_1 s + b_0) X(s) \tag{1-5}$$

系统的传递函数定义为

$$H(s) = \frac{Y(s)}{X(s)} = \frac{b_m s^m + b_{m-1} s^{m-1} + \cdots + b_1 s + b_0}{a_n s^n + a_{n-1} s^{n-1} + \cdots + a_1 s + a_0} \tag{1-6}$$

它是在初始条件全为零的条件下输出量与输入量的拉氏变换之比,是在复数域中对系统输入与输出之间关系的描述。

传递函数是对系统特性的解析描述,包含了瞬态、稳态时间响应和频率响应的全部信息。传递函数有以下几个特点:

(a) 描述系统本身的动态特性,与输入量 $x(t)$ 及系统的初始状态无关。

(b) 传递函数是对物理系统特性的数学描述,与具体的物理结构无关。$H(s)$ 是将实际的物理系统抽象成数学模型式(1-4)后,经过拉氏变换所得出的,所以同一传递函数可以代表具有相同传输特性的不同物理系统。

(c) 传递函数中的分母取决于系统的结构,分子表示系统同外界之间的联系,如输入点的位置、输入方式、被测量及测点布置情况等。分母中 s 的幂(n)代表系统微分方程的阶数,例如当 $n=1$ 或 $n=2$ 时,系统分别称为一阶系统或二阶系统。

(d) 一阶系统是稳定系统,其分母中 s 的幂总是大于分子中 s 的幂($n>m$)。

② 一阶系统的传递函数。

图 1-5 所示为忽略质量的单自由度振动系统。如果系统的变形与力的关系在线性范围内并且在时间上是连续的,则根据力平衡理论有

$$c \frac{dy(t)}{dt} + ky(t) = x(t) \tag{1-7}$$

式中,k 为弹簧的刚度;c 为阻尼器的阻尼系数;$x(t)$ 为输入力;$y(t)$ 为输出位移。

因为输入与输出之间成一阶线性微分方程的关系,所以该系统是一阶系统。当初始条件全为零时,对式(1-7)两边取拉氏变换,有

$$(cs + k) Y(s) = X(s) \tag{1-8}$$

由传递函数的定义,有

$$H(s) = \frac{Y(s)}{X(s)} = \frac{A_0}{\tau s + 1} \tag{1-9}$$

式中，τ 为时间常数，$\tau = c/k$；A_0 为系统的灵敏度，$A_0 = 1/k$。

图 1-6 所示为两个一阶系统的实例，图（a）为 RC（R 表示电阻器，C 表示电容器）电路，图（b）为液柱式温度计，分别属于电学和热力学范畴的装置，它们都属于一阶系统，都具有与图 1-5 所示的忽略质量的单自由度振动系统相同的传递函数。

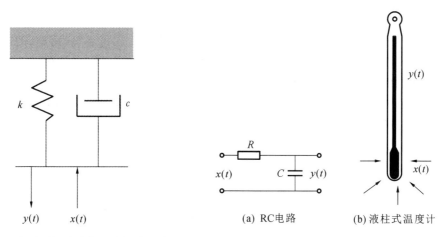

图 1-5　忽略质量的单自由度振动系统　　　　图 1-6　两个一阶系统的实例

③ 二阶系统的传递函数。

图 1-7 所示为集中质量的弹簧阻尼振动系统，由图可列出质量块的力平衡微分方程：

$$m \frac{\mathrm{d}y^2(t)}{\mathrm{d}t^2} + c \frac{\mathrm{d}y(t)}{\mathrm{d}t} + ky(t) = f(t) \tag{1-10}$$

当初始条件全为零时，对式（1-10）两边取拉氏变换，有

$$(ms^2 + cs + k)Y(s) = F(s) \tag{1-11}$$

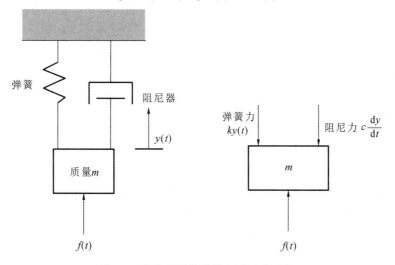

图 1-7　集中质量的弹簧阻尼振动系统

于是,传递函数为

$$H(s) = \frac{Y(s)}{X(s)} = \frac{1}{ms^2 + cs + k} = \frac{A_0}{\dfrac{s^2}{\omega_n^2} + 2\zeta \dfrac{s}{\omega_n} + 1} \qquad (1\text{-}12)$$

式中,A_0 为系统的灵敏度,$A_0 = \dfrac{1}{k}$;ω_n 为系统的固有圆频率,也称固有频率、无阻尼固有圆频率,$\omega_n = \sqrt{\dfrac{k}{m}}$;$\zeta$ 为系统的阻尼比,$\zeta = \dfrac{c}{2\sqrt{mk}}$。

图 1-8 所示为两个二阶系统的实例。图(a)为 RLC(L 表示电感器)电路,图(b)为动圈式仪表振子,分别属于电学和力学范畴的装置,它们都属于二阶系统,都具有与图 1-7 所示的集中质量的弹簧阻力振动系统相同的传递函数。

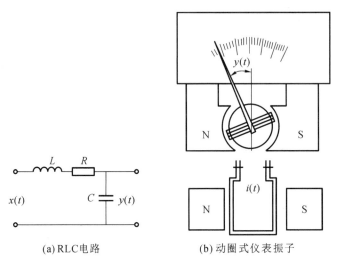

(a)RLC电路　　　　　(b)动圈式仪表振子

图 1-8　两个二阶系统的实例

(2)脉冲响应函数。

① 脉冲响应函数的定义。

在 $t = 0$ 时刻给测试系统施加一单位脉冲 $\delta(t)$。如果测试系统是稳定的,它在经过一个时间段后会恢复为原来的平衡状态。如图 1-9 所示,测试系统对单位脉冲输入的响应(单位脉冲响应)称为脉冲响应函数,也称为权函数,用 $h(t)$ 表示。脉冲响应函数是对测试系统动态响应特性的时域描述。

② 测试系统对任意输入的响应。

若已知测试系统的脉冲响应函数 $h(t)$,可通过卷积 $y(t) = x(t) * h(t)$ 求得系统对任意输入信号 $x(t)$ 的响应 $y(t)$,讨论如下。

为求解测试系统对输入信号 $x(t)$ 的响应,先将输入信号 $x(t)$ 按时间轴分割,令每个小间隔等于 Δt,分别位于时间轴的不同位置 t_i 上。假定时间间隔 Δt 足够小,那么,每个小窄条就相当于一个脉冲,其面积近似为 $x(t_i)\Delta t$,如图 1-10 所示。如果能求出系统对各小窄条输入的响应,那么把系统对各个小窄条输入的响应叠加起来,就可以近似地求出该系统对输入信号 $x(t)$ 的总响应 $y(t)$。

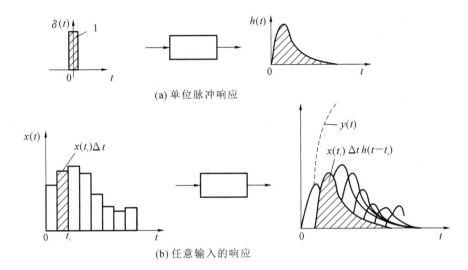

(a) 单位脉冲响应

(b) 任意输入的响应

图 1-9　单位脉冲响应和任意输入的响应

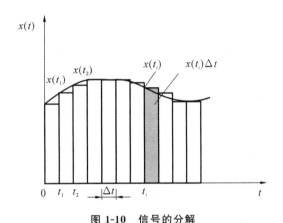

图 1-10　信号的分解

为求系统对各小窄条输入的响应,回顾一下单位脉冲 $\delta(t)$。$\delta(t)$ 是在时间轴坐标原点的一个脉冲,其面积是 1,它输入到系统后,在初始条件为零的情况下引起单位脉冲响应。根据 $\delta(t)$ 的性质,位于坐标原点的面积为 $x(0)\Delta t$ 的小窄条信号(脉冲)输入系统后所引起的响应为 $x(t_i)\Delta t\, h(t-t_i)$。这样由许多小窄条叠加而成的 $x(t)$ 所引起的总响应 $y(t)$ 应为各小窄条分别的响应之和,如图 1-9(b)所示,即

$$y(t) \approx \sum_{i=0}^{n} x(t_i)\Delta t\, h(t-t_i) \tag{1-13}$$

若将小窄条的间隔无限缩小,即 $\Delta t \rightarrow 0$,各小窄条响应总和的极限就是该系统原输入信号 $x(t)$ 所引起的系统输出:

$$y(t) = \int_{0}^{t} x(t_i)h(t-t_i)\mathrm{d}t = x(t)*h(t) \tag{1-14}$$

式中,测试系统对任意输入信号 $x(t)$ 的响应 $y(t)$,是输入信号与系统的脉冲响应函数的卷积。也就是说,只要知道系统的脉冲响应函数 $h(t)$,就可以通过卷积计算出任意输入信号 $x(t)$ 的

11

响应 $y(t)$。所以脉冲响应函数对一个系统来说在传输信号的特性上具有决定性的意义。

(3) 频率响应函数。

传递函数 $H(s)$ 是在复数域中描述和考察系统特性的函数,与在时域中用微分方程来描述与考察系统的特性相比有许多优点。频率响应函数则是在频域中描述和考察系统特性的函数。因为简谐信号是最基本的典型信号,所以在研究测试系统的动态特性时经常被选用。频率响应函数是测试系统稳定响应输出信号的傅里叶变换与输入简谐信号的傅里叶变换之比。与传递函数相比,频率响应函数易通过实验来建立,且物理概念清楚。

在系统传递函数 $H(s)$ 已知的情况下,令 $H(s)$ 中 s 的实部为零,即 $s = j\omega$ 便可以求得频率响应函数 $H(j\omega)$。对于线性时不变系统,频率响应函数为

$$H(j\omega) = \frac{b_m \ (j\omega)^m + b_{m-1} \ (j\omega)^{m-1} + \cdots + b_1 \ (j\omega) + b_0}{a_n \ (j\omega)^n + a_{n-1} \ (j\omega)^{n-1} + \cdots + a_1 \ (j\omega) + a_0} \tag{1-15}$$

在 $t = 0$ 时刻将输入信号接入线性时不变系统,即把 $s = j\omega$ 代入拉氏变换,实际上是将拉氏变换变成傅里叶变换。由于系统的初始条件为零,所以系统的频率响应函数 $H(j\omega)$ 就成为输出 $y(t)$、输入 $x(t)$ 的傅里叶变换 $Y(\omega)$、$X(\omega)$ 之比,即

$$H(j\omega) = \frac{Y(\omega)}{X(\omega)} \tag{1-16}$$

需要注意的是,频率响应函数描述系统的简谐输入与其稳态输出的关系,在测量系统的频率响应函数时,必须在系统响应达到稳态阶段才能进行测量。

频率响应函数是复数,因此可改写为

$$H(j\omega) = A(\omega) \ e^{j\varphi(\omega)} \tag{1-17}$$

式中,$A(\omega)$ 为系统的幅频特性;$\varphi(\omega)$ 为系统的相频特性。

由此可见,系统的频率响应函数 $H(j\omega)$ 和其幅频特性 $A(\omega)$、相频特性 $\varphi(\omega)$ 都是简谐信号角频率 ω 的函数。

为研究问题方便,常用曲线描述系统的传输特性。$A(\omega)$-ω 曲线和 $\varphi(\omega)$-ω 曲线分别为系统的幅频特性曲线和相频特性曲线。实际作图时,常对自变量取对数标尺,幅值坐标取分贝数 (dB),即作 $20\lg A(\omega)$-$\lg(\omega)$ 和 $\varphi(\omega)$-$\lg(\omega)$ 曲线,两者分别为对数幅频特性曲线和对数相频特性曲线,总称为伯德图。

如果将 $H(j\omega)$ 按实部和虚部改写为

$$H(j\omega) = P(\omega) + jQ(\omega) \tag{1-18}$$

则 $P(\omega)$ 和 $Q(\omega)$ 都是 ω 的实函数,曲线 $P(\omega)$-ω 和 $Q(\omega)$-ω 分别为系统的实频特性曲线和虚频特性曲线。如果把 $H(j\omega)$ 的虚部和实部分别作为纵、横坐标,则将曲线 $Q(\omega)$-$P(\omega)$ 称为奈奎斯特曲线。显然有

$$A(\omega) = \sqrt{P^2(\omega) + Q^2(\omega)} \tag{1-19}$$

$$\varphi(\omega) = \arctan \frac{Q(\omega)}{P(\omega)} \tag{1-20}$$

① 一阶系统的动态特性。

在一阶系统中,当输入为正弦函数时,由式(1-9)很容易从传递函数得到频率响应函数,进而得到系统的幅频特性和相频特性。其频率响应函数为

$$H(j\omega) = A_0 \frac{1}{j\tau\omega + 1} = A_0 \left[\frac{1}{1 + (\tau\omega)^2} - j \frac{\tau\omega}{1 + (\tau\omega)^2} \right] \qquad (1\text{-}21)$$

当 $A_0 = 1$ 时,幅频特性为

$$A(\omega) = \frac{1}{\sqrt{1 + (\tau\omega)^2}} \qquad (1\text{-}22)$$

相频特性为

$$\varphi(\omega) = -\arctan(\tau\omega) \qquad (1\text{-}23)$$

式中,负号表示输出信号滞后于输入信号。

一阶系统的脉冲响应函数为

$$h(t) = \frac{1}{\tau} e^{-\frac{t}{\tau}} (t \geqslant 0) \qquad (1\text{-}24)$$

图 1-11 至图 1-14 分别为 $A_0 = 1$ 时的一阶系统的伯德图、一阶系统的奈奎斯特图、一阶系统的幅频特性曲线和相频特性曲线、一阶系统的脉冲响应函数图。

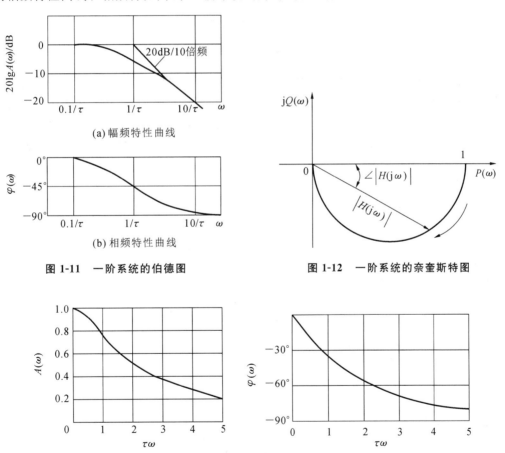

(a) 幅频特性曲线

(b) 相频特性曲线

图 1-11　一阶系统的伯德图

图 1-12　一阶系统的奈奎斯特图

(a) 幅频特性曲线

(b) 相频特性曲线

图 1-13　一阶系统的幅频特性曲线和相频特性曲线

从图 1-11 至图 1-14 可知,一阶系统具有以下特点:

（a）当激励频率 ω 远小于 $1/\tau$ 时，约 $\omega < 1/(5\tau)$，其 $A(\omega)$ 接近1，输出输入幅值几乎相等。当 $\omega > (2\sim3)/\tau$，即 $\omega\tau \gg 1$ 时，$H(j\omega) \approx 1/(j\omega\tau)$，与之相应的积分方程为

$$y(t) = \frac{1}{\tau}\int_0^t x(t)\,\mathrm{d}t \tag{1-25}$$

即输出和输入的积分成正比，系统相当于一个积分器。其中 $A(\omega)$ 几乎与激励频率 ω 成正比，相位滞后 $90°$。故一阶测试装置（一阶系统）适用于测量缓变及低频的被测量。

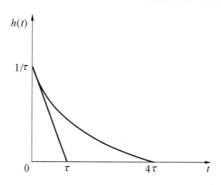

图 1-14　一阶系统的脉冲响应函数图

（b）时间常数是反映一阶系统特性的重要参数，实际上也决定了该测试装置适用的频率范围。在图 1-11(b) 中，当 $\omega = 1/\tau$ 时，$A(\omega)$ 为 0.707（$20\lg A(\omega) = -3$ dB），相角滞后 $45°$。

一阶系统的伯德图可以近似用一条折线来描述。该折线在 $\omega < 1/\tau$ 段为频率，在 $\omega = 1/\tau$ 该点折线偏离实际曲线的误差最大（为 -3 dB）。所谓"-20 dB/10 倍频"是指频率每增加 10 倍，$A(\omega)$ 下降 20 dB。

② 二阶系统的动态特性。

二阶系统是一个振荡环节，由式(1-12)可得二阶系统的频率响应函数为

$$H(j\omega) = \frac{A_0}{\left[1 - \left(\dfrac{\omega}{\omega_n}\right)^2\right] + j2\zeta\dfrac{\omega}{\omega_n}} \tag{1-26}$$

进而得到幅频特性为

$$A(\omega) = \frac{A_0}{\sqrt{(1-\eta^2)^2 + (2\zeta\eta)^2}} \tag{1-27}$$

式中，η 为频率比，$\eta = \omega/\omega_n$。

相频特性为

$$\varphi(\omega) = -\arctan\frac{2\zeta\eta}{1-\eta^2} \tag{1-28}$$

脉冲响应函数为

$$h(t) = \frac{A_0\,\omega_n}{\sqrt{1-\zeta^2}}\,\mathrm{e}^{-\zeta\omega_n t}\sin\left(\sqrt{1-\zeta^2}\,\omega_n t\right) \tag{1-29}$$

图 1-15 至图 1-18 分别为 $A_0 = 1$ 时的二阶系统的伯德图、二阶系统的奈奎斯特图、二阶系统的脉冲响应函数图、二阶系统的幅频特性曲线和相频特性曲线。

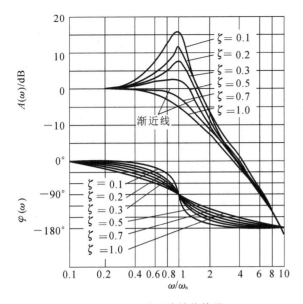

图 1-15　二阶系统的伯德图

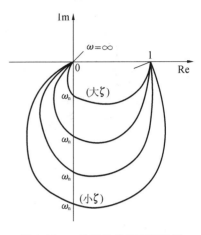

图 1-16　二阶系统的奈奎斯特图

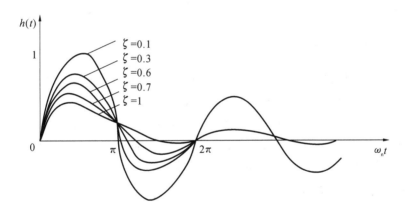

图 1-17　二阶系统的脉冲响应函数图

从图形可知,二阶系统有如下特点:

(a) 如图 1-18(a)所示,当 $\omega \ll \omega_n$ 时,$A(\omega) \approx 1$,当 $\omega > \omega_n$ 时,$A(\omega) \to 0$。

(b) 影响二阶系统动态特性的参数是固有频率和阻尼比。应以工作频率范围为依据选择二阶系统的固有频率 ω_n。在 $\omega = \omega_n$ 附近,系统的幅频特性受阻尼比的影响极大。此时,系统将发生共振,其作为实用装置,应避开这种情况。然而,在测定系统本身的参数时却可以利用这个特点,这时 $A(\omega) = 1/2\zeta$,$\varphi(\omega) = -90°$,且不因阻尼比的不同而改变。

(c) 如图 1-18(b)所示,当 $\omega \ll \omega_n$ 时,$\varphi(\omega)$ 甚小并且与频率成正比增加。当 $\omega \gg \omega_n$ 时,$\varphi(\omega)$ 趋近 $-180°$,即输出与输入相位相反。在靠近 $\omega = \omega_n$ 的区间,$\varphi(\omega)$ 随频率的变化而剧烈变化,并且 ζ 越小变化越剧烈。

二阶系统的伯德图可用折线来近似。在 $\omega < 0.5\omega_n$ 段,$A(\omega)$ 可用 0 dB 水平线近似;在 $\omega > 2\omega_n$ 段,$A(\omega)$ 可用斜率 -40 dB/10 倍频的直线来近似。在 $\omega \approx (0.5 \sim 2)\omega_n$ 区间,因共振现

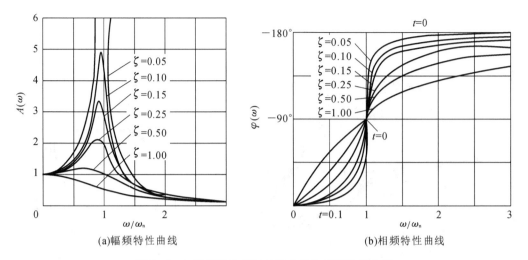

图 1-18　二阶系统的幅频特性曲线和相频特性曲线

象,近似折线偏离实际曲线甚大。

　　从测试工作的角度总是希望测试装置在宽广的频带内由于特性不理想所引起的误差尽可能小。为此,要选择适当的固有频率和阻尼比的组合,以便获得较小的误差。

1.1.4　传感器的发展

　　传感器技术是现代科技的前沿技术,发展迅猛,同计算机技术与通信技术一起被称为信息技术的三大支柱。许多国家已将传感器技术放在与通信技术和计算机技术同等重要的位置。

　　我国自 20 世纪 80 年代末以来也将传感器的发展列为国家高新技术发展的重点,半个世纪以来的投入不仅使我国在传感器方面得到飞速的发展,同时也带动了检测与控制等多学科领域的发展。现代传感器的发展主要体现在以下四个方面。

1. 第一代传感器:结构型传感器

　　20 世纪 50 年代,第一次工业批量生产的传感器是结构型传感器。结构型传感器是以结构(如形状、尺寸等)为基础,利用某些物理规律来感受(敏感)被测量,并将其转换为电信号以实现测量的。例如体重计(图 1-19)上用的电阻式传感器,当人站在体重计上时,金属材料会发生形变,形变又会引起电阻和电流的变化,这样指针或者数字就会发生变化,实现称重测量。结构型传感器强调依靠精密设计制作的结构才能保证其正常工作,结构简单,使用范围有限。

2. 第二代传感器:物性型传感器

　　物性型传感器是指利用某些功能材料本身所具有的内在特性及效应来感受(敏感)被测量,并将其转换成可用电信号的传感器,如图 1-20 所示。例如用具有压电特性的石英晶体材料制成的压电式传感器,就是利用石英晶体材料本身具有的正压电效应而实现对压力的测量。例如声控开关、红外线传感器等都属于物性型传感器。这种传感器主要依据材料本身的物理特性、物理效应来实现对被测量的感应。

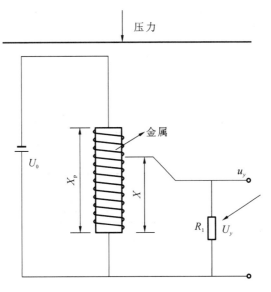

图 1-19　体重计原理

材料是传感器技术的重要基础和前提,是传感器技术升级的重要支撑,因而传感器技术的发展必然要求加大新材料的研制力度。目前除传统的半导体材料、陶瓷材料、光导材料、超导材料以外,新型纳米材料的诞生有利于传感器向微型方向发展,随着科学技术的不断进步,将会有更多的新型材料诞生。

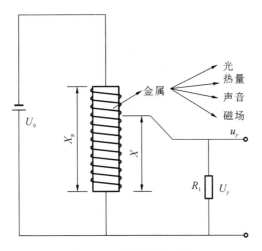

图 1-20　物性型传感器

3. 第三代传感器:集成传感器

传感器的集成化分为传感器本身的集成化和传感器与后续电路的集成化,集成传感器如图 1-21 所示。前者是在同一芯片上,或将众多同一类型的单个传感器件集成为一维线型、二维阵列(面)型传感器,使传感器实现检测参数由点到面再到体的多维图像化,甚至能加上时序,变单参数检测为多参数检测;后者是将传感器与调理、补偿等电路集成一体化,使传感器由只有单一的信号变换功能,扩展为兼有放大、运算、干扰、补偿等多功能(实现了横向和纵向的多功能)。例如手机指纹传感器,它是由光、压力、温度等多种传感器集成的。集成传感器将传感器的发展推向了新的高度。目前一台手机至少有十几种传感器,一辆高档轿车有 200 多个传感器,一架飞机有 1000 多个传感器,而高铁上的传感器可以达到 5000 多个。传感器在生活中的应用如图 1-22 所示。

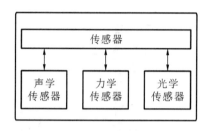

图 1-21 集成传感器

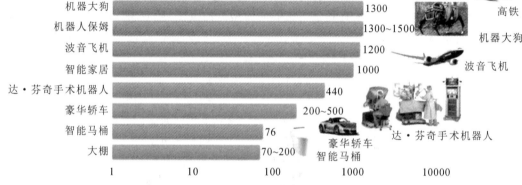

图 1-22 传感器在生活中的应用

4. 第四代传感器:智能化传感器

智能化传感器是 20 世纪 80 年代末出现的另外一种涉及多种学科的新型传感器系统,如图 1-23 所示。此类传感器系统一经问世即刻受到科研界的普遍重视。智能化传感器是指那些装有微处理器的,不但能够执行信息处理和信息存储,而且还能够进行逻辑思考和结论判断的传感器系统。这一类传感器就相当于是微型机与传感器的综合体,其主要组成部分包括主传感器、辅助传感器及微型机的硬件设备。与传统的传感器相比,智能化传感器具有以下优点。

(1) 智能化传感器不但能够对信息进行处理、分析和调节,能够对所测的数值及其误差进行补偿,而且还能够进行逻辑思考和结论判断,能够借助于一览表对非线性信号进行线性化处理,借助软件滤波器滤波数字信号。

（2）智能化传感器具有自诊断和自校准功能，可以用来检测工作环境。

（3）智能化传感器能够完成多传感器、多参数混合测量，从而进一步拓宽了其探测与应用领域，而微处理器的介入使得智能化传感器能够更加方便地对多种信号进行实时处理。

（4）智能化传感器既能够很方便地实时处理所探测到的大量数据，也可以根据需要将它们存储起来。

（5）智能化传感器备有一个数字式通信接口，通过此接口可以直接与其所属计算机进行通信联络和信息交换。

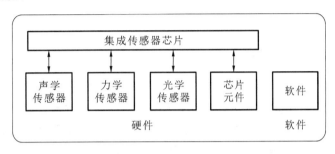

图 1-23　智能化传感器

1.2　检测技术基础知识

1.2.1　检测技术的组成

测试系统一般由被测信号、传感器、信号调理、信号处理和显示记录等几大部分组成，如图 1-24 所示。

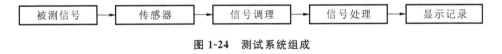

图 1-24　测试系统组成

被测信号，即测试对象存在方式和运动状态的特征需要通过一定的物理量表现出来，这些物理量就是信号。信号需要通过不同的系统或环节来传输。有些信息在测试对象处于自然状态时就能显现出来，有些信息则需要在测试对象受到激励后才能产生便于测量的输出信号。

传感器是对被测量敏感并能将其转换成电信号的器件，包括敏感元件和转换元件两部分。敏感元件把温度、压力、位移、振幅、噪声和流量等被测量转换成某种容易变换成电量的物理量，然后转换元件把这些物理量转换成容易检测的电量，例如电阻、电容、电感的变化。传感器是测试系统中直接与被测对象发生联系的部件，是测试系统最重要的环节，其性能决定了测试系统获取信息的质量。

信号调理环节可完成信息转换，将传感器的输出信号转换成易于测量的电流或电压信号。一般情况下，传感器的输出信号是微弱的，需要用测量电路将其放大，以达到显示记录环节的要求。根据需要，测量电路还能进行阻抗匹配、微分、积分、线性化补偿等信号处理工作。

信号处理环节是经过必要的处理和分析,分离出信号和噪声,提取测试信号中所含的有用信息,其目的是:分离信、噪,提高信噪比;从信号中提取有用的特征信号;修正测试系统的某些误差,如传感器的线性误差、温度影响;将信号加工、处理、变换,以便更容易识别和分析信号的特征,解释被测对象所表现的各种物理现象等。

传统的显示和信号记录装置包括万用表、阴极射线管示波器、XY 记录仪、模拟磁带记录仪等。近年来,随着计算机技术的飞速发展,显示和信号记录装置从根本上发生了变化,数字式设备已成为显示和信号记录装置的主流,数字式设备的广泛应用给信号的显示和记录方式赋予了新的内容。

1.2.2 检测技术的发展

检测技术是随着社会历史时代与生产方式的变化而不断进步的。人类的每一个历史时代、每一种生产方式都以相应的科学技术水平为基础。微电子技术和微型计算机技术的发展为检测过程自动化、测量结果处理智能化和检测仪器功能仿人化等提供了技术支持。人工智能技术和信息处理技术的快速发展为智能检测技术提供了强有力的工具和条件。现代控制系统的发展对检测技术提出了数字化、智能化、标准化、网络化的要求,这是智能检测系统发展的外在推动力。

1.3 课程性质及主要任务

智能传感与检测技术是高等教育机械类、自动化类相关专业的一门重要专业课程,它的主要内容是研究智能检测系统中的信息提取、信息转换以及信号处理的理论与技术。

通过本课程的学习,学生可以掌握智能传感与检测技术的基本理论、基础知识和分析解决问题的方法,了解传感器与检测技术的发展趋势和最新技术,为进一步学习相关专业课程和日后从事相关专业工作打下基础,因此本课程在工科各专业教学中占有极为重要的地位。

习　　题

1.某线性位移测量仪,当被测位移由 4.5 mm 变到 5.0 mm 时,线性位移测量仪的输出电压由 3.5 V 减至 2.5 V,求该仪器的灵敏度。

2.把灵敏度为 400×10^{-4} pC/Pa 的压电式力传感器与一台灵敏度调到 0.2 mV/pC 的电荷放大器相接,求其总灵敏度。若要求总灵敏度为 10×10^{-6} mV/Pa,电荷放大器的灵敏度应如何调整?

3.某测温系统由以下四个环节组成,括号内为各自的灵敏度:铂电阻温度传感器(0.35 $\Omega/℃$);电桥(0.01 V/Ω);放大器(放大倍数 100);笔式记录仪(0.1 cm/V)。求:(1)测温系统的总灵敏度;(2)笔式记录仪笔尖位移 4 cm 时,对应的温度变化值。

4.用一阶系统测量 100 Hz 的正弦信号时,如果要求振幅误差在 10% 以内,时间常数应为多少?如果用该系统测量 50 Hz 的正弦信号,则此时的幅值误差和相位误差是多少?

5. 某一阶测试装置的传递函数为 $H(s)=1/(0.04s+1)$,若用它测量频率为 0.5 Hz、1 Hz、2 Hz 的正弦信号,试求其幅值误差。

6. 用传递函数 $H(s)=1/(0.0025s+1)$ 的一阶测试装置进行周期信号测量。若将幅值误差限制在 5% 以下,试求所能测量的最高频率成分及此时的相位差。

7. 求周期信号 $x(t)=0.5\cos10t+0.2\cos(100t-45°)$ 通过传递函数为 $H(s)=1/(0.005s+1)$ 的装置后得到的稳态响应。

8. 试说明二阶装置阻尼比 ζ 多取 0.6~0.7 的原因。

9. 试求传递函数分别为 $H(s)=1.5/(3.5s+0.5)$ 和 $H(s)=41\omega_n^2/(s^2+1.4\omega_n s+\omega_n^2)$ 的两系统串联后组成的系统的总灵敏度(不考虑负载效应)。

第 2 章　结构型传感器

【知识目标】

（1）掌握电阻式、电容式、电感式传感器的分类方法。

（2）掌握电阻式、电容式、电感式传感器的变换原理。

（3）了解电阻式、电容式、电感式传感器的主要特点、测量电路及应用。

【能力目标】

（1）能够评判各种传感器的优缺点。

（2）能够根据实际情况正确选择合适的传感器。

（3）能够初步设计传感器的控制电路。

【素质目标】

（1）培养学生的创新思维和探索精神，鼓励学生自主研究和探索传感器的相关知识。

（2）强调实践和应用，使学生更加深入地了解传感器在现代工业和社会发展中的重要性和作用。

（3）通过三种传感器的对照介绍，提升学生自主学习、发现规律的能力。

【知识图谱】

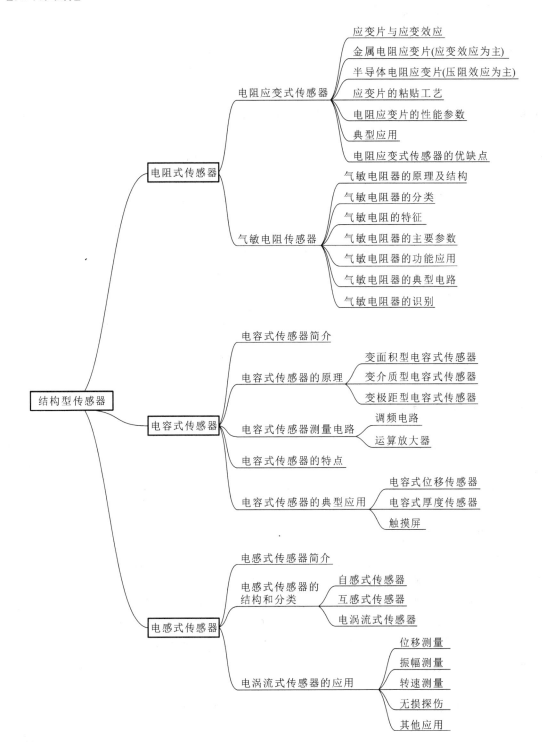

2.1 电阻式传感器

电阻式传感器是利用一定的方式将被测量的变化转化为敏感元件电阻参数的变化,再通过电路将其转变成电压或电流信号的输出,从而实现非电量的测量。

电阻式传感器可用于各种机械量和热工量的检测,如用来测量压力、位移、应变、速度、加速度、温度和湿度等。它结构简单,性能稳定,成本低廉,在许多行业得到了广泛应用。构成电阻的材料种类很多,引起电阻变化的物理原因也很多,这就构成了各种各样的电阻式传感元件以及由这些元件构成的电阻式传感器,电阻式传感器的分类如图 2-1 所示。

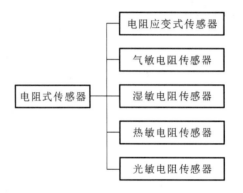

图 2-1 电阻式传感器的分类

2.1.1 电阻应变式传感器

传感器中的电阻应变片具有金属的应变效应,即在外力作用下产生机械形变,从而使电阻值随之发生相应的变化。电阻应变片主要有金属和半导体两类,金属电阻应变片有丝式、箔式、薄膜式之分。半导体电阻应变片具有灵敏度高(通常是丝式、箔式的几十倍)、横向效应小等优点。

1. 应变片与应变效应

应变是物体在外部压力或拉力作用下发生形变的现象。当外力去除后物体又能完全恢复其原来的尺寸和形状的应变称为弹性应变。具有弹性应变特性的物体称为弹性元件。

电阻应变式传感器是利用电阻应变片将应变转换为电阻变化的传感器。电阻应变式传感器的基本工作原理:当被测物理量作用在弹性元件上,弹性元件在力、力矩或应力等的作用下发生形变,产生相应的应变或位移,并将其传递给与之相连的电阻应变片,引起敏感元件的电阻值发生变化,通过测量电路,被测物理量最终变成电压等电量输出。输出的电压等电量的大小反映了被测物理量的大小。

如图 2-2 所示,一根具有应变效应的金属电阻丝,在未受力时,其原始电阻为

$$R = \frac{\rho L}{A} \tag{2-1}$$

式中，R 为电阻丝的电阻值；ρ 为电阻丝的电阻率；L 为电阻丝的长度；A 为电阻丝的截面积。

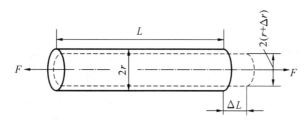

图 2-2　应变效应

当电阻丝受到拉力 F 作用时将伸长，截面积相应减小，电阻率也将因形变而改变（增加），故引起的电阻值相对变化量通过对式(2-1)进行全微分，可得

$$\frac{\Delta R}{R} = \frac{\Delta\rho}{\rho} + \frac{\Delta L}{L} - 2\frac{\Delta r}{r} \tag{2-2}$$

式中，$\dfrac{\Delta L}{L}$ 为电阻丝轴向（长度）相对变化量，即轴向应变，用 ε 表示。即

$$\varepsilon = \frac{\Delta L}{L} \tag{2-3}$$

基于材料力学相关知识，径向应变与轴向应变的关系为

$$\frac{\Delta r}{r} = -\mu\frac{\Delta L}{L} = -\mu\varepsilon \tag{2-4}$$

式中，μ 为电阻丝材料的泊松比。

将式(2-3)、式(2-4)代入式(2-2)可得

$$\frac{\Delta R}{R} = \frac{\Delta\rho}{\rho} + (1+2\mu)\varepsilon \tag{2-5}$$

通常把单位应变引起的电阻值相对变化量称为电阻丝的灵敏度系数，表示为

$$K = \frac{\Delta R/R}{\varepsilon} = 1 + 2\mu + \frac{\Delta\rho}{\rho\varepsilon} \tag{2-6}$$

实验证明：在电阻丝拉伸极限内，电阻值的相对变化与应变成正比，即 K 为常数。

应力与应变的关系为

$$\sigma = E\varepsilon \tag{2-7}$$

式中，σ 为被测试件的应力；E 为被测试件的材料弹性模量。

应力 σ 与力 F 和受力面积 A 的关系可表示为

$$\sigma = \frac{F}{A} \tag{2-8}$$

2. 金属电阻应变片（应变效应为主）

金属电阻应变片有丝式和箔式等结构形式。丝式电阻应变片如图 2-3(a)所示，它是用一根金属细丝按图示形状弯曲后用胶粘剂贴于衬底上，衬底用纸或有机聚合物等材料制成，电阻丝的两端焊有引出线，电阻丝直径为 0.012～0.050 mm。

箔式电阻应变片如图 2-3(b)所示，它是用光刻、腐蚀等工艺方法制成的一种很薄的金属箔栅，其厚度一般为 0.003～0.010 mm。它的优点是表面积和截面积之比大，散热条件好，故

允许通过较大的电流,并可做成任意形状,便于大量生产。

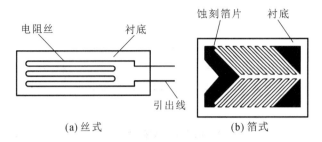

图 2-3　金属电阻应变片结构形式

金属电阻应变片的工作原理主要是基于应变效应导致其材料几何尺寸的变化,因此金属电阻应变片的灵敏度系数为

$$K \approx 1 + 2\mu（常数）\tag{2-9}$$

3. 半导体电阻应变片（压阻效应为主）

半导体电阻应变片也称固态压阻式传感器,它的突出优点是灵敏度高(比金属细丝高 50～80 倍),尺寸小,横向效应小,滞后和蠕变都小,因此适用于动态测量;其主要缺点是温度稳定性差,测量较大应变时非线性严重,批量生产性能分散度大。半导体电阻应变片的结构如图 2-4 所示。它的使用方法与丝式电阻应变片相同,即粘贴在被测物体(被测试件)上,随被测物体的应变,其电阻发生相应的变化。

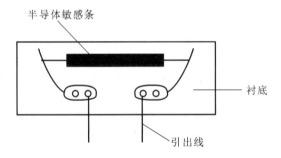

图 2-4　半导体电阻应变片的结构

半导体电阻应变片的工作原理主要是基于半导体材料的压阻效应,即单晶半导体材料沿某一轴向受到外力作用时,其电阻率发生变化的现象。半导体敏感元件产生压阻效应时,其电阻率的相对变化与应力间的关系为

$$\frac{\Delta\rho}{\rho} = \pi\sigma = \pi E\varepsilon \tag{2-10}$$

式中,π 为半导体材料的压阻系数。

因此,对于半导体电阻应变片来说,其灵敏度系数为

$$K \approx \frac{\Delta\rho}{\rho\varepsilon} = \pi E（常数）\tag{2-11}$$

4. 应变片的粘贴工艺

1）应变片的检查

检查应变片的外观是否平整，是否有破损，是否存在断路、短路、金属丝折断等情况。观察应变片内是否有气泡或霉变现象等。测量应变片的阻值是否符合要求。

2）试件表面处理

清除试件表面的污物、氧化层等，保持其表面平整、光滑。通过喷砂处理消除试件的表面缺陷。表面处理面积为应变片面积的3～5倍。

3）确定贴片位置（定位线）

标出应变片中心线和试件粘贴位置中心线。

4）粘贴应变片

粘贴前，用脱脂棉球蘸上清洁溶剂（无水酒精、四氯化碳等溶剂）擦洗被测点，以便增加粘贴的牢固程度，注意勿用手触摸清洁后的表面。然后，在应变片的粘贴面涂上一层薄薄的胶水，再将应变片的中心线对准试件上的中心线贴牢。在应变片上盖上一层蜡纸，一只手捏住应变片的引出线，另一只手反复轻轻滚压蜡纸表面，挤出接触面中多余的胶水和气泡。

5）固化

根据所选胶水类型和要求将其固化。固化过程中，一般在试件表面盖一层玻璃纸，然后垫一块硅皮，用平整的压块轻轻压住应变片的粘贴处，防止应变片在固化过程中发生错位或偏移，保证应变片和试件粘贴定位线完全重合。

6）粘贴质量检查

取出试件检查粘贴效果，检查内容包括：应变片和试件定位线是否重合，粘贴面是否有气泡，是否存在断路、短路，绝缘电阻是否大于 $100~M\Omega$。

7）引出线和组桥

在应变片的引出线附近粘贴好接线端子，同时在引出线下面粘贴一层绝缘胶布，导线焊接端距绝缘层约 $3~mm$ 并涂上焊锡，与应变片引出线锡焊。焊接时要快，以免产生氧化层影响焊点质量。应变片接好导线后应立即在应变片的焊接端子处涂一层防护层，对其进行防潮、防老化处理，延长其使用寿命，防护剂可采用密封性较好的环氧树脂、氯丁橡胶和硅橡胶等。

5. 电阻应变片的性能参数

电阻应变片的性能参数很多，下面介绍其主要性能参数，以便合理选用电阻应变片。

1）应变片的电阻值（R_0）

应变片的电阻值是指应变片未粘贴时，在室温下所测得的电阻值。电阻值越大，允许的工作电压也越大，可提高测量灵敏度。应变片的电阻值尚无统一标准，常用的有 $60~\Omega$、$120~\Omega$、$200~\Omega$、$320~\Omega$、$350~\Omega$、$500~\Omega$、$1000~\Omega$，其中 $120~\Omega$ 最为常用。

2）几何尺寸

由于应变片所测出的应变值是敏感栅区域内的平均应变，所以通常会标明尺寸参数。应变梯度较大时通常选用栅长短的应变片，应变梯度小时不宜选用栅长短的应变片，因为误差大。

3) 绝缘电阻

绝缘电阻是指应变片敏感栅及引出线与粘贴该应变片的试件之间的电阻值,其值越大越好,一般应大于 $10^{10}\ \Omega$。绝缘电阻下降和不稳定都会产生零漂和测量误差。

4) 灵敏度系数

灵敏度系数是指将应变片粘贴于单向应力作用下的试件表面,并使敏感栅纵向轴线和应力方向一致时,应变片的电阻值的变化率与沿应力方向的应变 ε 之比。灵敏度系数的准确性将直接影响测量精度,通常要求其值尽量大而稳定。

5) 允许电流

允许电流是指应变片接入测量电路后,允许通过敏感栅而不影响工作特性的最大电流,它与应变片本身、试件、黏合剂和环境等因素有关。为保证测量精度,静态测量时,允许电流一般为 25 mA,动态测量或使用箔式应变片时的允许电流可达 $75\sim100$ mA。

6) 机械滞后

在温度保持不变的情况下,对贴有应变片的试件进行循环加载和卸载,应变片对同一机械应变量的指示应变的最大差值,称为(应变片的)机械滞后。为了减小机械滞后,测量前应反复多次进行循环加载和卸载。

7) 应变极限

在温度一定时,应变片的指示应变值和真实应变值的相对误差不超过 10%,此时应变片所能测出的最大真实应变值称为应变极限。

8) 零漂和蠕变

零漂是指试件不受力且温度恒定的情况下,应变片的指示应变值不为零,且数值随时间变化的特性。蠕变是指在温度恒定、试件受力也恒定的情况下,指示应变值随时间变化的特性。

9) 热滞后

应变片在升温和降温情况下循环工作时,在某一温度下,升温的曲线和降温的曲线之间的指示应变存在差值,即热滞后。在发生温度变化的应变测量中,热滞后是一个持续的现象,必须通过热处理来稳定应变片,以消除这种滞后。

10) 疲劳寿命

疲劳寿命是指在恒定幅值的应力应变作用下,应变片连续工作直至产生疲劳损坏时的循环次数,一般为 $10^6\sim10^7$ 次。

当然,不同用途的应变片,对其工作特性的要求也不同。选用应变片时,应根据测量环境、应变性质、试件状况等使用要求,有针对性地选用具有相应性能的应变片。

6. 典型应用

1) 电阻应变式称重传感器

电阻应变式称重传感器的工作原理:基于构成传感器的金属弹性体受力所产生的形变,电阻应变计粘贴于受力产生形变的弹性体表面,因形变而产生的电阻应变计的阻值变化被组成惠斯通电桥的电子测量电路转换成可被测量的电信号,输出的电信号与所受到的力成一定的线性关系,这样我们通过对电信号的测量即可得到所受的重量或者力的数值。传感器的信号要接入一个可以将电信号转换成重量或者力读数的仪表。

2）电阻式液体重量传感器

图 2-5 是测量容器内液体重量的电阻式液体重量传感器示意图。该传感器有一根传压杆,上端安装微压传感器,下端安装感压膜,用于感受液体的压力。当容器中液体增多时,感压膜感受到的压力就增大。将传感器接入电桥的一个桥臂,则输出电压为

$$U_o = Sh\rho g \tag{2-12}$$

式中,S 为传感器的传输系数;ρ 为液体密度;g 为重力加速度;h 为位于感压膜上方的液体高度。

对于等截面的柱形容器,有

$$h\rho g = \frac{Q}{A} \tag{2-13}$$

式中,Q 为容器内感压膜上方液体的重量;A 为柱形容器的截面积。

由式(2-12)、式(2-13)可以得到容器内感压膜上方液体的重量与电桥输出电压间的关系:

$$U_o = \frac{SQ}{A} \tag{2-14}$$

式(2.14)表明:电桥输出电压与等截面的柱形容器内感压膜上方液体的重量成正比。在已知液体密度的条件下,这种方式还可以实现容器内的液位高度测量。

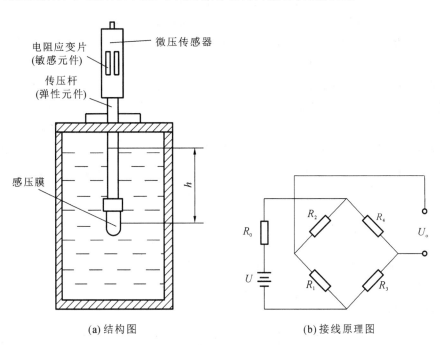

(a)结构图　　　　　　　　　　(b)接线原理图

图 2-5　电阻式液体重量传感器示意图

7. 电阻应变式传感器的优缺点

1）电阻应变式传感器的优点

(1)该传感器对大应变有较大的非线性,输出信号较弱,但可采取一定的补偿措施。因此它广泛应用于自动测试和控制技术中。

（2）该传感器中的电阻应变片具有金属的应变效应,即在外力作用下产生机械形变,以使电阻值随之发生相应的变化。

2）电阻应变式传感器的缺点

（1）该传感器对大应变有较大的非线性,输出信号较弱。

（2）随着时间和环境的变化,构成该传感器的材料和器件性能会发生变化。因此它不适用于长期检测,考虑到时漂、温漂较大,长时间测量无法取得真实有效的数据。

（3）该传感器易受电场、磁场、振动、辐射、气压、声压、气流等的影响。

 **拓展阅读**

基于石墨烯的柔性可穿戴应变传感器

随着人们对健康和生活质量的关注度日益增高,可穿戴技术作为一种引人注目的创新性的解决方案迅速崛起。几十年来,研究人员一直致力于开发能够模拟人类皮肤的具有触觉感知功能的关键部件,然而柔性传感器的发展却存在着许多挑战和困难。首先柔性传感器需要具有可穿戴性,并且能够适用于不同形状的表面,同时也需要具备生物相容性、耐用性和耐磨性。另外,柔性传感器需要实现在复杂环境下的适用性,能够区分多种不同的外部物理刺激,如拉伸、压缩、弯曲和扭转等。随着材料工程的突破,石墨烯、碳纳米管和银纳米线等活性材料的出现使制造具有优异性能、结构简单、重量轻、成本低和具有大规模生产能力的柔性传感器成为可能。其中,激光诱导石墨烯具有一步合成、力学性能优越和导电率高等优点,是制备柔性传感器的理想活性材料之一。利用石墨烯的多孔结构特性,可以将其转移到柔性基底上,得到一种石墨烯导电弹性复合物,该复合物同时具有可伸缩性和导电性。通过各种处理,研究人员可制备出具有不同功能的柔性传感器。该柔性传感器可感受人体手指弯曲、脉搏等人体生理信号,推动可穿戴技术在健康监测领域的创新发展。

2.1.2 气敏电阻传感器

司机对着酒精测试仪呼一口气,就可以检测有没有酒驾;如果发生火灾,火灾报警器会发出警报;家中燃气泄漏也会有报警器提醒:其实这都是气敏电阻传感器(气敏电阻器)的功劳。

1.气敏电阻器的原理及结构

气敏电阻是利用金属氧化物半导体表面吸收某种气体分子时,会发生氧化反应或还原反应而使电阻值发生改变而制成的电阻。通常,气敏电阻器是在某种金属氧化物粉料中添加少量铂催化剂、激活剂及其他添加剂,按一定比例烧结而成的半导体器件。它可以把某种气体的成分、浓度等参数的变化转换成电阻值的变化,再转换为电流、电压信号。它常作为气体感测元件制成各种气体的检测仪器或报警器产品,如酒精测试仪、煤气报警器、火灾报警器等。气敏电阻器通常有四根引脚,其中两根是电极引脚,两根为加热丝引脚。常温型气敏电阻器不用加热丝,所以一般是两根引脚。气敏电阻器的结构如图2-6所示。

气敏电阻和其他敏感电阻都不同的是,气敏电阻的材料都是不固定的,例如氧化锡、氧化锌、三氧化二铁、氧化镁、氧化镍、钛酸钡等材料。而检测的方式都是固定的:用特殊的气体与被测气体发生物理或者化学反应,使得在电阻方面表现出一个明显的差异,这种差异越明显,传感器的灵敏度越高,再通过电路的设计将电阻的信号转化为电压或者电流的信号传递给芯片,以作出一个处理,最后直观地显示出数值,或者达到某个阈值就报警。

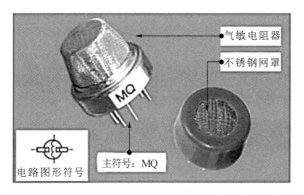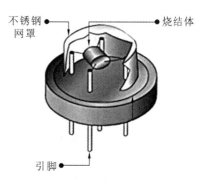

图 2-6　气敏电阻器的结构

2. 气敏电阻器的分类

1)按原理分类

电阻式:使用最多的一种,一般用氧化锡、氧化锌等金属氧化物材料制作。

非电阻式:为半导体器件。

2)按检测对象分类

N 型:检测甲烷、一氧化碳、天然气、煤气、液化石油气、乙炔、氢气等气体时,其电阻值减小。

P 型:检测可燃气体时,其电阻值变大;而检测氧气、氯气及二氧化碳时,其电阻值减小。

3)按结构分类

直热式:加热丝和测量电极一同烧结在金属氧化物半导体管内。

旁热式:陶瓷管为基层,管内穿加热丝,管外侧有两个测量极,测量极之间为金属氧化物气敏材料。

3. 气敏电阻的特征

图 2-7 所示为气敏电阻的灵敏度温度特性曲线图。当温度升高时,气敏电阻的灵敏度会上升,但上升到某一特定温度,气敏电阻的灵敏度反而会下降,所以说气敏电阻有一个最佳灵敏度。测量同一浓度的不同气体,气敏电阻的阻值变化是不一样的;测量不同浓度的同一气体,阻值变化也是不一样的。这也是气敏电阻与其他敏感电阻不同的地方。

4. 气敏电阻器的主要参数

(1)加热功率:加热电压与加热电流的乘积。

(2)允许工作电压范围:在保证基本电参数的情况下,气敏电阻器工作电压允许的变化范围。

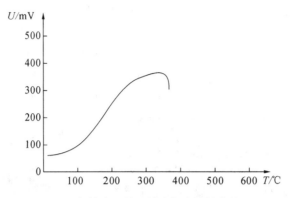

图 2-7　气敏电阻的灵敏度温度特性曲线图

（3）工作电压：工作条件下，气敏电阻器两极间的电压。

（4）加热电压：加热器两端的电压。

（5）加热电流：通过加热器的电流。

（6）灵敏度：在最佳工作条件下，气敏电阻器接触气体后其电阻值随气体浓度变化的特性。如果采用电压测量法，其值等于接触某种气体前后负载电阻两端电压的相对变化。

（7）响应时间：在最佳工作条件下，气敏电阻器接触待测气体后，负载电阻两端的电压变化到规定值所需要的时间。

（8）恢复时间：在最佳工作条件下，气敏电阻器脱离被测气体后，负载电阻两端的电压恢复到规定值所需要的时间。

5.气敏电阻器的功能应用

气敏电阻器（图 2-8）的应用十分广泛，常作为气体感测元件，制成各种气体的检测仪器或报警器产品：① 测饮酒者呼气中酒精量的酒精测试仪；② 测量汽车空燃比的氧气传感器；③ 家庭和工厂用的煤气报警器；④ 用作预防建筑材料着火产生有毒气体的传感器；⑤ 下水道坑内的沼气警报器；⑥ 化工生产中气体成分的检测仪器；⑦ 煤矿瓦斯浓度的检测仪器；⑧ 环境污染情况的监测器；⑨ 燃烧情况的监测器。

图 2-8　常用气敏电阻器

6. 气敏电阻器的典型电路

1）煤气泄漏检测报警电路

如图 2-9 所示，该电路由气敏电阻器、晶闸管和报警音响产生芯片等器件构成的。

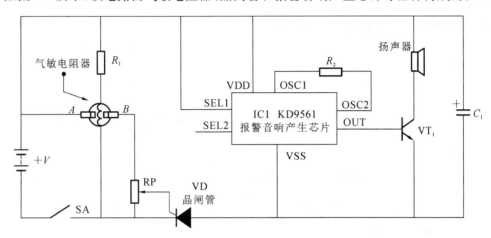

图 2-9　煤气泄漏检测报警电路

2）烟雾检测电路

如图 2-10 所示，烟雾检测电路由气敏电阻器 R_3 和电阻 R_1、R_2 等组成。气敏电阻器在未检测到烟雾时，其 A、B 两端之间的电阻很大，这样加到 VT_1 基极的直流电压很低，VT_1 基极处于截止状态，电路处于待警状态。当烟雾到一定的浓度时，A、B 两端间电阻降低，这时直流工作电压 $+V$ 通过 R_1、R_3、R_4、RP_1 加到 VT_1 基极，VT_1 基极直流电压升高，VT_1 基极饱和导通，其发射极输出的直流电压通过 R_5、R_6 分压后加到 A_1 的 5 脚，使 A_1 的 5 脚为高电平，A_1 内电路中的电子开关接通，即 A_1 的 1、2 脚之间接通，这样直流工作电压 $+V$ 经闭合的 S_1 和 A_1 的 1、2 脚，加到报警器上，使报警器发出声响，提示出现烟雾。

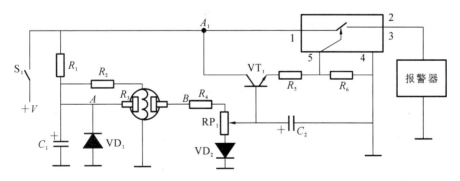

图 2-10　烟雾检测电路

3）火灾报警器电路

火灾报警器电路如图 2-11 所示，当电源开关 S_1 接通后，电路处于自动检测报警的工作状态。烟雾检测电路由气敏电阻器 R_3 和电阻 R_1、R_2 组成。气敏电阻器在未检测到烟雾时，其 A、B 两端之间的电阻很大，这样加到 VT_1 基极的直流电压很低，VT_1 基极处于截止状态，电路处于待警状态。当烟雾到一定的浓度时,A、B两端间电阻降低,这时直流工作电压$+V$通过R_1、R_3、R_4、RP_1加到VT_1基极,VT_1基极直流电压升高,VT_1基极饱和导通,其发射极输出的直流电压通过R_5和R_6分压后加到A_1的5脚,使A_1的5脚为高电平,A_1内电路中的电子开关接通,即A_1的1脚和2脚之间接通,这样直流工作电压$+V$经闭合的S_1、A_1的1脚和2脚,加到报警器上,使报警器发出声响,提示出现烟雾。

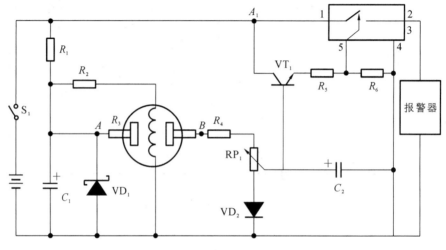

图 2-11 火灾报警器电路

7. 气敏电阻器的识别

如表 2-1 所示,气敏电阻器的表面标注有相关的参数,可根据型号中各字母或数字的意义识读气敏电阻器的参数:主符号,MQ,气敏电阻器;字母,例如 K、J、Y 等,不同的字母表示不同的用途或者特征;序号由数字或字母与数字混合组成,主要是区别电阻器的外形尺寸及性能参数。例如 MQ-K-5 表示用于可燃气体检测的 5 号气敏电阻器。

表 2-1 气敏电阻器序号含义

主符号	含义	字母	含义	序号
MQ	气敏电阻器	J	酒精检测	用数字或字母与数字混合表示序号,以区别电阻器的外形尺寸及性能参数
		K	可燃气体检测	
		Y	烟雾检测	
		N	N 型气敏电阻器	
		P	P 型气敏电阻器	

2.2　电容式传感器

2.2.1　电容式传感器简介

电容式传感器(capacitive transducer)能将被测非电量的变化转换成电容量的变化,再通过测量电路检测出电容量的变化,并将其转换成电压或电流输出。其主要是由上下两电极、绝缘体、衬底构成,在压力作用下,薄膜产生一定的形变,上下两电极间的距离发生变化,导致电容变化,但电容并不随极间距离的变化而线性变化,其还需要测量电路对输出电容进行一定的非线性补偿。电容式传感器具有结构简单、灵敏度高、温度稳定性好、适应性强、动态性能好的优点,目前在检测技术中不仅广泛应用于位移、振幅、角度、加速度等机械量的测量,还可用于液位、压力、成分含量等热工方面的测量。

2.2.2　电容式传感器的原理

电容式传感器一般由两个平行电极构成,在其两个电极之间以空气作为介质,在不考虑边缘效应的情况下,其电容量的计算公式为

$$C = \frac{\varepsilon_0 \varepsilon A}{\delta} \tag{2-15}$$

式中,A 为两电极板所覆盖的面积;ε_0 为自由空间(真空)介电常数($\varepsilon_0 = 8.854 \times 10^{-12}$ F/m);ε 为两电极板间介质的相对介电常数;δ 为两电极板间的距离。

电容受这些参数影响,任意一参数的改变就会使电容改变,因此,电容式传感器分为变面积型、变介质型和变极距型三种。

1. 变面积型电容式传感器

在被测参数的作用下,改变极板的有效面积,通常有线位移和角位移两种形式。

1) 线位移变面积型

常用的线位移变面积型电容式传感器有平板状和圆筒状两种结构,其原理图分别如图 2-12(a)和(b)所示。

在图 2-12 所示的线位移变面积型电容式传感器中,当宽度为 b 的动极板沿 x 方向移动,有效面积变化,因此电容量也随之变化:

$$C = \frac{\varepsilon_0 \varepsilon b x}{\delta} \tag{2-16}$$

灵敏度变为

$$S = \frac{\mathrm{d}C}{\mathrm{d}x} = \frac{\varepsilon_0 \varepsilon b}{\delta} \tag{2-17}$$

可见灵敏度为一常数,输出量与输入量成线性关系。

2) 角位移变面积型

图 2-13 所示的角位移变面积型电容式传感器原理图中,设极板半径为 r,两极板间重合

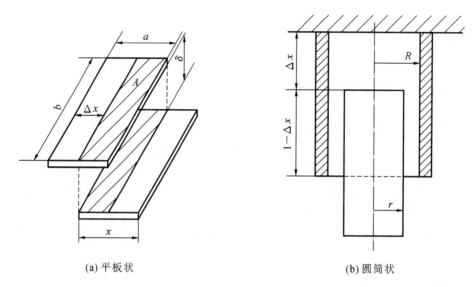

(a) 平板状　　　　　　　　　　(b) 圆筒状

图 2-12　常用的线位移变面积型电容式传感器原理图

的角度为 θ，则有效面积为

$$A = \frac{\theta r^2}{2} \tag{2-18}$$

则电容为

$$C = \frac{\varepsilon_0 \varepsilon \theta r^2}{2\delta} \tag{2-19}$$

可见，当发生角位移时，其灵敏度为

$$S = \frac{\mathrm{d}C}{\mathrm{d}\theta} = \frac{\varepsilon_0 \varepsilon r^2}{2\delta} \tag{2-20}$$

其灵敏度也为一常数。

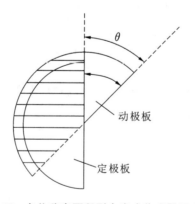

图 2-13　角位移变面积型电容式传感器原理图

但这两种变面积型电容式传感器的极板都很可能会沿极距方向移动，影响测量准确度。将其做成圆筒状可以解决这个问题，如图 2-12(b) 所示。

变面积型电容式传感器也可接成差动形式,灵敏度同样会加倍。

2. 变介质型电容式传感器

不同介质的相对介电常数是不同的,因此在电容器的两个极板之间插入不同的介质时,电容也会随之改变,这就是变介质型电容式传感器的基本工作原理。变介质型电容式传感器能用来测量纸张、绝缘薄膜厚度,也可以测量液位和物位的高度,还可以用来测量粮食、木材、纺织品等非导电固体介质的湿度等。介质改变后的电容增量与所加介质的相对介电常数成线性关系。

表 2-2 给出了几种常见介质的相对介电常数。

表 2-2　几种常见介质的相对介电常数

介质	相对介电常数	介质	相对介电常数
真空	1	干纸	2~4
空气	略大于1	干谷物	3~5
聚四氟乙烯	2	云母	5~8
聚丙烯	2~2.2	二氧化硅	3~8
硅油	2~3.5	高频陶瓷	10~160
聚偏二氟乙烯	3~5	纯净水	80
盐	6	压电陶瓷、低频陶瓷	1000~10000
聚苯乙烯	2.4~2.6	纤维素	3.9

3. 变极距型电容式传感器

保证电容器的两个极板间的有效作用面积和介质不变,那么电容量将与极距成非线性关系,如图 2-14 所示。电容的变化量:

$$dC = -\frac{\varepsilon_0 \varepsilon A}{\delta^2} d\delta \tag{2-21}$$

得到传感器的灵敏度:

$$S = \frac{dC}{d\delta} = -\frac{\varepsilon_0 \varepsilon A}{\delta^2} = -\frac{C}{\delta} \tag{2-22}$$

可见变极距型电容式传感器的灵敏度与极距的二次方成反比,极距越小,灵敏度越高,但它们是非线性关系。为了减小非线性误差,通常测量范围 $\Delta\delta \ll \delta_0$,一般规定极距变化范围 $\Delta\delta/\delta_0 = 0.1$。

实际应用中常采用差动式变极距型电容式传感器以稳定传感器性能,其灵敏度是通常结构的二倍。

在实际应用时,为了减小非线性误差且提高灵敏度,电容器多采用差动式结构,如图 2-15 所示。在差动式变极距型电容式传感器中,上下两个极板为定极板,中间极板为动极板。当动极板向上移动 Δx 后,C_1 的极距变化为 $\delta_0 - \Delta x$(电容增大),而 C_2 的极距变化为 $\delta_0 + \Delta x$(电容减小),二者形成差动变化,经测量转换电路后,其灵敏度提高了一倍,非线性误差大大降低。

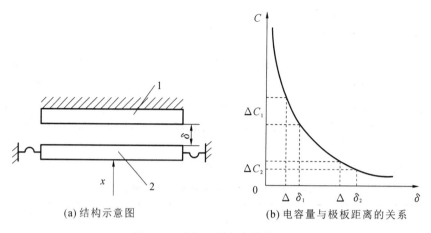

(a)结构示意图   (b)电容量与极板距离的关系

图 2-14   变极距型电容式传感器

此外,差动式变极距型电容式传感器能减小由引力给测量带来的影响,并能有效地改善温度等环境影响所造成的误差。

变极距电容式传感器的极距越小,灵敏度越高,但极距过小,容易引起电容器击穿或短路。为此,极板间可采用高相对介电常数的材料(云母、塑料膜等)作介质。

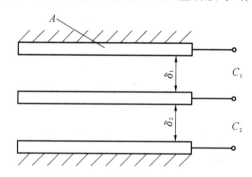

图 2-15   变极距型平板电容器的差动式结构

2.2.3   电容式传感器测量电路

1.调频电路

电容式传感器调频电路原理如图 2-16 所示。

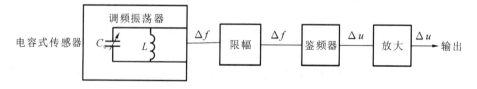

图 2-16   电容式传感器调频电路原理

电容式传感器为调频振荡器谐振回路的一部分。

当没有被测信号时,$\Delta C = 0$,此时调频振荡器的固有频率为

$$f_0 = \frac{1}{2\pi \sqrt{L C_0}} \tag{2-23}$$

当有被测信号(被测量改变)时,$\Delta C \neq 0$,此时调频振荡器的频率发生了变化,有一个相应的改变量 Δf,而新的频率 f_0' 为

$$f_0' = \frac{1}{2\pi \sqrt{L(C_0 + \Delta C)}} = f_0 m \Delta f \tag{2-24}$$

由此可见,当输入量导致传感器电容量发生变化时,调频振荡器的振荡频率发生变化(Δf),此时虽然频率可以作为测量系统的输出量,但系统是非线性的,不易校正,解决的办法是加入鉴频器,将频率的变化转换为振幅的变化(Δu),经过放大后就可以用仪表指示或用记录仪表进行记录。

2. 运算放大器

运算放大器测量原理如图 2-17 所示,图中 C_x 代表传感器电容。

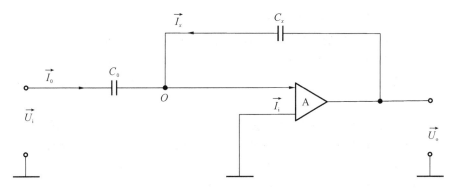

图 2-17　运算放大器测量原理

由于运算放大器的放大倍数非常高(假设 $A \to \infty$),图中"O"点为"虚地",且放大器的输入阻抗很高(假设 $Z_i \to \infty$),因此 $\vec{I_i} = 0$,于是有

$$\vec{U_i} = Z_{C_0} \cdot \vec{I_0} = \frac{1}{j\omega C_0} \cdot \vec{I_0} \tag{2-25}$$

$$\vec{U_o} = Z_{C_x} \cdot \vec{I_x} = \frac{1}{j\omega C_x} \cdot \vec{I_x} \tag{2-26}$$

$$\vec{I_0} + \vec{I_x} = 0 \tag{2-27}$$

联立以上三式解得

$$\vec{U_o} = -\frac{C_0}{C_x} \vec{U_i} \tag{2-28}$$

式中的"$-$"号说明输出电压与输入电压反向。

如果传感器是变极距型平板电容器,则

$$C_x = \frac{\varepsilon A}{\delta} \tag{2-29}$$

将其代入式(2-28),有

$$\vec{U_o} = -\frac{\vec{U_i}\,C_0}{\varepsilon A}\delta \qquad\qquad (2\text{-}30)$$

由此可见:输出电压与极板间距成线性关系。

2.2.4 电容式传感器的特点

电容式传感器有以下突出优点。

(1)输入能量小,灵敏度高。变极距型电容式压力传感器只需要很小的能量就能改变电容极板的位置,如在一对直径为 1.27 cm 的圆形电容极板上施加 10 V 电压,极板间隙为 2.54 $\times 10^{-3}$ cm,只需要 2×10^{-5} N 的力就能使极板产生位移。因此电容式传感器可以测量很小的力、振动加速度,并且很灵敏。精度高于 0.01% 的电容式传感器已存在,如一种 250 mm 量程的电容式位移传感器,精度可达 5 μm。

(2)电参量相对变化大。电容式压力传感器电容的相对变化 $\Delta C/C \geqslant 100\%$,有的甚至可达 200%,这说明传感器的信噪比大,稳定性好。

(3)动态特性好。电容式传感器的活动零件少,质量很小,本身具有很高的自振频率,而且供给电源的载波频率很高。因此电容式传感器可用于动态参数的测量。

(4)发热小,能量损耗小。电容式传感器在极板的间距或面积变化时,其电容变化但并不产生热量。

(5)结构简单,适应性好。电容式传感器的主要结构是两块金属极板和绝缘层,结构很简单,在振动、辐射环境下仍能可靠工作,如采用冷却措施,还可在高温条件下使用。

(6)可实现非接触测量,在纳米测量领域应用广泛。电容式传感器可以实现非接触测量,以极板间的电场力代替了测头与被测件的表面接触,由于极板间的电场力极其微弱,不会产生迟滞和变形,消除了接触式测量中由表面应力给测量带来的不利影响,加之测量灵敏度高,其在纳米测量领域得到了广泛的应用。

电容式传感器有以下主要缺点。

(1)变极距型电容式传感器非线性大。对于变极距型电容式传感器,从机械位移变为电容变化是非线性的,利用测量电路把电容变化转换成电压变化也是非线性的,因此输出与输入之间的关系出现较大的非线性。采用差动式结构,非线性可以得到适当改善,但不能完全消除。当采用比例运算放大电路时,可以得到输出电压与位移量的线性关系。

(2)电缆分布电容影响大。传感器两个极板之间的电容很小,仅几十皮法(pF),更小的甚至只有几皮法,而传感器与电子仪器之间的连接电缆却具有很大的电容,如 1 m 屏蔽线的电容最小的也有几皮法,最大的可达上百皮法。这不仅使传感器的电容相对变化大大降低,灵敏度也降低,更严重的是电缆本身放置的位置和形状不同,或因振动等都会引起电缆本身电容的较大变化,使输出不真实,给测量带来误差。解决的办法有两种:一种方法是利用集成电路,使放大测量电路小型化,把它放在传感器内部,这样传输导线输出的直流电压信号将不受电缆分布电容的影响;另一种方法是采用双屏蔽传输电缆,适当降低分布电容的影响。由于电缆分布电容对传感器的影响,电容式传感器的应用将受到一定的限制。

2.2.5 电容式传感器的典型应用

电容式传感器广泛用于压力、位移、加速度、厚度、振动、液位等测量中。

1. 电容式位移传感器

图 2-18(a)是电容式振动位移传感器的结构(单电极)示意图。它的平面测端作为电容器的一个极板,通过电极座由引线接入电路,另一个极板由被测物表面构成。金属壳体与平面测端间有绝缘衬垫使彼此绝缘。工作时金属壳体被夹持在标准台架或其他支承上,金属壳体接大地可起屏蔽作用。当被测物因振动发生位移时,电容器的两个极板间距发生变化,从而转化为电容器的电容量的改变,以实现测量。图 2-18(b)是电容式振动位移传感器的一种应用示意图。

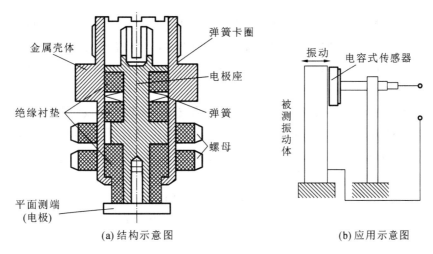

(a) 结构示意图   (b) 应用示意图

图 2-18 电容式振动位移传感器

2. 电容式厚度传感器

电容式厚度传感器用于测量金属带材在轧制过程中的厚度,其原理图如图 2-19 所示。在被测带材的上下两边各放一块面积相等、与被测带材中心等距离的极板,这样,极板与被测带材就构成两个电容器(被测带材也作为一个极板)。用导线将两个极板连接起来作为电容器的一个极板,被测带材作为电容器的另一个极板,此时,相当于两个电容并联,其总电容 $C = C_1 + C_2$。

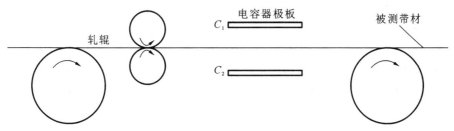

图 2-19 电容式厚度传感器测量厚度原理图

金属带材在轧制过程中不断前行,如果带材厚度有变化,将导致它与上下两个极板间的距离发生变化,从而引起电容量的变化。将总电容量作为交流电桥的一个臂,电容量的变化将使得电桥产生不平衡输出,从而实现对带材厚度的检测。

3. 触摸屏

简单的触摸屏(电容屏)是一个四层复合玻璃板,其结构如图 2-20 所示。其中有层 ITO 材料。ITO 是一种氧化铟锡材料,透明并且可以导电,适合用于制造触摸屏。

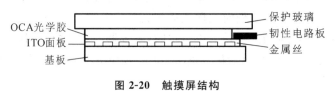

图 2-20 触摸屏结构

手指接触屏上某个部位,就会与 ITO 材料构成耦合电容,改变触点处的电容大小。屏幕的四个角会有导线,由于交流电可以通过电容器,四个角的导线的电流会奔向触点,并且电流大小与四个角到触点的距离有关。手机内部的芯片可以分析四个角的导线中的电流,通过计算就可以得到触点的位置。

人的手指是导体,会影响触摸屏,而使用绝缘物质触碰触摸屏就没法操作手机。手机贴膜后也可以使用,这是因为手指与 ITO 层(ITO 面板)原本也不需要接触,中间本身就有玻璃绝缘层,贴手机膜也只是相当于玻璃厚了一点点,电流依然可以流过手指和屏幕中的导体所形成的电容器。不过,如果手套太厚了,触碰触摸屏时,手指与屏幕中的导体相隔太远,电容比较小,就不足以被传感器感知,所以戴着厚手套是不能操作手机的。

其实,电容式传感器在生活中的应用还有很多,比如厕所里常见的自动冲水装置、自动干手机等。当人体靠近或远离时,人体与装置构成的电容器的电容发生了变化,传感器感受到这种变化,控制电路进行某种操作。

拓展阅读

"无钥匙进入系统"中电容式传感器的工作原理

当携带钥匙的用户靠近车门把手解锁区域时,解锁电容式传感器电容发生变化,控制器识别到电容变化,车门解锁;当携带钥匙的用户靠近车门把手闭锁区域时,闭锁电容式传感器电容发生变化,控制器识别到电容变化,车门闭锁,如图 2-21 所示。

电极和其周围的导电体(地线、金属框等)之间存在寄生电容。当人体接近、触摸电极时,人体和电极之间通过手指产生新增的静电电容。通过可以导电的人体和大地连接,微处理器捕捉人体与电极之间静电电容(1 pF 以下)的微弱变化,判断开关的 ON/OFF 状态。

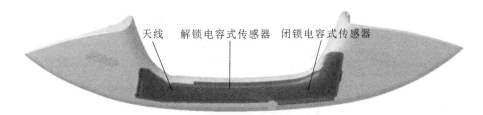

天线　解锁电容式传感器　闭锁电容式传感器

图 2-21　"无钥匙进入系统"中的电容式传感器

2.3　电感式传感器

2.3.1　电感式传感器简介

利用电磁感应原理将被测非电量转换成线圈自感系数或互感系数的变化,再由测量电路转换为电压或电流的变化量输出,这种装置称为电感式传感器,其原理如图 2-22 所示。

图 2-22　电感式传感器原理

电感式传感器通常由振荡器、开关电路及放大输出电路三大部分组成。其结构简单,无活动电触点,工作寿命长,而且灵敏度和分辨率高,输出信号强。其线性度和重复性都比较好,能实现信息的远距离传输、记录、显示和控制,还可以测量位移、压力、流量、比重等参数。

电感式传感器的核心部分是可变的自感系数或互感系数,在将被测量转换成线圈自感系数或互感系数的变化时,一般要利用磁场作为媒介或利用铁磁体的某些现象。这类传感器的主要特征是具有电感绕组。

2.3.2　电感式传感器的结构和分类

电感式传感器可分为自感式传感器、互感式传感器(也称为差动变压式传感器)和电涡流式传感器三种类型。

1. 自感式传感器

1）自感式传感器的结构

自感式传感器由线圈、铁芯和衔铁三部分组成,如图 2-23 所示,是将直线或角位移的变化转换为线圈电感量变化的传感器,其铁芯与衔铁由硅钢片或坡莫合金等导磁材料制成。这种传感器的线圈匝数和材料磁导率都是一定的,位移输入量导致线圈磁路的几何尺寸变化从而引起其电感量的变化。当线圈接入测量电路并接通激励电源时,就可获得正比于位移输入量的电压或电流输出。

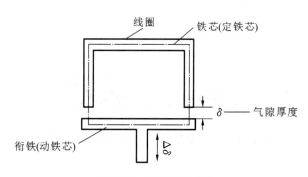

图 2-23 自感式传感器

2）自感式传感器的工作原理

线圈中电感量近似为

$$L = \frac{N^2}{R_m} = \frac{N^2 \mu_0 A_0}{2\delta} \tag{2-31}$$

式中，N 为线圈匝数；R_m 为磁路总磁阻；A_0 为气隙导磁横截面积；μ_0 为空气磁导率，$\mu_0 = 4\pi \times 10^{-7}$ H·m^{-1}；δ 为气隙厚度。

当线圈匝数 N 为常数时，电感量 L 只是磁路总磁阻 R_m 的函数。只要改变 δ 或 A_0 就可改变磁阻并最终导致电感量变化：如果 A_0 保持不变，则 L 为 δ 的单值函数，可构成变气隙型自感传感器，如图 2-24 所示；如果保持 δ 不变，A_0 随位移而变，则可构成变面积型自感传感器，如图 2-25 所示；如果在线圈中放入衔铁（圆柱形），当衔铁上下移动时，自感量将相应变化，就构成了螺线管型自感传感器，如图 2-26 所示。下面介绍应用最广泛的变气隙型自感传感器。

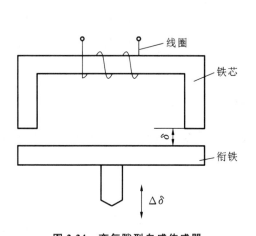

图 2-24 变气隙型自感传感器

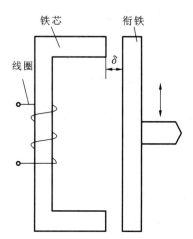

图 2-25 变面积型自感传感器

由式（2-31）可知，电感量 L 与气隙厚度 δ 间是非线性关系。此时，传感器的灵敏度为

$$S = \frac{dL}{d\delta} = -\frac{N^2 \mu_0 A_0}{2} \frac{1}{\delta^2} \tag{2-32}$$

灵敏度 S 与气隙厚度 δ 的二次方成反比，δ 越小，S 越高。为了减小非线性误差，在实际应

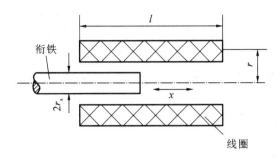

图 2-26　螺线管型自感传感器

用中,一般取 $\Delta\delta/\delta_0 \leqslant 0.1(\delta_0$ 为初始气隙厚度)。这种传感器适用于较小位移的测量,一般为 $0.001 \sim 1$ mm。

3)差动式自感传感器

由于线圈中通有交流励磁电流,衔铁始终承受电磁吸力,会引起振动和附加误差,而且非线性误差较大。外界的干扰、电源电压频率的变化、温度的变化都会产生误差。

在实际使用中,常采用两个相同的线圈共用一个衔铁,构成差动式自感传感器,两个线圈的电气参数和几何尺寸要求完全相同。

这种结构除了可以改善线性度、提高灵敏度外,对温度变化、电源电压频率变化等的影响也可以进行补偿,从而减少了外界影响造成的误差,可以减小测量误差。

(1)差动式自感传感器的结构。

图 2-27(a)为差动变气隙式;图 2-27(b)差动变面积式;图 2-27(c)差动螺线管式。

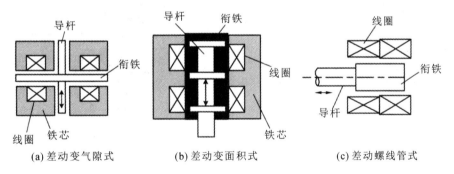

(a)差动变气隙式　　　　(b)差动变面积式　　　　(c)差动螺线管式

图 2-27　差动式自感传感器的结构

(2)差动式自感传感器的特点。

差动变气隙式自感传感器由(电感)线圈和磁路组成。

测量时,衔铁通过导杆与被测体相连,当被测体上下移动时,导杆带动衔铁也以相同的位移上下移动,使两个磁回路中的磁阻发生大小相等、方向相反的变化,一个线圈的电感量增加,另一个线圈的电感量减小,形成差动形式。将两个线圈接于电桥的相邻桥臂时,其输出灵敏度可提高一倍,并改善了线性度。

2.互感式传感器

把被测的非电量变化转换为线圈互感量变化的传感器称为互感式传感器。这种传感器是根据变压器的基本原理制成的,把被测位移量(非电量变化)转换为一次线圈与二次线圈间的互感量变化的装置,故也称为差动变压器式传感器,简称差动变压器。

1)差动变压器的结构

差动变压器的结构形式较多,有变气隙式、变面积式和螺线管式等。

图 2-28(a)、(b)所示为两种结构的变气隙式差动变压器,衔铁均为板形,灵敏度高,但测量范围较窄,一般用于测量几微米到几百微米的机械位移。

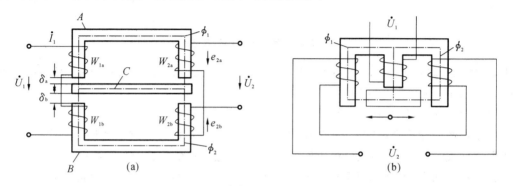

图 2-28 变气隙式差动变压器

图 2-29(a)、(b)所示两种结构均为变面积式差动变压器,通常可测到极短时间内的微小位移。

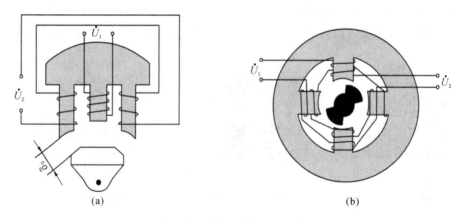

图 2-29 变面积式差动变压器

测量几毫米至上百毫米的位移时,常采用圆柱形衔铁的螺线管式差动变压器,如图 2-30 所示。在非电量测量中,应用最多的是螺线管式差动变压器,它可以测量范围内的机械位移,并具有测量精度高、灵敏度高、结构简单、性能可靠等优点。

2)差动变压器的工作原理

互感式传感器的工作原理是利用电磁感应中的互感现象将被测位移量转换成线圈互感的变化。它本身是一个变压器,其一次绕组接入交流电源,二次绕组为感应线圈。当一次绕组的互感变化时,输出电压将相应变化。由于常采用两个二次绕组组成差动式,故又称差动变压器式传感器,简称差动变压器,其工作原理如图 2-31 所示。传感器由一次绕组 L 和两个参数完

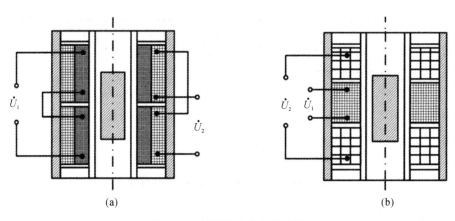

图 2-30 螺线管式差动变压器

全相同的二次绕组 L_1、L_2 组成。线圈中心插入圆柱形铁芯 p，二次绕组 L_1、L_2 反极性串联。当一次绕组 L 加上交流电压时，如果 $e_1 = e_2$，则输出电压 $e_0 = 0$；当铁芯向上运动时，$e_1 > e_2$；当铁芯向下运动时，$e_1 < e_2$。铁芯偏离中心位置越远，e_0 越大，其输出特性如图 2-31(c)所示。

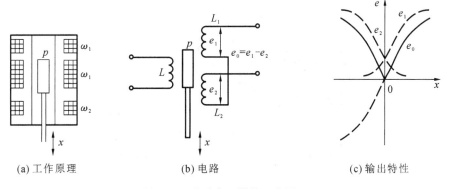

(a) 工作原理   (b) 电路   (c) 输出特性

图 2-31 差动变压器的工作原理

  差动变压器输出的电压是交流量，可用交流电压表表示，但输出值只能反映铁芯位移的大小，不能反映移动的极性；同时，交流电压输出存在一定的零点残余电压，保证动铁芯位于中间位置时，输出也不为零。因此，差动变压器的后接电路应采用既能反映铁芯位移极性，又能补偿零点残余电压的差动直流输出电路。

  图 2-32 所示为用于小位移测量的差动相敏检波电路的工作原理。当没有信号输入时，铁芯处于中间位置，调节电阻 R，使零点残余电压减小；当有信号输入时，铁芯上移或下移，其输出电压经放大器、相敏检测、滤波器后得到直流输出。由表头指示输出位移量的大小和方向。

  差动变压器的优点：测量精度高，可达 0.1 μm；线性范围大，可达 100 mm；稳定性好，使用方便。因而其被广泛应用于位移测量，也可测量与位移有关的其他机械量，如振幅、加速度、应力、相对体积质量、张力和厚度等。

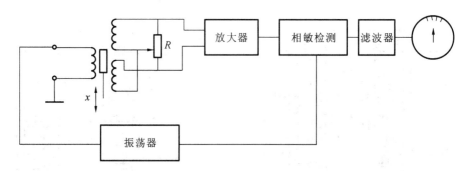

图 2-32　差动相敏检波电路的工作原理

3.电涡流式传感器

1）电涡流式传感器的结构

电涡流式传感器的结构比较简单,主要由一个安置在探头壳体内的扁平圆形线圈构成。电涡流式传感器的内部结构如图 2-33 所示。

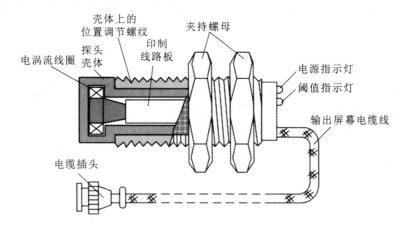

图 2-33　电涡流式传感器的内部结构

2）电涡流式传感器的工作原理

电涡流式传感器的工作原理是金属导体在交流磁场中的涡流效应。当金属板置于变化的磁场中,或者在磁场中运动时,金属板上会产生感应电流,这种电流在金属板内是闭合的,所以称为涡流。涡流的大小与金属板的电阻率 ρ、磁导率 μ、厚度 t、金属板与线圈之间的距离 δ、激励电流 i 和角频率 ω 等参数有关。若固定其他参数,仅改变某一参数,就可以根据涡流大小测定该参数。

（1）高频反射式涡流传感器。

高频反射式涡流传感器的工作原理如图 2-34 所示。高频（数兆赫兹以上）激励电流 i 施加于邻近金属板一侧的线圈,线圈产生的高频电磁场作用于金属板的表面,金属板表面薄层内产生涡流 i_s,涡流 i_s 又产生反向的磁场,反作用于线圈上,由此引起线圈电感 L_1 或线圈阻抗 Z 的变化。线圈阻抗 Z 的变化程度取决于金属板与线圈之间的距离 δ、金属板的电阻率 ρ、磁导率 μ、激励电流 i 的幅值和角频率 ω 等。

当被测位移量发生变化时,线圈与金属板之间的距离也发生变化,从而导致线圈阻抗 Z 的变化,再通过测量电路转化为电压输出。高频反射式涡流传感器常用于位移测量。

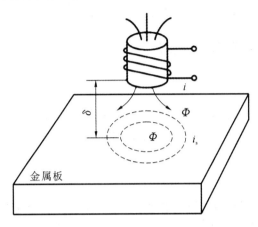

图 2-34　高频反射式涡流传感器的工作原理

(2) 低频透射式涡流传感器。

低频透射式涡流传感器多用于测定材料厚度,其工作原理如图 2-35(a)所示,发射线圈 L_1 和接收线圈 L_2 分别放在被测材料 G 的上下,低频(音频范围)电压 e_1 加到发射线圈 L_1 的两端后,在线圈空间产生交变磁场,并在被测材料 G 中产生涡流 i,此涡流损耗了部分能量,使贯穿接收线圈 L_2 的磁力线减少,从而使接收线圈 L_2 产生的感应电动势 e_2 减小。感应电动势 e_2 大小与被测材料 G 的厚度及材料性质有关,实验与理论证明,感应电动势 e_2 随材料厚度 h 增加按负指数规律减小,如图 2-35(b)所示。因而按感应电动势 e_2 的变化便可测量材料的厚度。测量厚度时,激励频率应选得较低。频率太高,贯穿深度小于被测厚度,不利于进行厚度测量。通常选激励频率为 1000 Hz 左右。

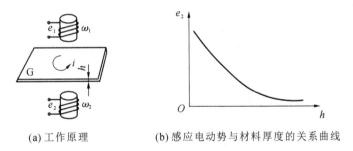

(a) 工作原理　　　　　(b) 感应电动势与材料厚度的关系曲线

图 2-35　低频透射式涡流传感器

测薄金属板时,激励频率一般应略高些,测厚金属板时激励频率应低些。在测量电阻率 ρ 较小的材料时,应选较低的频率(如 500 Hz),测量 ρ 较大的材料时,应选用较高的频率(如 2000 Hz),从而保证在测量不同材料时能得到较好的线性度和灵敏度。

电涡流式传感器可用于动态非接触式测量,测量范围为 $0 \sim 2$ mm,分辨率可达 1 μm。它具有结构简单、安装方便、灵敏度较高、抗干扰能力较强、不受油污等介质的影响等一系列优点。因此,这种传感器可用于以下几个方面:① 利用位移 x 作为变换量,做成测量位移、厚度、振动、转速等的传感器,也可做成接近开关、计数器等;② 利用材料电阻率 ρ 作为变换量,可以做成温度测量、材质判别等传感器;③ 利用材料磁导率 μ 作为变换量,可以做成测量应力、硬度等的传感器;④ 利用变化量 μ、ρ、x 的综合影响,可做成探伤装置。

2.3.3 电涡流式传感器的应用

1. 位移测量

电涡流式传感器与被测金属导体的距离变化将影响其等效阻抗,根据该原理可用电涡流式传感器来实现对位移的测量,如汽轮机主轴的轴向位移、金属试样的热膨胀系数、钢水的液位、流体压力等。

2. 振幅测量

电涡流式传感器可以无接触地测量各种机械振动幅度,测量范围从几十微米到几百微米,如测量轴的振动形状,可用多个电涡流式传感器并排安置在轴附近,如图 2-36(a)所示,用多通道指示仪输出至记录仪,在轴振动时获得各传感器所在位置的瞬时振幅,即可测出轴的瞬时振动分布形状。

3. 转速测量

把一个旋转金属体加工成齿轮状,旁边安装一个电涡流式传感器,如图 2-36(b)所示。当旋转金属体旋转时,传感器将产生周期性的脉冲信号输出。对单位时间内输出的脉冲进行计数,从而计算出其转速:

$$r = \frac{N/n}{t}(\mathrm{r/s}) \tag{2-33}$$

式中,N 为 t(单位:s)时间内的脉冲数;n 为旋转金属体的齿数。

4. 无损探伤

可以将电涡流式传感器做成无损探伤仪,用于非破坏性地探测金属材料的表面裂纹、热处理裂纹以及焊缝裂纹,如图 2-36(c)所示。探测时,传感器与被测体的距离不变,保持平行相对移动,遇裂纹时,金属的电阻率、磁导率发生变化,裂缝处的位移量也将改变,从而引起传感器的等效阻抗发生变化,通过测量电路达到探伤的目的。

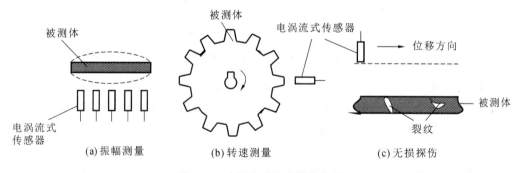

图 2-36　电涡流式传感器的应用

5. 其他应用

如图 2-37(a)所示,电磁炉是我们日常生活中必备的家用电器之一,电涡流式传感器是其核心器件之一,高频电流通过励磁线圈,产生交变磁场,在铁质锅底会产生无数的电涡流,使锅底自行发热,烹饪锅内的食物。

如图 2-37(b)所示,电涡流接近开关能在一定的距离(几毫米至几十毫米)内检测有无物体靠近,当物体接近到设定距离时,其就会发出"动作"信号。电涡流接近开关的核心部分是"感辨头",它对正在接近的物体有很高的感辨能力。这种电涡流接近开关只能检测金属。

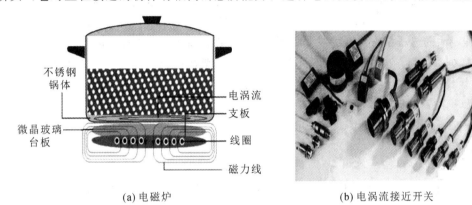

(a) 电磁炉　　　　　　　　　(b) 电涡流接近开关

图 2-37　涡流效应的应用

习　　题

一、单选题

1. 电阻应变片的输入是(　　　)。

A. 力　　　　　　　　B. 应变　　　　　　　　C. 速度　　　　　　　　D. 加速度

2. 在外力作用下引起半导体电阻应变片电阻变化的因素主要是(　　　)。

A. 长度　　　　　　　B. 截面积　　　　　　　C. 电阻率　　　　　　　D. 高通

3. 结构型传感器是依靠(　　　)的变化实现信号变化的。

A. 本身物理性质　　　B. 体积大小　　　　　　C. 结构参数　　　　　　D. 电阻值

4. 变极距型电容式传感器的灵敏度与(　　　)成反比关系。

A. 极距　　　　　　　B. 面积　　　　　　　　C. 极距的平方　　　　　D. 介电常数

5. 变极距型平板电容器的差动式结构中,两个电容应当连接成(　　　)。

A. 并联电路　　　　　B. 串联电路　　　　　　C. 电桥电路　　　　　　D. 直流极化电路

6. 电容式传感器中,灵敏度最高的是(　　　)。

A. 变面积型　　　　　B. 变极距型　　　　　　C. 变介质型　　　　　　D. 不确定

7. 变极距型电容式传感器测量位移量时,传感器的灵敏度随(　　　)而增大。

A. 极距的减小　　　　B. 极距的增大　　　　　C. 电流的增大　　　　　D. 电压的增大

8. 不能用电涡流式传感器实现的是(　　　)。

A. 位移测量　　　　　B. 材质鉴别　　　　　C. 探伤　　　　　　　D. 非金属材料检测

9. 在测量位移的传感器中,符合非接触测量,而且不受油污等介质的影响的是(　　)传感器。

A. 电容式　　　　　　B. 压电式　　　　　　C. 电阻式　　　　　　D. 电涡流式

10. 自感式传感器在气隙厚度 δ 变化时,其灵敏度 S 与 δ 之间的关系是 $S=$(　　)。

A. $k\dfrac{1}{\delta}$　　　B. $k\delta$　　　　　　C. $k\delta^{-2}$　　　　　D. $-k\delta^{-2}$

11. 差动式变极距型电容式传感器的灵敏度是变极距型电容式传感器的(　　)倍。

A. 2　　　　　　　　　B. 3　　　　　　　　　C. 4　　　　　　　　　D. 5

12. 电感式传感器在线圈匝数 N 和截面积 A_0 确定后,初始气隙厚度 δ_0 越小,则电感 L(　　)。

A. 越小　　　　　　　B. 满足不失真　　　　C. 阻抗匹配　　　　　D. 越大

13. 螺线管型自感传感器采用差动结构是为了(　　)。

A. 加长线圈从而增加线性范围

B. 提高灵敏度,减小温漂

C. 降低成本

D. 增加线圈对衔铁的吸引力

14. 测量极微小的位移,应选择(　　)自感传感器。若要求线性好、灵敏度高、量程为 1 mm 左右、分辨率为 1 μm 左右,应选择(　　)自感传感器为宜。

A. 变气隙型　　　　　B. 变面积型　　　　　C. 螺线管型

15. 电感式传感器是利用电磁感应原理将被测非电量转化为线圈自感系数或者互感系数变化的一种装置。下面(　　)不能用它来测量。

A. 位移　　　　　　　B. 温度　　　　　　　C. 压力　　　　　　　D. 振幅

二、分析题

1. 金属电阻应变片与半导体应变片在工作原理上有何区别?各有何优缺点?应如何根据具体情况来选用?

2. 如果将电阻为 120 Ω 的应变片贴在柱形弹性试件上,该试件的截面积 $A_0=0.5\times10^{-4}$ m^2,材料弹性模量 $E=2\times10^{11}$ N/m^2,若由 50000 N 的拉力引起应变片电阻变化为 1.2 Ω,求该应变片的灵敏度系数 K。

3. 有一拉力传感器,用钢柱做敏感元件,其上贴一应变片。已知钢柱的截面积 $A_0=1$ cm^2,弹性模量 $E=2\times10^{11}$ N/m^2,应变片的灵敏度系数 $K=2$。若测量电路对应变片相对变化量 dR/R 的分辨率为 10^{-7},试计算该传感器能测量的最小拉力 F_{min}。

4. 有一电阻应变片,其灵敏度系数 $K=2$,$R=120$ Ω,设工作时其应变为 1000 $\mu\varepsilon$,问 ΔR 为多少?设将此电阻应变片接入图 2-38 所示的电路中,试求:

(1) 无应变时电流表示值;

(2) 有应变时电流表示值;

(3) 电流表示值相对变化量;

(4) 试分析这个变量 ΔR 能否从电流表示值中求出?

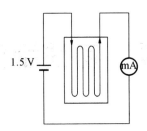

图 2-38　电路中接入电阻应变片

5. 欲测量液体压力,拟采用电容式、电感式、电阻应变式传感器,请绘出可行方案的原理图,并做比较。

6. 某电容式传感器(平行极板电容器)的圆形极板半径 $r=4$ mm,工作初始极板间距离 $\delta=0.3$ mm,介质为空气。问:

(1) 如果极板间距离变化量 $\Delta\delta=\pm1$ μm,电容的变化量 ΔC 是多少?

(2) 如果测量电路的灵敏度为 100 mV/pF,读数仪表的灵敏度为 5 格/mV,在 $\Delta\delta=\pm1$ μm 时,读数仪表的变化量为多少?

7. 电容式传感器的极板宽度 $b=4$ mm,间隙 $\delta=0.5$ mm,极板间介质为空气,试求其静态灵敏度。若极板向左水平移动 2 mm,求其电容变化量。

8. 电容式、电感式、电阻应变式传感器的测量电路有何异同? 举例说明。

第 3 章　物性型传感器

【知识目标】

（1）掌握压电式、热电式、磁敏式、光学传感器的分类方法。

（2）掌握压电式、热电式、磁敏式、光学传感器的变换原理。

（3）了解压电式、热电式、磁敏式、光学传感器的主要特点、测量电路及应用。

【能力目标】

（1）能够评判各种传感器的优缺点。

（2）能够根据实际情况正确选择合适的传感器。

（3）能够初步设计传感器控制电路。

【素质目标】

（1）培养学生的创新思维和探索精神，鼓励学生自主研究和探索传感器的相关知识。

（2）强调实践和应用，使学生更加深入地了解传感器在现代工业和社会发展中的重要性和作用。

【知识图谱】

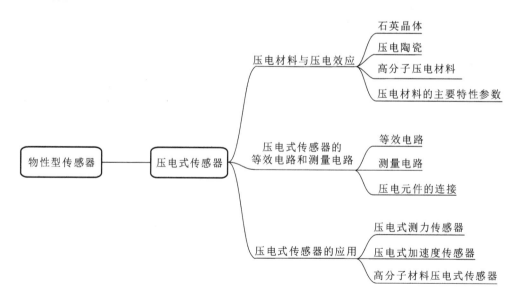

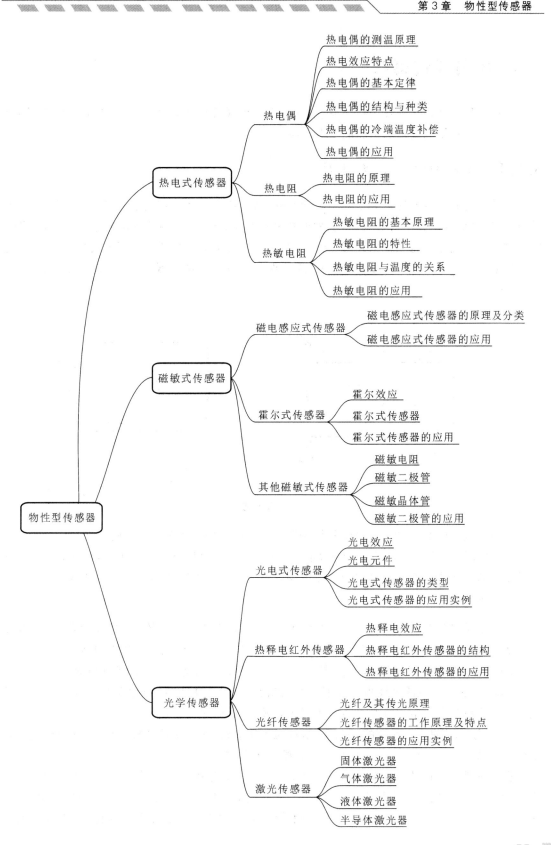

3.1 压电式传感器

压电式传感器是一种可逆转换器,它既可以将机械能转换成电能,又可以将电能转换成机械能。它的工作原理是某些物质的压电效应。

3.1.1 压电材料与压电效应

沿着一定方向对某物质施加外力而使其变形时,该物质在一定表面上将产生电荷,当去掉外力后,它又重新回到不带电状态,这种现象被称为压电效应,也称正压电效应。相反,如果在这些物质的极化方向施加外电场,该物质就会在一定方向上产生机械变形或机械应力,当外电场撤去后,这些变形或应力也随之消失,这种现象被称为逆压电效应,或电致伸缩效应,如图3-1所示。

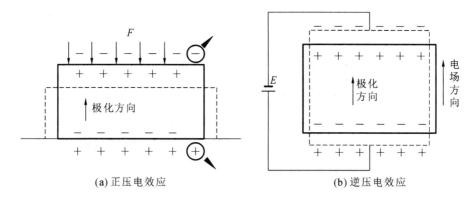

(a) 正压电效应　　　　　　　　　　　(b) 逆压电效应

图 3-1　压电效应

明显呈现压电效应的敏感功能材料叫作压电材料。压电式传感器中的压电元件一般有三类:第一类是压电晶体(单晶体),如石英晶体;第二类是经过极化处理的压电陶瓷(多晶体);第三类是高分子压电材料。压电式传感器中用得最多的是各类压电陶瓷和石英晶体。

1. 石英晶体

石英晶体的化学成分是 SiO_2,是单晶结构,晶体外形为六角锥体,如图 3-2 所示。石英晶体是各向异性材料,不同晶向具有各异的物理特性,用 x、y、z 轴来描述其不同晶向。

z 轴:通过锥顶端的轴线,是纵向轴,称为光轴,沿该方向受力不会产生压电效应。

x 轴:经过六棱柱的棱线并垂直于 z 轴的轴为 x 轴,称为电轴(压电效应只在该轴的两个表面产生电荷集聚),沿该方向受力产生的压电效应称为"纵向压电效应"。

y 轴:与 x、z 轴同时垂直的轴为 y 轴,称为机械轴(该方向只产生机械变形,不会产生电荷集聚),沿该方向受力产生的压电效应称为"横向压电效应"。

石英晶体是一种性能优良的压电晶体,它的突出特点是性能非常稳定。在 $20\sim200$ ℃ 的范围内,压电常数的变化率只有 -0.0001/℃。此外,它还具有自振频率高、动态响应好、机械强度高、绝缘性能好、迟滞小、重复性好、线性范围宽等优点。石英晶体的不足之处是压电常数

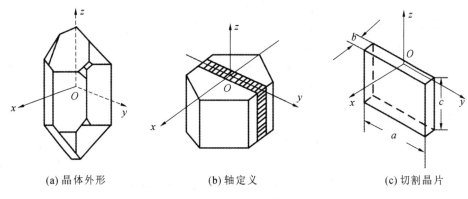

(a) 晶体外形   (b) 轴定义   (c) 切割晶片

图 3-2 石英晶体

较小。因此石英晶体大多只在标准传感器、高准确度传感器或工作温度较高的传感器中使用。而在要求一般的测量中,基本上采用压电陶瓷。

石英等单晶体材料是各向异性材料,沿 x 轴或者 y 轴方向施力时,在与 x 轴垂直的面上会产生电压效应,电场方向与 x 轴平行;沿 z 轴方向施力时,不能产生压电效应。

2. 压电陶瓷

压电陶瓷是人工制造的多晶体压电材料。其内部的晶粒有一定的极化方向,在无外电场作用时,晶粒杂乱分布,它们的极化效应被相互抵消,压电陶瓷此时呈中性,即原始的压电陶瓷不具有压电性质,如图 3-3(a)所示。

当在陶瓷上施加外电场时,晶粒的极化方向发生转动,趋向于按外电场方向排列,从而使材料整体得到极化。外电场愈强,极化程度越高,让外电场强度大到使材料的极化达到饱和程度,即所有晶粒的极化方向都与电场方向一致,此时,撤掉外电场,材料整体的极化方向基本不变,即出现剩余极化,这时的材料就具有了压电特性,如图 3-3(b)所示。由此可见,要使压电陶瓷具有压电效应,需要外电场和压力的共同作用。当压电陶瓷受到外力作用时,晶粒发生移动,在垂直于极化方向(即电场方向)的平面上形成极化电荷,电荷量的大小与外力成正比。

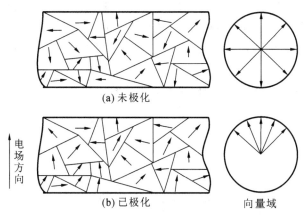

(a) 未极化

电场方向

(b) 已极化   向量域

图 3-3 压电陶瓷

压电陶瓷的压电常数比石英晶体的大得多(即压电效应更明显),因此用它做成的压电式传感器的灵敏度较高,但稳定性、机械强度等不如石英晶体做成的。

压电陶瓷材料有多种,最早的是钛酸钡($BaTiO_3$),现在最常用的是锆钛酸铅($PbZrO_3$-$PbTiO_3$,简称PZT,即Pb、Zr、Ti三个元素符号的首字母组合),前者工作温度较低(最高70 ℃),而后者工作温度较高,且有良好的压电性能,得到了广泛应用。

3. 高分子压电材料

高分子压电材料是近年来发展很快的一种新型材料,典型的高分子压电材料有聚偏二氟乙烯(PVF2和PVDF)、聚氟乙烯(PVF)和改性聚氯乙烯(PVC)等。其中,以PVDF的压电常数最高,此材料的压电常数是压电陶瓷的几十倍。其输出脉冲电压有的可以直接驱动CMOS(complementary metal oxide semiconductor,互补金属氧化物半导体)集成门电路。

高分子压电材料是一种柔软的压电材料,可根据需要制成薄膜或电缆套管等形状,经极化处理后就显现出压电特性。它不易破碎,具有防水性,可以大量连续拉制,制成较大面积或较长的尺度,因此价格便宜。高分子压电材料测量动态范围可达80 dB,频率响应范围为0.1～10^9 Hz。这些优点都是其他压电材料所不具备的,因此在一般不要求测量准确度的场合(如水声测量、防盗、振动测量等领域)获得普遍应用。它的声阻抗与空气的声阻抗有较好的匹配性,因而是很有希望的电声材料。例如在它的两侧面施加高压音频信号时,可以制成特大口径的壁挂式低音扬声器。高分子压电材料的工作温度一般低于100 ℃,温度升高时,其灵敏度将降低。它的机械强度不够高,耐紫外线能力较差,不宜暴晒,以免老化。

4. 压电材料的主要特性参数

(1)压电常数:压电常数是衡量材料压电效应强弱的参数,它直接关系到压电输出的灵敏度。

(2)弹性常数:压电材料的弹性常数、刚度决定着压电器件的固有频率和动态特性。

(3)介电常数:对于一定形状、尺寸的压电元件,其介电常数与固有电容有关,而固有电容又影响着压电式传感器的频率下限。

(4)机械耦合系数:在压电效应中,其值等于转换输出能量(如电能)与输入的能量(如机械能)之比的算术平方根,它是衡量压电材料机电能量转换效率的一个重要参数。

(5)电阻压电材料的绝缘电阻(泄漏电阻):绝缘电阻能减少电荷泄漏,从而改善压电式传感器的低频特性。

(6)居里点:压电材料开始丧失压电特性的温度称为居里点。

 **拓展阅读**

压电效应的发现

1880年,皮埃尔·居里和雅克·居里兄弟在巴黎大学理学院担任实验室助理。他们发现,对石英、电气石和罗谢尔盐等晶体施加压力,这些材料的表面会产生电荷。这种将机械能转化为电能的过程称为直接压电效应。"Piezo"源自希腊语,意为"按压"。后来雅克·居里在 1889 年的 *Annales de Chimie et de Physique* 论文中总结了这一观察结果:如果一个人沿着(石英块的)主轴拉动或挤压,则在该轴的末端会出现等量的相反符号的电量,与作用力成正比,并且与石英块的尺寸无关。

加布里埃尔·李普曼(Gabriel Lippman)在 1881 年通过对基本热力学原理的数学推导预测了相反的效果,即对这些材料施加电场会导致其内部产生机械应变。雅克·居里兄弟通过实验迅速证明了这种逆压电效应。

压电效应的发现引起了欧洲科学界的极大兴趣,1910 年出版的 Woldemar Voigt 的 *Lehrbuch der Kristallphysik*(晶体物理学教科书)中描述了能够发生压电效应的 20 种天然晶体类别。压电效应的发现如图 3-4 所示。

图 3-4　压电效应的发现

3.1.2　压电式传感器的等效电路和测量电路

1. 等效电路

压电元件有两个电极,其间的压电陶瓷或石英晶体均为绝缘体,而两个工作面是通过金属蒸镀形成的金属膜,因此就构成一个电容器。其电容量为

$$C_a = \varepsilon_r \varepsilon_0 A / \delta \tag{3-1}$$

式(3-1)中,ε_r 为压电材料的相对介电常数,石英晶体的 $\varepsilon_r = 4.5$,钛酸钡的 $\varepsilon_r = 1200$;ε_0 为真空介电常数,$\varepsilon_0 = 8.854 \times 10^{-12}$ F·m^{-1};δ 为极板间距,即压电元件的厚度;A 为压电元件的工作面面积。

当压电元件受外力作用时,其两表面产生等量的正、负电荷 Q(见图 3-5(a)),此时,压电元件的开路电压为

$$U = \frac{Q}{C_a} \tag{3-2}$$

因此,压电式传感器可以等效为一个电荷源 Q 和一个电容器 C_a 并联,如图 3-5(b)所示。压电式传感器也可等效为一个与电容器 C_a 相串联的电压源 U,如图 3-5(c)所示。

在实际使用中,压电式传感器总是与测量仪器或测量电路相连接,因此还须考虑连接电缆的等效电容 C_c、后续电路的输入电阻 R_i 和输入电容 C_i 以及压电式传感器的泄漏电阻 R_a,这样,压电元件实际等效电路如图 3-6 所示。

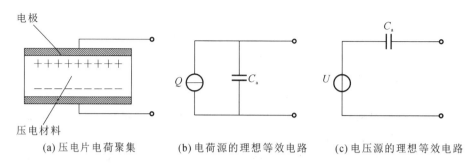

(a) 压电片电荷聚集　　(b) 电荷源的理想等效电路　　(c) 电压源的理想等效电路

图 3-5　压电元件理想等效电路

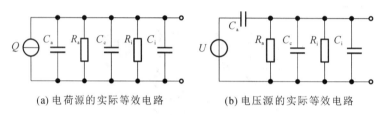

(a) 电荷源的实际等效电路　　(b) 电压源的实际等效电路

图 3-6　压电元件实际等效电路

2. 测量电路

压电式传感器的输出电信号是很微弱的电荷,本身的内阻抗很高(通常为 10^{10} Ω 以上),输出能量较小,这给后接电路带来一定困难,因此它的测量电路通常需要接入一个高输入阻抗的前置放大器,经过阻抗变换,方可用一般的放大、检波电路将电信号输出给指示仪表或记录器。其作用:① 把高输入阻抗(一般为 10^{10} Ω 以上)变换为低输出阻抗(小于 100 Ω);② 对传感器输出的微弱电信号进行放大。

根据压电式传感器的两种等效方式可知,压电式传感器的输出可以是电压信号或电荷信号,因此前置放大器也有两种形式:电荷放大器和电压放大器。

由于电压放大器的输出电压与电缆电容有关,故目前多采用电荷放大器。

1) 电荷放大器

由于运算放大器的输入阻抗很高,其输入端几乎没有分流,故可略去压电式传感器的泄漏电阻 R_a 和电荷放大器的输入电阻 R_i 两个并联电阻的影响,将图 3-7(a)中压电式传感器的等效电容 C_a、连接电缆的等效电容 C_c、电荷放大器的输入电容 C_i 合并为电容 C 后,电荷放大器等效电路如图 3-7(b)所示。它由一个负反馈电容 C_f 和高增益的运算放大器构成。图中 K 为运算放大器的增益。由于负反馈电容工作于直流时相当于开路,对电缆噪声敏感,电荷放大器的零漂也较大,因此一般在反馈电容两端并联一个电阻 R_f,其作用是稳定直流工作点,减小零漂,R_f 通常为 $10^{10} \sim 10^{14}$ Ω,当工作频率足够高时,$1/R_f \ll \omega C_f$,可忽略 $(1+K)\dfrac{1}{R_f}$。负反馈电容折合到电荷放大器输入端的有效电容为

$$C_f' = (1 + K)C_f \tag{3-3}$$

由于

$$\begin{cases} U_{i} = \dfrac{Q}{C_{a} + C_{c} + C_{i} + C'_{f}} \\ U_{o} = -KU_{i} \end{cases} \tag{3-4}$$

因此其输出电压为

$$U_{o} = \dfrac{-KQ}{C_{a} + C_{c} + C_{i} + (1+K)C_{f}} \tag{3-5}$$

式中,"一"号表示电荷放大器的输入与输出反相。

当 $K \gg 1$(通常 $K = 10^4 \sim 10^6$),满足 $(1+K)C_f > 10(C_a + C_c + C_i)$ 时,就可将上式近似为

$$U_{o} \approx \dfrac{-Q}{C_{f}} = U_{C_{f}} \tag{3-6}$$

由此可见:

(1) 电荷放大器的输入阻抗极高,输入端几乎没有分流,电荷源 Q 只对负反馈电容 C_f 充电,充电电压 U_{C_f}(负反馈电容两端的电压)接近于电荷放大器的输出电压。

(2) 电荷放大器的输出电压 U_o 与连接电缆的等效电容 C_c 近似无关,而与电荷源 Q 成正比,这是电荷放大器的突出优点。电荷源 Q 与被测压力成线性关系,因此,输出电压 U_o 与被测压力成线性关系。

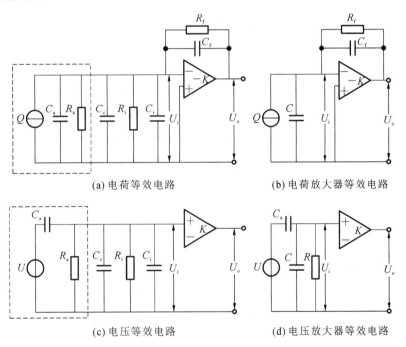

图 3-7 压电元件测量电路

2)电压放大器

电压放大器等效电路如图 3-7(d)所示。

将图 3-7(c)中的 R_a、R_i 并联成为等效电阻 R,将 C_c 与 C_i 并联为等效电容 C,于是有

$$R = \dfrac{R_{a}R_{i}}{R_{a} + R_{i}} \tag{3-7}$$

$$C = C_c + C_i \tag{3-8}$$

如果压电元件受正弦力 $f = F_m \sin\omega t$ 的作用,则所产生的电荷为

$$Q = df = dF_m \sin\omega t \tag{3-9}$$

对应的电压为

$$U = \frac{Q}{C_a} = \frac{dF_m}{C_a}\sin\omega t = U_m \sin\omega t \tag{3-10}$$

式中,d 为压电系数;U_m 为压电元件输出电压的幅值,$U_m = \frac{dF_m}{C_a}$。

它们的总等效阻抗为

$$Z = \frac{1}{j\omega C_a} + \frac{R}{1 + j\omega RC} \tag{3-11}$$

因此,送到电压放大器输入端的电压为

$$\dot{U}_i = \frac{Z_{RC}}{Z}U_m \tag{3-12}$$

式中,Z_{RC} 为 RC(并联)电路的等效阻抗。

整理上述式子可得

$$\dot{U}_i = dF_m \frac{j\omega R}{1 + j\omega R(C_a + C)} = dF_m \frac{j\omega R}{1 + j\omega R(C_a + C_c + C_i)} \tag{3-13}$$

于是可得放大器输入电压的幅值为

$$U_{im} = \frac{dF_m \omega R}{\sqrt{1 + \omega^2 R^2 (C_a + C_c + C_i)^2}} \tag{3-14}$$

输入电压与作用力间的相位差为

$$\varphi = \frac{\pi}{2} - \arctan[\omega R(C_a + C_c + C_i)] \tag{3-15}$$

在理想情况下,传感器的泄漏电阻 R_a 和电压放大器的输入电阻 R_i 都为无穷大,根据式(3-15)有 R 无穷大,这时 $\omega R(C_a + C_c + C_i) \gg 1$,代入式(3-14)可得电压放大器的输入电压幅值为

$$U'_{im} = \frac{dF_m}{C_a + C_c + C_i} \tag{3-16}$$

式(3-16)表明:理想情况下,电压放大器输入电压与频率无关。为了扩展频带的低频段,必须增大回路的时间常数 $R(C_a + C_c + C_i)$。如果单靠增大测量回路电容量的方法将影响传感器的灵敏度$\left(S = \frac{U'_{im}}{F_m} = \frac{d}{C_a + C_c + C_i}\right)$,因此常采用 R_i 很大的电压放大器。

联立式(3-14)和式(3-16)可得

$$\frac{U_{im}}{U'_{im}} = \frac{\omega R(C_a + C_c + C_i)}{\sqrt{1 + \omega^2 R^2 (C_a + C_c + C_i)^2}} \tag{3-17}$$

令

$$\omega_0 = \frac{1}{R(C_a + C_c + C_i)} = \frac{1}{\tau} \tag{3-18}$$

式中,τ 为测量电路时间常数。则

$$\frac{U_{im}}{U'_{im}} = \frac{\omega/\omega_1}{\sqrt{1+(\omega/\omega_1)^2}} \tag{3-19}$$

对应的相角为

$$\varphi = \frac{\pi}{2} - \arctan(\omega/\omega_1) \tag{3-20}$$

由此得到电压幅值比和相角与频率比的关系曲线,如图 3-8 所示。由图可见,一般 $\omega/\omega_1 > 3$ 时就可认为 U_{im} 与 ω 无关,这也表明压电式传感器有很好的高频响应特性,但当作用力为静态力(即 $\omega=0$)时,电压放大器的输入电压为 0,电荷会通过电压放大器的输入电阻和传感器本身的泄漏电阻漏掉。实际上,外力作用于压电材料上产生的电荷只有在无泄漏的情况下才能保存,即需要负载电阻(运算放大器的输入阻抗)无穷大,并且内部无漏电,但这实际上是不可能的,因此,压电式传感器要以时间常数对 R_i、C_a 按指数规律放电,不能用于测量静态量。压电材料在交变力的作用下,电荷可以不断补充,以供给测量回路一定的电流,故适合于动态测量。

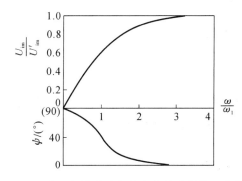

图 3-8　电压幅值比和相角与频率比的关系曲线

3. 压电元件的连接

压电元件作为压电式传感器的敏感部件,单片压电元件产生的电荷量很小,在实际应用中,通常采用两片(或两片以上)同规格的压电元件黏结在一起,以提高压电式传感器的输出灵敏度。

由于压电元件产生的电荷具有极性区分,因此相应的连接方法有两种,如图 3-9 所示。从作用力的角度看,压电元件是串接的,每片受到的作用力相同,产生的变形和电荷量大小也一致。

如图 3-9(a)所示,将两个压电元件的负端黏结在一起,中间插入金属电极作为压电元件连接件的负极,将两边连接起来作为压电元件连接件的正极,这种连接方法称为"并联法"。与单片时相比,两个压电元件在外力作用下,正负电极上的电荷量增加了一倍,总电容量增加了一倍,其输出电压与单片时相同。

并联法输出电荷大,本身电容大,时间常数大,适宜测量慢变信号且以电荷作为输出量的场合。

如图 3-9(b)所示,将两个压电元件的不同极性黏结在一起,这种连接方法称为"串联法"。在外力作用下,两个压电元件产生的电荷在中间黏结处正负电荷中和,上、下极板的电荷量与单片时相同,总电容量为单片时的一半,输出电压增大了一倍。

串联法输出电压大,本身电容小,适宜以电压作为输出信号且测量电路输入阻抗很高的场合。

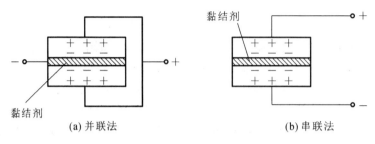

(a) 并联法   (b) 串联法

图 3-9   压电元件连接方式

3.1.3 压电式传感器的应用

压电传感器大致可分三种:压电式测力传感器、压电式加速度传感器和高分子材料压电式传感器。

1. 压电式测力传感器

压电式测力传感器是利用压电元件直接实现力-电转换的传感器,在拉、压场合,通常采用双片或多片石英晶体作为压电元件。其刚度大,测量范围宽,线性及稳定性高,动态特性好。当采用大时间常数的电荷放大器时,可测量准静态力。按测力状态分,有单向、双向和三向压电式测力传感器,它们在结构上基本一样。

2. 压电式加速度传感器

压电式加速度传感器如图 3-10 所示。当传感器与被测振动加速度的机械禁锢在一起后,传感器受机械运动的振动加速度作用,压电晶片受到质量块惯性引起的压力,其方向与振动加速度方向相反,大小由 $F=ma$ 决定。质量块惯性引起的压力作用在压电晶片上产生电荷,电荷引起电极输出,由此将振动加速度转换成电参量。弹簧是给压电晶片施加预紧力的,预紧力的大小基本不影响输出电荷的大小,但当预紧力不够而加速度又较大时,质量块将与压电晶片敲击碰撞;预紧力也不能太大,否则会引起压电晶片的非线性误差。常用的压电式加速度传感器的结构多种多样,图 3-10 就是其中的一种,这种结构有较高的固有振动频率,可用于较高频率的测量,是目前应用较多的一种形式。

3. 高分子材料压电式传感器

将高分子压电电缆埋在公路上,可以用于获取车型分类信息(包括轴数、轴距、轮距、单双轮胎)、车速监测、收费站地磅、闯红灯拍照、停车区域监控、交通数据信息采集(道路监控)及机场滑行道监控等,如图 3-11 所示。

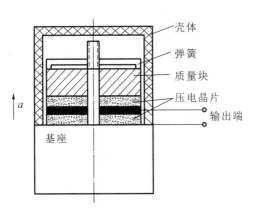

壳体
弹簧
质量块
压电晶片
输出端
基座
a

图 3-10　压电式加速度传感器

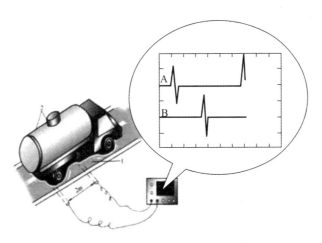

A
B

图 3-11　交通监测中的高分子压电电缆

 **拓展阅读**

压电效应的应用

压电高压发生器：利用压电效应可以把振动转换成电能，还可以获得高电压输出。这种获得高电压的装置可用来做引燃装置，如汽车火花塞、打火机、炮弹的引爆压电雷管等，还可充当红外夜视仪和手提 X 射线机中的高压电源等。当你按下打火机开关时，压电晶体受到挤压从而产生电压火花，如图 3-12（a）所示。

压电晶体振荡器：压电晶体振荡器（晶振）是将机械振动变为同频率的电振荡的器件，由夹在两个电极之间的压电晶体构成。由于压电晶体的机械振动有一个确定的固有频率，所以它对频率非常敏感。目前应用最多的压电晶体振荡器是石英晶体振荡器，其振荡原理是压电效应和电致伸缩效应的总效果。如图 3-12（b）所示，石英晶体振荡器在石英晶体上加上电压使之产生形变,而形变又在晶体上产生电荷,通过静电感应则在外电路形成电流。若加的是交变电场,引起的形变也是交变的。交变的形变所形成的电荷和电流也是交变的,最后由于晶体自身的机械限制而稳定在某一幅度上。由于石英晶体的机械振动具有一定的固有频率,当外加电场频率等于其固有频率时,便会产生谐振。这就是石英晶体可以用于谐振选频电路的基本原因。石英晶体振荡器具有极高的频率稳定度,因而广泛使用于要求频率稳定度高的设备中,例如标准频率发生器、脉冲计数器、石英钟等。

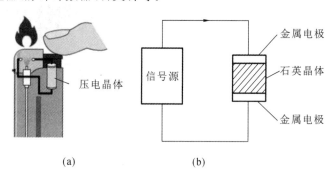

图 3-12 压电效应的应用

3.2 热电式传感器

温度是工业生产中常见的工艺参数之一,任何物理变化和化学反应过程都与温度密切相关,因此温度控制是生产自动化的首要任务,如冶金、机械、热处理、食品、化工、玻璃、陶瓷和耐火材料等各类的工业生产过程中广泛使用各种加热炉、热处理炉和反应炉等,都要进行温度控制。

热电式传感器是将温度变化转换为电量变化的装置。它是利用某些材料或元件的性能随温度变化的特性来进行测量的。例如将温度变化转换为电阻、热电动势、热膨胀、磁导率等的变化,再通过适当的测量电路达到检测温度的目的。

把温度变化转换为热电动势的热电式传感器称为热电偶;把温度变化转换为电阻值的热电式传感器称为热电阻;利用半导体材料的电阻值随温度变化的热电式传感器称为热敏电阻。

拓展阅读

热电效应的发现

19 世纪 20 年代初期,托马斯·约翰·塞贝克(图 3-13)通过实验方法研究了电流与热的关系。1821 年,塞贝克将两种不同的金属导线连接在一起,构成一个电流回路。他将两条导线首尾相连形成两个接点,然后发现,如果把其中的一个接点加热到很高的温度而另一个接点保持低温的话,电路周围存在磁场。他实在不敢相信,热量施加于两种金属构成的一个接点时

会有电流产生,这只能用热磁电流或热磁现象来解释。在接下来的两年里时间,塞贝克将他的持续观察报告给普鲁士科学院,并把这一发现描述为"温差导致的金属磁化"。

塞贝克确实已经发现了热电效应,但他却做出了错误的解释:导线周围产生磁场的原因,是温度梯度导致金属在一定方向上被磁化,而非形成了电流。普鲁士科学院认为,这种现象是因为温度梯度导致了电流,继而在导线周围产生了磁场。对于这样的解释,塞贝克十分恼火,他反驳说,科学家们的眼睛被汉斯·克海斯提安·奥斯特(电磁学的先驱)的经验给蒙住了,所以他们只会用"磁场由电流产生"的理论去解释,而想不到还有别的解释。但是,塞贝克自己却难以解释这样一个事实:如果将电路切断,温度梯度并未在导线周围产生磁场。所以,多数人都认可热电效应的观点,后来也就这样被确定下来了。

图 3-13 塞贝克

塞贝克效应发现之后,人们就为它找到了应用场所。利用塞贝克效应,可制成温差电偶(thermocouple,即热电偶)来测量温度。只要选用适当的金属作热电偶材料,就可轻易测量 $-180 \sim 2000\ ℃$ 的温度,如此宽泛的测量范围,令酒精或水银温度计望尘莫及。热电偶温度计甚至可以测量高达 $2800\ ℃$ 的温度!

3.2.1 热电偶

热电偶作为温度传感器,可测得与温度相对应的热电动势,并由仪表显示该处温度值。热电偶被广泛用来测量 $-200 \sim 1800\ ℃$ 范围内的温度,特殊情况下,可测至 $2800\ ℃$ 的高温或 $-269.15\ ℃(4\ K)$ 的低温。它具有结构简单、价格低、准确度高、测温范围广等特点。由于热电偶将温度转化成电量进行检测,所以温度的测量、控制,以及对温度信号的放大、变换都变得更方便,适用于远距离测量和自动控制。

1. 热电偶的测温原理

两种不同的导体两端相互紧密地连接在一起,组成一个闭合回路。当两个接点温度不等时,回路中就会产生电动势,从而形成电流,这一现象称为热电效应,该电动势称为热电动势。两种不同导体的组合称为热电偶,不同导体称为电极。两个接点,一个为工作端或热端(t),测温时将它置于被测温度场中;另一个叫自由端或冷端(t_0),一般要求它恒定在某一温度。

由于不同导体的自由电子密度是不同的,当两种不同的导体 A、B 连接在一起时,在 A、B 的接触处就会发生电子的扩散。设导体 A 的自由电子密度大于导体 B 的自由电子密度,那么在单位时间内,由导体 A 扩散到导体 B 的电子数要比从导体 B 扩散到导体 A 的电子数多,这时导体 A 因失去电子而带正电,导体 B 因得到电子而带负电,于是在接触处便形成了电位差,即电动势,这个电动势将阻碍电子由导体 A 向导体 B 的进一步扩散。热电偶结构原理图如图 3-14 所示。

当电子的扩散作用与上述的电场阻碍扩散的作用相同时,接触处的自由电子扩散便达到

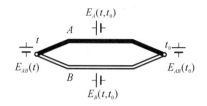

图 3-14　热电偶结构原理图

动态平衡。这种由于两种导体自由电子密度不同,而在其接触处形成的电动势,称为接触电动势。

所以,热电动势来源于两个部分,一部分是两种导体的接触电动势,另一部分是单一导体的温差电动势。

2. 热电效应特点

(1) 如果热电偶两电极材料相同,无论两接点温度如何,总电动势为零。

(2) 如果热电偶两接点温度相同,尽管 A、B 材料不同,总电动势为零。

(3) 热电偶产生的热电动势只与电极材料和接点温度有关,与电极的尺寸、形状等无关。同样材料的电极,其温度和热电动势的关系是一样的,因此电极材料相同的热电偶可以互换。

(4) 热电偶在两接点温度为 T_1、T_3 时的热电动势,等于此热电偶在两接点温度为 T_1、T_2 与 T_2、T_3 两个不同状态下的热电动势之和。

(5) 当导体 A、B 选定后,热电动势是两个接点温度的函数差。实际应用中,通常使冷端的温度保持为 $0\ ℃$,从而使冷端的电动势为常数,此时只要测出总电动势,就可以求出工作端的温度。

3. 热电偶的基本定律

1) 中间导体定律

在导体 A、B 组成的热电偶回路中引入第三种导体 C,如果引入的第三种导体两端温度相同,则导体的引入不会改变热电偶的总电动势大小。

从实用观点来看,中间导体定律很重要。利用这个性质,我们才可以在回路中引入各种仪表、连接导线等,而不必担心会对总电动势有影响。而且也允许采用任意的焊接方法来焊接热电阻、热电偶。

2) 标准电极定律

当温度为 T_1、T_2 时,用导体 A、B 组成的热电偶的热电动势等于 A、C 组成的热电偶和 C、B 组成的热电偶的热电动势的和,即

$$E_{AB}(T_1, T_2) = E_{AC}(T_1, T_2) + E_{CB}(T_1, T_2) \tag{3-21}$$

导体 C 称为标准电极,工程上一般采用纯铂作为标准电极,原因是其物理化学性质稳定,熔点高。

4. 热电偶的结构与种类

目前,国际电工委员会(IEC)向世界各国推荐了八种标准化热电偶。表 3-1 是我国采用的符合 IEC 标准的六种热电偶的主要性能和特点。

表 3-1 六种热电偶的主要性能和特点

热电偶名称	正电极	负电极	分度号	测温范围	特点
铂铑$_{30}$-铂铑$_6$	铂铑$_{30}$	铂铑$_6$	B	0～1700 ℃（超高温）	适用于在氧化性气氛中测温,测温上限高,稳定性好。在冶金、钢水等高温领域得到广泛应用
铂铑$_{10}$-铂	铂铑$_{10}$	纯铂	S	0～1600 ℃（超高温）	适用于在氧化性、惰性气氛中测温,热电性能稳定,抗氧化性强,精度高,但价格高,热电动势较小。常用作标准热电偶或用于高温测量
镍铬-镍硅	镍铬合金	镍硅	K	−200～1200 ℃（高温）	适用于在氧化性和中性气氛中测温,测温范围很宽,热电动势与温度近似成线性关系,热电动势大,价格低。稳定性不如 B、S 型热电偶,但是是非贵金属热电偶中性能最稳定的一种
镍铬-康铜	镍铬合金	铜镍合金	E	−200～900 ℃（中温）	适用于在还原性或惰性气氛中测温,热电动势较其他热电偶大,稳定性好,灵敏度高,价格低
铁-康铜	铁	铜镍合金	J	−200～750 ℃（中温）	适用于在还原性气氛中测温,价格低,热电动势较大,仅次于 E 型热电偶。缺点是铁极易氧化
铜-康铜	铜	铜镍合金	T	−200～350 ℃（低温）	适用于在还原性气氛中测温,精度高,价格低。在 −200～0 ℃ 可制成标准热电偶。缺点是铜极易氧化

5. 热电偶的冷端温度补偿

由热电偶测温工作原理可知,热电偶的输出电动势只有在冷端温度不变的条件下,才与工作端温度成单值函数关系。而实际应用中,由于热电偶冷端离工作端很近,且处于大气中,其温度受测量对象和周围环境温度波动的影响,因此冷端温度难以恒定,这样将产生误差。进行冷端温度补偿的方法如下。

1) 补偿导线法

热电偶的长度一般只有 1 m 左右,要保证热电偶的冷端温度不变,可以把电极加长,使冷端远离工作端,放置到恒温或温度波动较小的地方,但这种方法对于由贵金属材料制成的热电偶来说将使成本增加。解决的办法是:采用一种称为补偿导线的特殊导线,将热电偶的冷端延伸出来。补偿导线实际上是一对与热电极化学成分不同的导线,在 0～150 ℃ 温度范围内与配接的热电偶具有相同的热电特性,但价格相对低一些。利用补偿导线将热电偶的冷端延伸到温度恒定的场所(如仪表室),且它们具有一致的热电特性,相当于将电极延长,根据中间温度定律,只要热电偶和补偿导线的两个接触点温度一致,就不会影响热电动势的输出。

2)冰浴法

冷端用冰水混合物保持在 0 ℃,可避免校正的麻烦,但使用不便,多在实验室使用。

3)电路自动补偿法

电路自动补偿法是在热电偶与仪表之间接入一个补偿装置,当热电偶冷端温度升高,导致回路总电动势降低时,这个装置感受冷端温度的变化,产生一个电位差(或电动势),其数值刚好与热电偶降低的电动势相同,两者互相补偿。这样,测量仪表上所测到的电动势将不随冷端温度的变化而变化。

4)软件处理法

在计算机系统中,可以采用软件处理的方法实现热电偶冷端温度补偿。例如冷端温度 T_0 恒定,但 T_0 不等于 0 ℃,只需要在采样数据的处理中添加一个与冷端温度对应的系数即可。如果冷端温度 T_0 经常波动,可利用其他温度传感器,把 T_0 信号输入计算机,按照运算公式设计一些程序,便能自动修正。

6.热电偶的应用

图 3-15 所示为采用 AD594C 热电偶的温度测量电路实例。AD594C 内除了有放大电路外,还有温度补偿电路。J 型热电偶经激光修整后可得到 10 mV/℃输出,在 0～300 ℃测量范围内精度为±1 ℃。测量时,热电偶内产生的与温度相对应的热电动势经 AD594C 的 −IN 和 +IN 两引脚输入,经初级放大和温度补偿后,再送入运算放大器 A_1,运算放大器 A_1 输出的电压信号 U'_0 反映了被测温度的高低。若 AD594C 输出接 A/D(模/数)转换器,则可构成数字温度计。

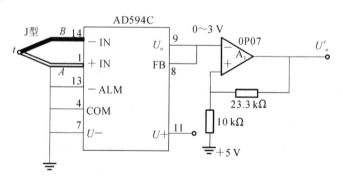

图 3-15 热电偶的温度测量电路实例

常用炉温测量控制系统如图 3-16 所示。定值器给出给定温度的相应毫伏值,将热电偶的热电动势与定值器的毫伏值相比较,若有偏差则表示炉温偏离给定值,此偏差经放大器送入调节器,再经过晶闸管的触发器推动执行器来调整电炉丝的加热功率,直到偏差被消除,从而实现对温度的自动控制。

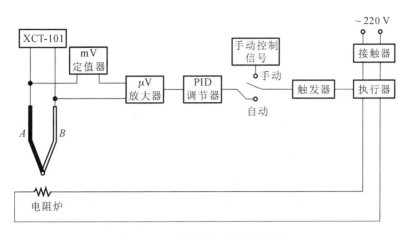

图 3-16　常用炉温测量控制系统

📋 **拓展阅读**

燃气灶的热电保护

　　如图 3-17 所示,在家用燃气灶中,热电保护装置主要由热电偶探头、导线、电磁阀总成及电磁阀外连杆等组成。其中,热电偶的探头、导线、接头加工成一体,探头用螺母或卡簧固定在炉头上,接头与电磁阀接头相连;电磁阀总成由电磁铁、复位弹簧、气阀门和外连杆组成,安装在燃烧开关的壳体内,其控制阀门串联在供气通路中。

　　当灶具的燃烧开关点火后,热电偶受热产生热电动势,通过导线向电磁铁线圈供电,使在燃烧开关开启时由电磁阀外连杆下压控制的电磁阀门保持定位,气路畅通,正常燃烧。当某种原因造成炉头熄火时,热电偶探头降温冷却,失去热电动势,电磁铁线圈断电,电磁阀门在复位弹簧的作用下关闭气路。

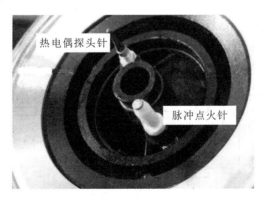

图 3-17　燃气灶的热电保护

3.2.2 热电阻

1. 热电阻的原理

热电阻是利用导体或半导体的电阻值随温度变化而变化的原理来测量温度的元件,它由热电阻体(感温元件)、连接导线和显示或记录仪表构成。热电阻被广泛用来测量$-200\sim850$ ℃范围内的温度,少数情况下,低温可至-272.15 ℃(1 K),高温可达1000 ℃。在常用的电阻温度计中,标准铂电阻温度计的准确度最高。同热电偶相比,其具有准确度高、输出信号大、灵敏度高、测温范围广、稳定性好、输出线性好等特性。

温度升高时,金属内部原子晶格的振动加剧,从而使金属内部的自由电子通过金属导体时的阻碍作用增大,宏观表现为电阻率变大,电阻值增大,即电阻值与温度的变化趋势相同。

热电阻按感温元件的材质分为金属和半导体两类。金属热电阻有铂、铜、镍、铑铁合金及铂钴合金等,工业生产中大量使用的有铂、铜两种热电阻;半导体热电阻有锗、碳和热敏电阻等。热电阻按准确度等级分为标准电阻温度计和工业热电阻,按结构分为绕线型热电阻、薄膜型热电阻和厚膜型电阻等。

1)铂热电阻

铂热电阻(铂电阻)在氧化性介质中,甚至在高温下,物理、化学性能都稳定,电阻率大,精确度高,能耐高温,因此,国际温标 IPTS-68 规定,在$-259.34\sim630.74$ ℃温度域内,以铂热电阻温度计作为基准器,但其缺点是价格高。

2)铜热电阻

铜热电阻的电阻温度系数较大,输出线性好,价格低。但其电阻率较低,固有电阻太小,电阻体的体积较大,热惯性较大,稳定性较差,在100 ℃以上时容易氧化,因此只能用于低温及没有侵蚀性的介质中。

铜热电阻有两种分度号:$Cu_{50}(R_0=50\ \Omega)$和$Cu_{100}(R_0=100\ \Omega)$,后者较为常用。

2. 热电阻的应用

图 3-18 所示为采用 EL-700(RT=100Ω,Pt100)铂电阻的高精度温度测量电路,测温范围为20~120 ℃,对应的输出为$0\sim2$ V,输出电压可直接输入单片机作为显示和控制信号。

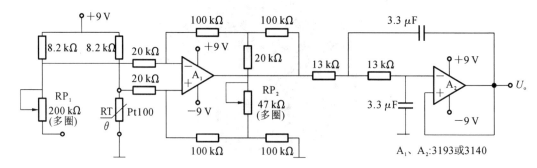

图 3-18　铂电阻的高精度温度测量电路

3.2.3　热敏电阻

1. 热敏电阻的基本原理

热敏电阻是一种基于热效应的电子元件,其电阻值随温度的变化而变化。热敏电阻的基本原理是热敏材料的电阻值与温度成反比例关系。当温度升高时,热敏材料内部的电阻值会下降,反之亦然。热敏电阻通常由氧化物、硅、碳化物、铁素体等材料制成。这些材料中的电子在不同的温度下运动方式不同,因此导致电阻值的变化。NTC 的 N 代表负数,温度和电阻值负相关,温度升高则电阻值变小。PTC 的 P 代表正数,温度和电阻值正相关,温度升高则电阻值变大。热敏电阻的特性如图 3-19 所示。

D-9表示热敏电阻的直径为9 mm

5代表热敏电阻在25 ℃时, 其电阻值为5 Ω

图 3-19　热敏电阻的特性

2. 热敏电阻的特性

热敏电阻的特性主要包括灵敏度、线性度、响应时间和稳定性等。

灵敏度是指热敏电阻对温度变化的敏感程度,通常用电阻值相对于温度的变化率来表示。灵敏度越高,热敏电阻对温度变化的响应越快。

线性度是指热敏电阻在一定温度范围内电阻值与温度的线性程度。线性度越好,热敏电阻对温度变化的测量精度越高。

响应时间是指热敏电阻从温度变化到电阻值变化的时间。响应时间越短,热敏电阻对温度变化的响应越快。

稳定性是指热敏电阻的电阻值在长时间使用和不同温度环境下使用的变化情况。稳定性越好,热敏电阻的使用寿命越长。

3. 热敏电阻与温度的关系

热敏电阻的电阻值与温度成反比例关系,即随着温度升高,热敏电阻的电阻值下降,反之亦然。据此可以通过测量热敏电阻的电阻值来确定当前的温度。一般情况下,我们需要将热敏电阻与一个电路连接起来,测量电路的输出电压或电流,从而得到热敏电阻的电阻值。

4. 热敏电阻的应用

热敏电阻被广泛应用于温度测量、控制和保护等领域。下面是几个常见的应用场景。

（1）温度传感器：热敏电阻可以用作温度传感器，测量物体表面的温度。例如，汽车发动机中的温度传感器就是一种基于热敏电阻的传感器。

（2）温度控制：热敏电阻可用于控制温度，例如恒温器中就常常使用热敏电阻来检测环境温度，并根据测量结果控制加热或冷却装置的工作状态。

（3）温度保护：热敏电阻可以用于保护电路和设备免受过热的危害。例如，电脑主板中常常使用热敏电阻来监测 CPU 温度，并在温度过高时自动关闭电源。

（4）管道流量测量：如图 3-20 所示，RT_1 和 RT_2 是热敏电阻，RT_1 放在被测流量管道中，RT_2 放在不受流体干扰的容器内，R_1 和 R_2 是普通电阻，四个电阻组成电桥。

当流体静止时，电桥处于平衡状态。流体流动会带走热量，使热敏电阻 RT_1 和 RT_2 散热情况不同，温度变化引起 RT_1 阻值变化，使电桥失去平衡，电流表有指示。RT_1 的散热条件取决于流量的大小，因此测量结果反映流量的变化。

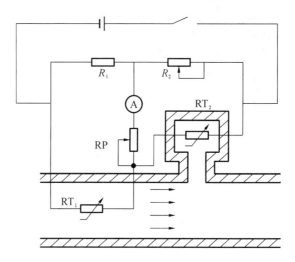

图 3-20 管道流量测量电路

热敏电阻与热电阻相比，具有电阻值和电阻温度系数大、灵敏度高（比热电阻大 1～2 个数量级）、体积小（最小直径可达 0.1～0.2 mm，可用来测量"点温"）、结构简单坚固（能承受较大的冲击、振动）、热惯性小、响应速度快（适用于快速变化的测量场合）、使用方便、寿命长、易于实现远距离测量（本身阻值一般较大，不需要考虑引线电阻对测量结果的影响）等优点，得到了广泛的应用。目前它存在的主要缺点：互换性较差，同一型号的产品特性参数有较大差别；稳定性较差；非线性严重，且不能在高温下使用。但随着技术的发展和工艺的成熟，热敏电阻的缺点将逐渐得到改进。

热敏电阻的测温范围一般为 −50～350 ℃。热敏电阻可用于液体、气体、固体、高空气象、深井等对温度测量精度要求不高的场合。

3.3 磁敏式传感器

3.3.1 磁电感应式传感器

1. 磁电感应式传感器的原理及分类

磁电感应式传感器是利用电磁感应原理,将输入运动速度转换成感应电动势输出的传感器。它不需要辅助电源就能把被测对象的机械能转换成易于测量的电信号,是一种有源传感器,有时也称作电动式或感应式传感器,只适合进行动态测量。由于它有较大的输出功率,故配用电路较简单,零位及性能稳定,工作频带一般为 $10\sim1000$ Hz。磁电感应式传感器具有双向转换特性,利用其逆转换效应可构成力(矩)发生器和电磁激振器等。

根据电磁感应定律,当 W 匝线圈在均衡磁场内运动时,设穿过线圈的磁通为 ϕ,则线圈内的感应电动势 e 与磁通变化率 $\mathrm{d}\phi/\mathrm{d}t$ 有如下关系:

$$e = -W\frac{\mathrm{d}\phi}{\mathrm{d}t} \tag{3-22}$$

根据这一原理,可以设计出变磁通式和恒磁通式两种结构形式,构成测量线速度或角速度的磁电感应式传感器。

图 3-21 所示的旋转型和平移型分别为用于旋转角速度及振动速度测量的变磁通式结构。其中永久磁铁(俗称"磁钢")与线圈均固定,动铁芯(衔铁)的运动使气隙和磁路磁阻变化,引起磁通变化而在线圈中产生感应电动势,因此又称变磁阻式结构。

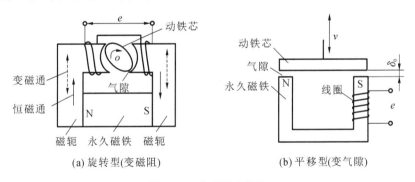

(a) 旋转型(变磁阻)   (b) 平移型(变气隙)

图 3-21 变磁通式结构

在恒磁通式结构中,工作气隙中的磁通恒定,感应电动势的产生是由于永久磁铁与线圈之间有相对运动——线圈切割磁力线。这类恒磁通式结构有两种,如图 3-22 所示。图 3-22(a)为动圈式,图中的磁路系统由圆柱形永久磁铁和极掌、圆筒形磁轭等组成。气隙中的磁场均匀分布,测量线圈绕在筒形骨架上,经膜片弹簧悬挂于气隙磁场中。当线圈与磁铁间有相对运动时,线圈中产生的感应电动势 e 为

$$e = Blv \tag{3-23}$$

式中,B 为磁感应强度(T);l 为气隙磁场中有效匝数为 W 的线圈总长度(m),$l=l_a W$(l_a 为每

匝线圈的平均长度);v 为线圈与磁铁沿轴线方向的相对运动速度(m/s)。

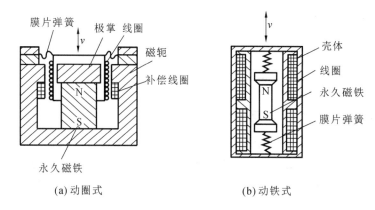

(a)动圈式　　　　　　　　　(b)动铁式

图 3-22　恒磁通式结构

当传感器的结构确定后,式(3-23)中 B、l_a、W 都为常数,感应电动势 e 仅与相对速度 v 有关。传感器的灵敏度为

$$S = \frac{e}{v} = Bl \tag{3-24}$$

为提高灵敏度,应选用磁能积较大的永久磁铁和尽量小的气隙厚度,以提高磁感应强度 B;增大 l_a 和 W 也能提高灵敏度,但它们受到体积和重量、内电阻及工作频率等因素的限制。为了保证传感器输出的线性度,线圈必须始终在均匀磁场内运动。设计者的任务是选择合理的结构形式、材料和结构尺寸,以满足传感器基本性能要求。

2. 磁电感应式传感器的应用

1) 磁电感应式振动速度传感器

图 3-23 是动圈式恒磁通振动速度传感器结构示意图,其结构主要由钢制圆形外壳制成,里面用铝支架将圆柱形永久磁铁与外壳固定成一体,永久磁铁中间有一个小孔,穿过小孔的芯轴两端架起线圈和阻尼环,芯轴两端通过弹簧片支撑架空且与外壳相连。

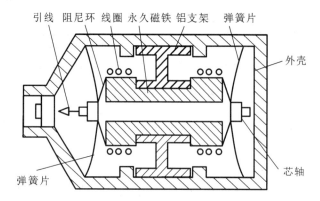

图 3-23　动圈式恒磁通振动速度传感器结构示意图

工作时,传感器与被测物体刚性连接,当物体振动时,传感器外壳和永久磁铁随之振动,而

架空的芯轴、线圈和阻尼环因惯性而不随之振动。这样,磁路气隙中的线圈切割磁力线而产生正比于振动速度的感应电动势,线圈的输出通过引线送到测量电路。该传感器测量的是振动速度参数,如果在测量电路中接入积分电路,则输出与位移成正比;如果在测量电路中接入微分电路,则其输出与加速度成正比。

2)电磁流量计

电磁流量计是根据电磁感应原理制成的一种流量计,用来测量导电液体的流量,其结构属于恒磁通式。电磁流量计的工作原理如图 3-24 所示,它由产生均匀磁场的磁路系统、用不导磁材料制成的管道及在管道横截面上的导电电极组成,并要求磁场方向、电极连线和管道轴线三者在空间上互相垂直。

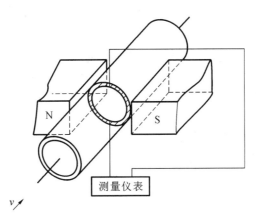

图 3-24　电磁流量计的工作原理

被测导电液体流过管道,切割磁力线,在和磁场及流动方向垂直的方向上产生感应电动势 e,其值与被测流体的平均流速成正比,即

$$e = BDv \tag{3-25}$$

式中,B 为磁感应强度(T);D 为管道内径(m);v 为流体的平均流速(m/s)。

相应地,流体的体积流量可表示为

$$q_v = \frac{\pi D^2}{4} v = \frac{\pi D e}{4B} = Ke \tag{3-26}$$

式中,K 为仪表常数,对于某一个确定的电磁流量计,该常数为定值,$K = \dfrac{\pi D}{4B}$。

3.3.2　霍尔式传感器

霍尔式传感器是一种磁敏式传感器,它是把磁学物理量转换成电信号的装置,广泛应用于自动控制、信息传递、电磁测量、生物医学等各个领域,它的最大特点是非接触测量。

1. 霍尔效应

将金属或半导体薄片置于磁感应强度为 B 的磁场中,磁场方向垂直于薄片,当有电流 I 通过时,在垂直于电流和磁场的方向上将产生电动势 U_H,这种物理现象称为霍尔效应。

假设霍尔元件为 N 型半导体薄片,薄片厚度为 d,磁感应强度为 B 的磁场方向垂直于薄片,在薄片前后两端通以控制电流 I,那么半导体中的载流子(电子)将沿着与电流 I 相反的方向运动。由于外磁场的作用,电子受到洛伦兹力 F_L 而发生偏转,结果半导体的右端面积累电子而带负电,左端面缺少电子而带正电,在半导体的左右端面间形成电场。该电场产生的电场力 F_E 阻止电子继续偏转。当 F_E 和 F_L 相等时,电子积累达到动态平衡,这时在半导体左右两端面之间(即垂直于电流和磁场方向)建立的电场,称为霍尔电场 E_H,相应的电动势 U_H 称为霍尔电动势。

霍尔电动势的数学表达式为

$$U_H = \frac{R_H}{d}IB = K_H IB \qquad (3\text{-}27)$$

式中,R_H 为霍尔系数(m^3/C);B 为磁感应强度(T);K_H 为霍尔元件的灵敏度$[\text{V}/(\text{A} \cdot \text{T})]$。

如果磁场与薄片之间的夹角为 θ,那么霍尔电动势的数学表达式为

$$U_H = K_H IB\cos\theta \qquad (3\text{-}28)$$

从式(3-27)和式(3-28)可知,霍尔电动势 U_H 与输入电流 I 及磁感应强度 B 成正比,霍尔元件的灵敏度 K_H 与霍尔系数 R_H 成正比,而与霍尔元件厚度 d 成反比。因此,为了提高灵敏度,霍尔元件常制成薄片形状。

当磁感应强度 B 的方向改变时,霍尔电动势的方向也随之改变。如果所施加的磁场为交变磁场,则霍尔电动势为同频率的交变电动势。

2. 霍尔式传感器

1)霍尔式传感器基本结构

霍尔式传感器的结构比较简单,它由霍尔元件、四根引线和壳体三部分组成。霍尔元件是一块矩形半导体单晶薄片,在长度方向焊有两根控制电流端引线 a 和 b,它们在薄片上的焊点称为激励电极;在薄片另两侧端面的中央以点的形式对称地焊有 c 和 d 两根输出引线,它们在薄片上的焊点称为霍尔电极。霍尔式传感器及其电路符号如图 3-25 所示。

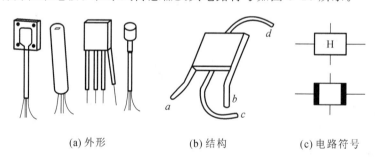

| (a) 外形 | (b) 结构 | (c) 电路符号 |

图 3-25 霍尔式传感器及其电路符号

2)霍尔式传感器测量电路

霍尔式传感器的基本测量电路如图 3-26 所示,电源 E 提供激励电流,可变电阻 R_P 用于调节激励电流 I 的大小,R_L 为输出霍尔电动势 U_H 的负载电阻,一般用于表征显示仪表、记录装置或放大器的输入阻抗。

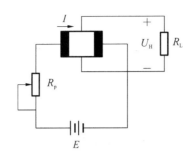

图 3-26　霍尔式传感器的基本测量电路

3）霍尔元件的主要特性参数

（1）霍尔元件的灵敏度 K_H。

霍尔元件的灵敏度定义为在单位控制电流和单位磁感应强度下,霍尔元件输出端开路时的霍尔电动势,其单位为 $V/(A \cdot T)$,它反映了霍尔元件本身所具有的磁电转换能力,一般希望它越大越好。

（2）额定励磁电流 I_N 和最大允许激励电流 I_{max}。

霍尔元件自身温升 10 ℃时所流过的电流值称为额定激励电流 I_N。在相同的磁感应强度下,I_N 值越大则可获得越大的霍尔输出。在霍尔元件做好后,限制 I_N 的主要因素是散热条件。一般情况下锗元件的最大允许温升是 80 ℃,硅元件的最大允许温升是 175 ℃。当霍尔元件温升为最大允许温升时所对应的激励电流,称为最大允许激励电流 I_{max}。

（3）输入电阻 R_i、输出电阻 R_o。

霍尔元件的两个控制电极间的电阻值称为输入电阻 R_i,霍尔电极输出的霍尔电动势对外电路来说相当于一个电压源,其电源内阻即为输出电阻 R_o,即两个霍尔电极间的电阻。以上电阻是在磁感应强度为零且环境温度为常温时确定的,一般 R_i 大于 R_o,使用时不能出错。

（4）霍尔电动势温度系数 α。

在一定磁感应强度和激励电流下,温度每变化 1 ℃时霍尔电动势变化的百分率,称为霍尔电动势温度系数 α,α 值越小越好。

3. 霍尔式传感器的应用

1）微位移的测量

如图 3-27 所示,在极性相反、磁场强度相同的两个磁钢气隙中放入一片霍尔元件,霍尔元件同时受到大小相等、方向相反的磁通作用,则有 $B=0$,此时霍尔电动势 $U_H=0$;当霍尔元件沿着 z 轴正负方向移动时,有 $B \neq 0$,则霍尔电动势发生变化,为

$$U_H = K_H I B = K \Delta z \tag{3-29}$$

式中,K 为霍尔式位移传感器的输出灵敏度。

可见霍尔电动势与位移量 Δz 成线性关系,并且霍尔电动势的极性还会反映霍尔元件的移动方向。

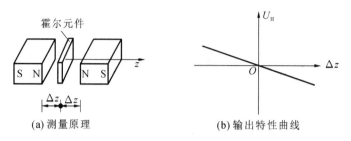

(a) 测量原理 (b) 输出特性曲线

图 3-27 微位移测量原理及其输出特性曲线

2）转速的测量

利用霍尔元件的开关特性可以实现对转速的测量，如图 3-28 所示，将被测非磁性材料的旋转体上粘贴一对或多对永磁体，其中图 3-28（a）是永磁体位于旋转体盘面上，图 3-28（b）是永磁体位于旋转体盘侧。导磁体霍尔元件组成的测量头，置于永磁体附近，当被测旋转体以角速度 ω 旋转，每个永磁体通过测量头时，霍尔元件上就会产生一个相应的脉冲，测量单位时间内的脉冲数目，就可以推出被测旋转体的旋转速度。

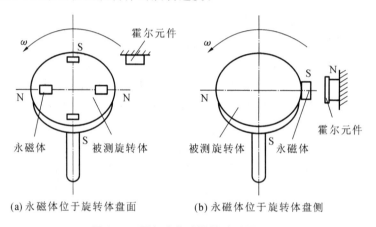

(a) 永磁体位于旋转体盘面 (b) 永磁体位于旋转体盘侧

图 3-28 霍尔式传感器转速测量原理

设被测旋转体上固定有 n 个永磁体，则采样时间 t（单位：s）内霍尔元件送入数字频率计的脉冲数为 N。则转速 r（单位：r/s）为

$$r = \frac{N/n}{t} = \frac{N}{tn} \tag{3-30}$$

3）霍尔式无触点电子点火装置

拨通点火开关，发动机转动，分电器的信号发生器叶轮转动，当叶片进入永久磁铁与霍尔元件之间的气隙时，磁场被触发短路而不能作用于霍尔元件，霍尔元件几乎不产生霍尔电压，霍尔信号发生器输出高电位，送入点火控制器，点火控制器通过内部电路控制大功率三极管导通，初级电路接通，点火线圈储存磁场能；当叶轮的叶片离开气隙时，永久磁铁的磁场作用在霍尔元件上，使通电的霍尔元件产生霍尔电压，霍尔信号发生器输出端由高电位下跳为低电位，点火控制器控制大功率三极管截止，切断点火线圈的低压侧电流。由于没有续流元件，所以存储在点火线圈铁芯中的磁场能在高压侧感应出 30～50 kV 的高电压，火花塞产生电火花，依次完成各个气缸的点火过程。霍尔式无触点电子点火装置电路图如图 3-29 所示。

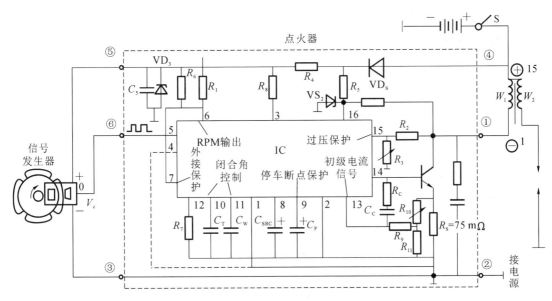

图 3-29　霍尔式无触点电子点火装置电路图

3.3.3 其他磁敏式传感器

1. 磁敏电阻

1) 磁阻效应及磁敏电阻

半导体材料的电阻率随磁场强度的增强而变大,这种现象称为磁阻效应,利用磁阻效应制成的元件称为磁敏电阻。磁场引起磁敏电阻阻值增大有两个原因:一是材料的电阻率随磁场强度增加而变大,二是磁场使电流在器件内部的几何分布发生变化,从而使物体的等效电阻增大。目前常用的磁敏电阻主要是利用后一种原理制作的。

常用的磁敏电阻由锑化铟薄片组成,磁阻效应如图 3-30 所示:图 3-30(a)中,未加磁场时,输入电流从 a 端流向 b 端,内部的电子从 b 端电极流向 a 端电极,这时电阻值较小;图 3-30(b)中,当磁场垂直施加在锑化铟薄片上时,载流子(电子)受到洛伦兹力 F_L 的影响,向侧面偏移,电子所经过的路径比未经磁场影响时的路径长,从外电路来看,表现为电阻值增大。图 3-30(c)所示为磁敏电阻的电路符号。

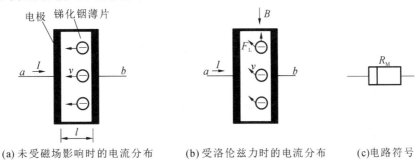

(a) 未受磁场影响时的电流分布　　　(b) 受洛伦兹力时的电流分布　　　(c)电路符号

图 3-30　磁阻效应

拓展阅读

磁阻元件与霍尔元件的区别在于：前者是以电阻的变化来反映磁场的大小，但无法反映磁场的方向；后者是以电动势的变化来反映磁场的大小和方向。磁敏式传感器包括磁敏电阻、磁敏二极管和磁敏晶体管等，它们的灵敏度很高，主要应用于微弱磁场的测量。

2）磁敏电阻的基本特性

（1）磁阻特性。

磁敏电阻在磁感应强度为 B 的磁场中的电阻 R_B 与无磁场时的电阻 R_0 的比值（R_B/R_0）与磁感应强度 B 之间的关系曲线称为磁敏电阻的磁阻特性曲线，又称 R-B 曲线，如图 3-31 所示。可以看出，无论磁场的方向如何变化，磁敏电阻的阻值仅与磁场强度的绝对值有关，当磁场强度的绝对值较大时，其线性度较好。

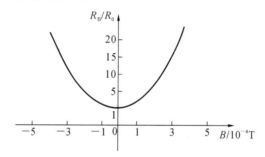

图 3-31　磁敏电阻的磁阻特性曲线

（2）温度特性。

当温度每变化 1 ℃时，磁敏电阻的相对变化 $\Delta R/R$ 称为温度系数。磁敏电阻的电阻值受温度的影响较大，为补偿温漂一般常采用两个元件串联的温度补偿电路，如图 3-32 所示。

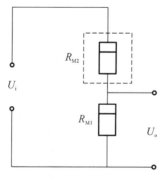

图 3-32　温度补偿电路

3）磁敏电阻的应用

（1）智能交通系统的汽车信息采集。

现代交通管理需要对车辆的车型、车流量和车速等数据进行采集，以便对交通信号灯、流通过道等进行智能控制。基于地磁传感器的数据采集系统,可用于检测车辆的存在和车型的识别。传统的交通数据采集方法是在路面上铺设电涡流感应线圈,这种方法存在埋置线圈的切缝使路面受损、线圈易断、易受腐蚀等缺点。

地磁传感器利用磁阻效应,将三维方向(x,y,z)的三个磁敏传感器件集成在同一个芯片上,并且将传感器调节、补偿电路一体化集成,可以很好地感测低于 1 Gs 的地球磁场。地磁传感器技术提供了一种高灵敏度的车辆检测的方法,可将它安装在公路或通道的上方,当含有铁性物质的汽车驶过时,会干扰地磁场的分布情况,如图 3-33 所示。

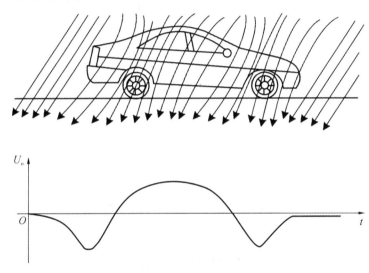

图 3-33　汽车干扰地磁场的分布

根据地磁物体对地磁的扰动,可检测车辆的存在与否,也可以根据不同车辆对地磁产生的不同扰动来识别车辆类型,其灵敏度可以达到 1 mV/Gs,在 15 m 之外或更远的地方可检测到有无汽车通过。典型的应用包括自动开门、路况监测、停车场检测、车辆位置监测和红绿灯控制等。

(2) 小型探伤仪(磁力仪、金属探测仪)。

磁法探矿已成为地球物理探矿领域中一项重要和常用的方法,它不仅用于铁矿的勘探,而且还用于与铁矿相伴生的其他矿物的勘探。前者称为磁法直接探矿,如磁铁矿、磁赤铁矿、钒钛磁铁矿和金铜磁铁矿等的勘探;后者称为磁法间接探矿,如含镍、铬、钴等金属矿床的普查和勘探。

2. 磁敏二极管

磁敏二极管是一种磁电转换器件,可以将磁信号转换成电信号,具有体积小、灵敏度高、响应快、无触点、输出功率大及性能稳定等特点。它可广泛应用于磁场检测、磁力探伤、转速测量、位移测量、电流测量、无触点开关和无刷直流电动机等许多领域。

1) 磁敏二极管的结构和工作原理

磁敏二极管的结构和电路符号如图 3-34 所示。磁敏二极管是 PIN 结构,它的 P 区和 N 区均由高阻硅材料制成,在 P 区和 N 区之间有一个较长的由高阻硅材料制成的本征区 I。本征区 I 的一面磨成光滑的复合表面(称为 I 区),另一面打毛,变成高复合区(称为 r 区)。电子-空穴对易于在粗糙表面复合而消失。

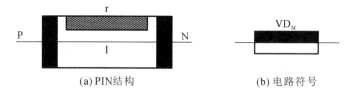

(a) PIN结构   (b) 电路符号

图 3-34　磁敏二极管的结构和电路符号

图 3-35 所示为磁敏二极管的工作原理。当磁敏二极管未受外界磁场作用且外加如图 3-35(a)所示的正偏压时,会有大量的空穴从 P 区通过 I 区进入 N 区,同时也有大量电子注入 P 区而形成电流。只有一部分电子和空穴在 I 区复合。

当磁敏二极管受到如图 3-35(b)所示外界磁场 H^+(正向磁场)作用时,电子和空穴受到洛伦兹力的作用而向 r 区偏转。由于 r 区的电子和空穴复合速度比光滑面 I 区快,所以内部参与导电的载流子数量减少,外电路电流减小。磁场强度越强,电子和空穴受到的洛伦兹力就越大,单位时间内进入 r 区复合的电子和空穴数量就越多,外电路的电流就越小。

当磁敏二极管受到图 3-35(c)所示外界磁场 H^-(反向磁场)作用时,电子和空穴受到洛伦兹力的作用而向 I 区偏转,此时外电路的电流比不受外界磁场作用时的大。

利用磁敏二极管的正向导通电流随磁场强度的变化而变化的特性,即可实现磁电转换。

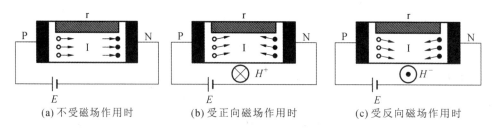

(a) 不受磁场作用时   (b) 受正向磁场作用时   (c) 受反向磁场作用时

图 3-35　磁敏二极管的工作原理

2) 磁敏二极管的主要特性及参数

(1) 灵敏度。当外加磁感应强度 B 为 ± 0.1 T 时,输出端电压增量与电流增量之比即为灵敏度。

(2) 工作电压U_0与工作电流I_0。零磁场时,加在磁敏二极管两端的电压和电流值即为工作电压和工作电流。

(3) 磁电特性。磁敏二极管输出电压变化 ΔU 与外加磁场的关系,称为磁敏二极管的磁电特性。在弱磁场及一定的工作电流下,输出电压与磁感应强度的关系为线性关系,在强磁场下则呈现非线性关系。

(4) 伏安特性。在不同方向和强度的磁场作用下,磁敏二极管正向偏压和通过电流的关系即为其伏安特性。在负向磁场作用下,磁敏二极管电阻小,通过电流大;在正向磁场作用下,磁敏二极管电阻大,通过电流小。

　　磁敏二极管是根据电子与空穴双重注入效应及复合效应原理工作的。在磁场的作用下,两效应是相乘的,再加上正反馈的作用,磁敏二极管有着很高的灵敏度。由于磁敏二极管在正负磁场作用下输出信号增量方向不同,所用它可以用来判别磁场方向。

3. 磁敏晶体管

1) 磁敏晶体管的工作原理

　　磁敏晶体管的工作原理与磁敏二极管是相同的,磁敏晶体管也具有 r 区和 I 区,并增加了基极、发射极和集电极,磁敏晶体管的结构及其电路符号如图 3-36 所示。当无外界磁场作用时,由于 I 区较长,在横向电场作用下,发射极电流大部分形成基极电流,小部分形成集电极电流。外加正向或反向磁场作用会引起集电极电流的减小或增大。因此,可以用磁场方向控制集电极电流的增大或减小,用磁场的强弱控制集电极电流增大或减小的变化量。

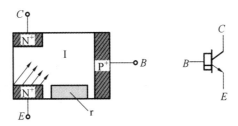

图 3-36　磁敏晶体管的结构及其电路符号

2) 磁敏晶体管的主要特性

（1）磁电特性。磁敏晶体管的磁电特性为在基极电流恒定时,集电极电流与外加磁场的关系。在弱磁场作用下,磁敏晶体管的磁电特性曲线接近线性曲线,如图 3-37 所示。

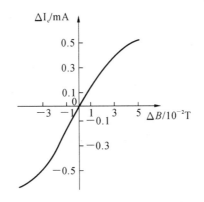

图 3-37　磁敏晶体管的磁电特性曲线

（2）伏安特性。图 3-38（a）所示为磁敏晶体管在零磁场强度下的伏安特性曲线,图 3-38（b）所示为在基极电流不变时,磁敏晶体管在不同磁场强度下的伏安特性曲线。

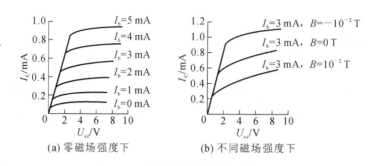

图 3-38　磁敏晶体管的伏安特性曲线

拓展阅读

　　磁敏晶体管是一种新型的磁电转换器件,该器件的灵敏度非常高,同样具有无触点、输出功率大、响应快、成本低等优点,在磁力探测、无损探伤、位移测量及转速测量等领域有广泛的应用。磁敏晶体管的灵敏度比磁敏二极管高许多,但温漂也较大,需要注意温度补偿。

4. 磁敏二极管的应用

　　磁敏二极管漏磁探伤仪是利用磁敏二极管可以检测微弱磁场变化的特性而制成的,其工作原理如图 3-39 所示。漏磁探伤仪由激励线圈、铁芯、放大器和磁敏二极管探头(简称探头)等部分构成。将待测工件(如钢棒)置于探头之下,并使之连续转动,当激励线圈励磁后,钢棒被磁化。若钢棒无损伤,则铁芯和钢棒构成闭合磁路,此时无磁通泄漏,探头没有信号输出;若钢棒上有裂纹,则裂纹部位旋转至探头下时,裂纹处的泄漏磁通作用于探头,探头将泄漏磁通量转换成电压信号,经放大器放大输出,根据指示仪表的指示值可以得知钢棒中的缺陷。

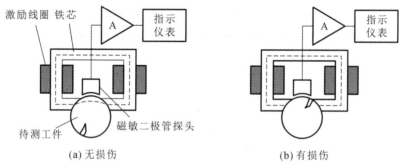

图 3-39　磁敏二极管漏磁探伤仪的工作原理

3.4　光学传感器

　　按照工作原理的不同,光学传感器可分为四类:① 光电式传感器;② 热释电红外传感器;③ 光纤传感器;④ 激光传感器。

3.4.1 光电式传感器

光电式传感器(或称光敏传感器)是利用光电器件把光信号转换成电信号(电压、电流、电荷、电阻等)的装置。光电式传感器工作时,先将被测量的变化转换为光量的变化,然后通过光电器件把光量的变化转换为相应的电量变化,从而实现对非电量的测量。光电式传感器可以直接检测光信号,还可以间接测量温度、压力、位移、速度、加速度等,虽然它是发展得较晚的一类传感器,但其发展速度快、应用范围广,具有很大的应用潜力。

1.光电效应

光电式传感器的工作原理是一些物质的光电效应。被光照射的物理材料不同,其产生的光电效应也不同,通常光照射到物理材料表面后产生的光电效应分为三类:

1) 外光电效应

在光的作用下,物体内的电子逸出物体表面,向外发射的现象称为外光电效应。

只有当光子能量大于逸出功时,即 $h\upsilon > A$ 时,才有电子发射出来,即有光电效应;当光子的能量等于逸出功时,即 $h\upsilon = A$ 时,逸出的电子初速度为 0,此时光子的频率为该物体产生外光电效应的最低频率,称为红限频率。

利用外光电效应制成的光电器件有真空光电管、充气光电管和光电倍增管。

2) 光电导效应

在光的作用下,电子吸收光子能量从键合状态过渡到自由状态,引起物体电阻率的变化,这种现象称为光电导效应。由于没有电子自物体向外发射,仅改变物体内部的电阻或电导,该现象有时也称为内光电效应。与外光电效应一样,物体要产生光电导效应,也要受到红限频率限制。

利用光电导效应可制成半导体光敏电阻和反向工作的光电二极管、光电三极管。

3) 光生伏特效应

在光的作用下,物体内部能够产生一定方向的电动势的现象称为光生伏特效应。

利用光生伏特效应制成的光电器件有光电池等,光生伏特型光电器件是自发电式的,属有源器件。

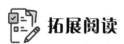 **拓展阅读**

光的研究历史

1887 年,光电效应首先由德国物理学家海因里希·鲁道夫·赫兹实验发现,该发现对发展量子理论及提出波粒二象性的设想起到了根本性的作用。赫兹将实验结果发表于《物理年鉴》,他没有对该效应做出进一步的研究。

之后,许多国家的科学家通过大量实验推动了光的研究。1902 年,匈牙利物理学家菲利普·莱纳德用实验发现了光电效应的重要规律。

1905 年,阿尔伯特·爱因斯坦提出了正确的理论机制。但当时还没有充分的实验来支持爱因斯坦光电效应方程给出的定量关系。直到 1916 年,光电效应的定量实验研究才由美国物理学家罗伯特·安德鲁·密立根完成。

爱因斯坦的发现开启了量子物理的大门。爱因斯坦因为"对理论物理学的贡献,特别是光电效应定律的发现"荣获 1921 年诺贝尔物理学奖。密立根因为"对基本电荷和光电效应的研究"荣获 1923 年诺贝尔物理学奖。

2. 光电元件

1）光电管

光电管和光电倍增管同属于运用外光电效应制成的光电转换器件。光电管的结构如图 3-40(a)所示,金属阳极和阴极封装在一个玻璃壳内,当入射光照射到阴极时,光子的能量传递给阴极表面的电子,当电子获得的能量足够大时,就有可能克服金属表面对电子的束缚而溢出金属表面形成电子发射,这种电子称为光电子。在光照频率高于阴极材料红限频率的前提下,溢出的电子数取决于光通量,光通量越大,则溢出电子越多。在光电管阳极和阴极间加适当正向电压(数十伏)时,从阴极表面溢出的电子被具有正向电压的阳极所吸收,从而在光电管中形成电流,称为光电流。光电流正比于光电子数,而光电子数又正比于光通量。光电管的测量电路如图 3-40(b)所示。

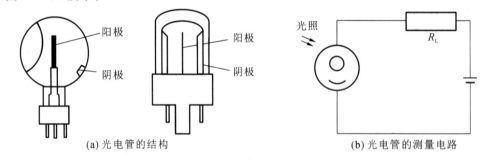

(a) 光电管的结构　　　　　　　　　(b) 光电管的测量电路

图 3-40　光电管

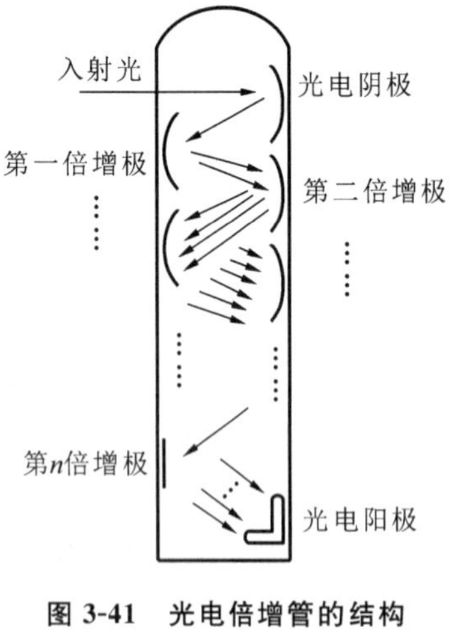

图 3-41　光电倍增管的结构

2）光电倍增管

光电倍增管的结构如图 3-41 所示。在玻璃管内除装有光电阴极和光电阳极外,还装有若干个光电倍增极。光电倍增极上涂有在电子轰击下能发射更多电子的材料。光电倍增极的形状及位置设置得正好能使前一级倍增极发射的电子继续轰击后一级倍增极。在每个倍增极间均依次增大加速电压。设每级的倍增率为 δ,若有 n 级,则光电倍增管的光电流倍增率将为 δ_n。

3）光敏电阻

光敏电阻是一种电阻器件,其结构及其电路符号如图 3-42(a)所示,其工作原理如图 3-42(b)所示,使用时,可加直流偏压(无固定极性),或加交流电压。光敏电阻的工作原理是光电导效应,其结构是在玻璃底板上涂一层对光敏感的半导体物质,两端有梳状金属电极,然后在半导体上覆盖一层漆膜。

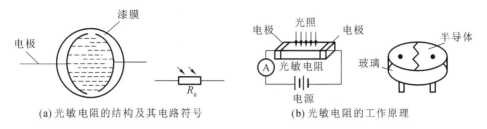

(a)光敏电阻的结构及其电路符号　　　　　(b)光敏电阻的工作原理

图 3-42　光敏电阻

光敏电阻中光电导效应的强弱是用其电导的相对变化来表示的。禁带宽度较大的半导体材料,在室温下热激发产生的电子-空穴对较少,无光照时的电阻(暗电阻)较大。因此光照引起的附加电导就十分明显,光敏电阻表现出很高的灵敏度。

为了提高光敏电阻的灵敏度,应尽量减小电极间的距离。对于面积较大的光敏电阻,通常在光敏电阻上蒸镀金属形成梳状电极。为了减小湿度对灵敏度的影响,光敏电阻必须带有严密的外壳封装。光敏电阻灵敏度高,体积小,重量轻,性能稳定,价格低,因此在自动化技术中应用广泛。

4) 光敏晶体管

(1) 光电二极管(photodiode)。PN 结可以利用光电导效应工作,也可以利用光生伏特效应工作。如图 3-43(a)所示,处于反向偏置的 PN 结,在无光照时具有高阻特性,反向暗电流很小。当有光照时,结区产生电子-空穴对,在结电场作用下,电子向 N 区运动,空穴向 P 区运动,形成光电流,方向与反向暗电流一致。光照度愈大,光电流愈大。由于无光照时的反向暗电流很小,一般为纳安数量级,因此有光照时的反向暗电流基本上与光强成正比。

(2) 光电三极管(phototransistor)。它可以看成是有一个 bc 结为光电二极管的三极管,其原理图如图 3-43(b)所示。在光照作用下,光电二极管将光信号转换成电流信号,该电流信号被晶体管放大。显然,在晶体管增益为 β 时,光电三极管的光电流要比相应的光电二极管大 β 倍。

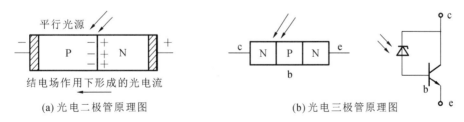

(a)光电二极管原理图　　　　　　　(b)光电三极管原理图

图 3-43　光敏晶体管

5) 光电池

光电池是利用光生伏特效应把光能直接转变成电能的器件。由于它可以把太阳能直接转变为电阻,所以又称为太阳电池。它是基于光生伏特效应制成的,是自发电式的有源器件。它有较大面积的 PN 结,当光照射在 PN 结区时,在 PN 结的两端会产生电动势。光电池的工作原理如图 3-44 所示。

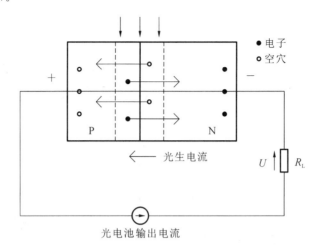

图 3-44　光电池的工作原理

目前,应用最广、最有发展前途的是硅光电池。硅光电池价格低,转换效率高,寿命长,适于接收红外线。硒光电池光电转换效率低,寿命短,适于接收可见光,最适宜制造照度计。

砷化镓光电池转换效率比硅光电池稍高,光谱响应特性与太阳光谱最吻合,且工作温度最高,更耐受宇宙射线的辐射,因此它更适合在宇宙飞船、卫星、太空探测器等电源方面应用。

硅光电池的结构如图 3-45 所示,它是在一块 N 型硅片上用扩散的办法掺入一些 P 型杂质形成 PN 结,当光照到 PN 结区时,如果光子能量足够大,将在结区附近激发出电子-空穴对,在 N 区聚积负电荷,P 区聚积正电荷,这样 N 区和 P 区之间将出现电位差。若将 PN 结两端用导线连起来,电路中有电流流过,电流由 P 区流经外电路至 N 区。若将外电路断开,可测出光生电动势。

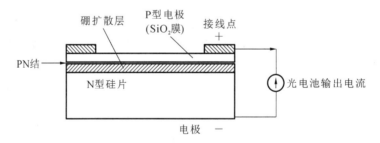

图 3-45　硅光电池的结构

6）光电耦合器件

光电耦合器件是将发光元件和光敏元件合并使用,以光为媒介实现信号传递的光电器件。发光元件通常采用砷化镓发光二极管,它由一个 PN 结组成,有单向导电性,随着正向电压的提高,正向电流增加,产生的光通量也增加。光敏元件可以是光电二极管或光电三极管等。为了保证灵敏度,要求发光元件与光敏元件在光谱上要是最佳匹配。

光电耦合器件将发光元件和光敏元件集成在一起,封装在一个外壳内,如图 3-46 所示。光电耦合器件的输入电路和输出电路在电气上完全隔离,仅仅通过光的耦合才联系在一起。

工作时,把电信号加到输入端,使发光元件发光,光敏元件则在此光照下输出光电流,从而实现"电-光-电"的两次转换。

图 3-46　光电耦合器件

光电耦合器件实际上能起到电量隔离的作用,具有抗干扰和单向信号传输功能。光电耦合器件广泛应用于电量隔离、电平转换、噪声抑制、无触点开关等领域。

光电式传感器可用来测量光学量或已转换为光学量的其他被测量,输出电信号。测量光学量时,光电耦合器件作为敏感元件使用;测量其他物理量时,光电耦合器件则作为转换元件使用。

3. 光电式传感器的类型

由于光电测量方法灵活多样,可测参数众多,一般情况下又具有非接触、精度高、分辨率高、可靠性高和响应快等优点,加之激光光源、光栅、光学码盘、CCD(charge coupled device,电荷耦合器件)、光导纤维等的相继出现和成功应用,光电式传感器在检测和控制领域得到广泛应用。按其接收状态可分为模拟式光电传感器和开关式光电传感器。

1)模拟式光电传感器

这类传感器将被测参数转换成连续变化的光电流,要求光电元件的光照特性为单值线性,而且光源的光照均匀恒定。

(1)辐射式。

被测物本身是光辐射源,由它释出的光射向光电元件。光电高温计、光电比色高温计、红外侦察、红外遥感和天文探测等均属于这一类。这种方式还可用于防火报警、火种报警和构成光照度计等。

(2)吸收式。

被测物位于恒定光源与光电元件之间,根据被测物对光的吸收程度或其谱线的选择来测定被测参数,如测量液体、气体的透明度和浑浊度,对气体进行成分分析,测定液体中某种物质的含量等。

(3)反射式。

恒定光源释出的光投射到被测物上,再从其表面反射到光电元件上,根据反射光通量的多少测定被测物表面性质和状态。例如测量零件表面粗糙度、表面缺陷、表面位移以及表面白度、露点、湿度等。

图 3-47 为反射式光电传感器示意图。图 3-47(a)、(b)是利用反射法检测工件表面粗糙度和表面裂纹、凹坑等疵病的传感器示意图。图 3-47(a)为正反射接收型,用于检测浅小的缺陷,灵敏度较高;图 3-47(b)为非正反射接收型,用于检测较大的几何缺陷。图 3-47(c)是利用反

射法测量工件尺寸或表面位置的示意图,当工件移动 Δh 时,光斑移动 Δl,其放大倍数为 $\Delta l/\Delta h$。在光斑测量处放置一排光电元件即可获得尺寸分组信号。

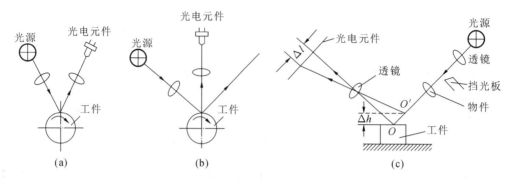

图 3-47 反射式光电传感器示意图

(4)透射式(遮光式)。

被测物位于恒定光源与光电元件之间,根据被测物阻挡光通量的多少来测定被测参数。

图 3-48 为透射式光电传感器示意图。这种传感器将被测物作为光闸,主要用于测小孔直径、狭缝宽度、细丝直径等。

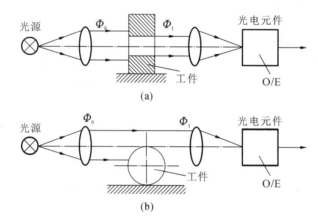

图 3-48 透射式光电传感器示意图

(5)时差测距。

恒定光源发出的光投射于被测物,然后被反射至光电元件,根据发射与接收之间的时间差测出距离。这种方式的特例为光电测距仪。

2)开关式光电传感器

这类光电传感器利用光电元件受光照或无光照时"有""无"电信号输出的特性将被测量转换成断续变化的开关信号。此类光电传感器对光电元件灵敏度要求高,而对光照特性的线性度要求不高。

(1)脉冲盘式角度-数字编码器。

该类编码器需要三条码道。码盘最外圈的码道上均布有一定数量的透光与不透光的扇形区,这是用来产生计数脉冲的增量码道。扇形区的多少决定了编码器的分辨率,扇形区越多,分辨率越高。例如,一个每转 5000 脉冲的增量编码器,其码盘的增量码道上共有 5000 个透光和不透光扇形区。码盘中间一圈码道上有与外圈码道相同数目的扇形区,但错开半个扇形区,作为辨向码道。在正转时,增量计数脉冲波形超前辨向脉冲波形 $\pi/2$;反转时,增量计数脉冲波形滞后辨向脉冲波形 $\pi/2$。这种辨向方法与光栅的辨向原理相同。同样,这两个相位差为 $\pi/2$ 的脉冲输出可进一步细分。第三圈码道上只有一条透光的狭缝,它作为码盘的基准位置,所产生的脉冲信号将给计数系统提供一个初始的零位(清零)信号。

（2）码盘式角度-数字编码器。

通常编码器的编码盘与旋转轴相固连,沿码盘的径向固定数个敏感元件(这里指电刷)。每个电刷分别与码盘上的对应码道直接接触,图 3-49 所示为一个四位二进制编码器的码盘示意图。它是在一个绝缘的基体上制有若干金属区(图中涂黑部分)。全部金属区连在一起构成导电区,并通过一个固定电刷(图上未示出)供电激励。固定电刷压在与旋转轴固连的导电环上。所以,无论转轴处于何位置,都有激励电压加在导电区上。当码盘与轴一起旋转时,四个电刷分别输出信号。若某个电刷与码盘导电区接触,该电刷便被接到激励电源上,输出逻辑"1"电平。若某电刷与绝缘区相接触,则输出逻辑"0"电平。在各转角位置上,都能输出一个与转角位置相对应的二进制编码,二进制输出的每一位都必须有一个独立的码道。一个编码器的码道数目决定了该编码器的分辨率。一个 n 位的码盘,它的分辨角度为 $\alpha=360°/2n$,显然,n 越大,能分辨的角度就越小,测量的角位移也就越精确。为了得到高的分辨率和精度,就要增大码盘的尺寸,以容纳更多的码道。

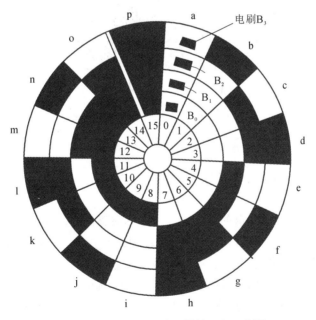

图 3-49　四位二进制编码器的码盘示意图

编码器的精度取决于码盘本身的精度、码盘与旋转轴线的不同心度和不垂直度误差。接触式编码器最大的缺点在于电刷与码盘的直接接触,接触磨损会影响其寿命,降低可靠性。因此不适宜在转速较高或具有振动的环境中使用。

从图 3-49 中可见,当电刷从位置 7 转到 8 时,四个电刷中有三个电刷从导电区移至绝缘区,另一个电刷则相反变化,对应的二进制输出从 0111 变成 1000。四个电刷只有同时改变接触状态(即同步)才能得到正确的输出码变化。

从编码技术上分析,造成错码的原因是从一个码变为另一个码时存在着几位码需要同时改变的情况。若每次只有一位码改变,就不会产生错码,例如格雷码(循环码)。格雷码的两个相邻数的码变化只有一位码是不同的。从格雷码到二进制码的转换可用硬件实现,也可用软件来完成。

(3)光电式角度-数字编码器。

接触式编码器的实际应用受到电刷的限制。目前应用最广的是利用光电转换原理构成的非接触式光电编码器。由于其精度高,可靠性好,性能稳定,体积小和使用方便,在自动测量和自动控制技术中得到了广泛的应用。

光电编码器的码盘通常是一块光学玻璃,玻璃上刻有透光和不透光的图形,它们相当于接触式编码器码盘上的导电区和绝缘区,如图 3-50 所示。编码器光源产生的光经光学系统形成一束平行光投射在码盘上,并与位于码盘另一面呈径向排列的光电元件相耦合。码盘上的码道数就是该码盘的数码位数,每一码道对应有一个光电元件。当码盘处于不同位置时,各光电元件根据受光照与否进行转换,输出相应的电平信号。

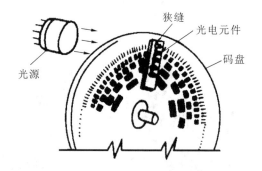

图 3-50　光电编码器结构示意图

光学码盘通常用照相腐蚀法制作。现已生产出径向线宽为 6.7×2^{-8} rad 的码,其精度高达 1/108。

与其他编码器一样,光学码盘的精度决定了光电编码器的精度。为此,不仅要求码盘分度精确,而且要求它在阴暗交替处有陡峭的边缘,以便减少逻辑"0"和"1"相互转换时引起的噪声。这还要求光学投影精确,并采用材质精细的码盘材料。

目前,光电编码器大多采用格雷码盘,输出信号可用硬件或软件进行二进制转换。光源采用发光二极管,光电元件为硅光电池或光电晶体管。光电元件的输出信号经放大及整形电路,得到具有足够高的电平与接近理想方波的信号。为了尽可能减少干扰噪声,放大及整形电路通常都装在编码器的壳体内。此外,由于光电元件及电路的滞后特性,输出波形有一定的时间滞后,限制了最大使用转速。

4.光电式传感器的应用实例

1）光敏电阻的应用

这里以火灾探测报警器应用为例。图 3-51 为以光敏电阻为敏感探测元件的火灾探测报警器电路，在 1 mW/cm^2 照度下，PbS 光敏电阻的暗电阻阻值为 1 MΩ，亮电阻阻值为 0.2 MΩ，峰值响应波长为 2.2 μm，与火焰的峰值辐射光谱波长接近。

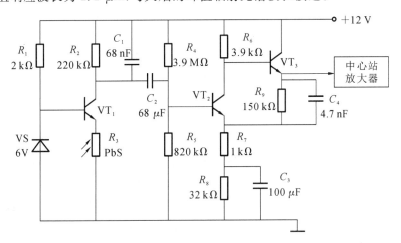

图 3-51　火灾探测报警器电路

由 VT$_1$，电阻 R$_1$、R$_2$ 和稳压二极管 VS 构成对光敏电阻 R$_3$ 的恒压偏置电路，该电路在更换光敏电阻时只要保证光电导灵敏度不变，输出电路的电压灵敏度就不会改变，可保证前置放大器输出信号的稳定。当被探测物体的温度高于燃点或被探测物体被点燃而发生火灾时，火焰将发出波长接近于 2.2 μm 的辐射光（或"跳变"的火焰信号），该辐射光将被 PbS 光敏电阻接收，使前置放大器的输出跟随火焰"跳变"信号，并经电容 C$_2$ 耦合，由 VT$_2$、VT$_3$ 组成的高输入阻抗放大器放大。放大的输出信号再送给中心站放大器，由其发出火灾报警信号或自动执行喷淋等灭火动作。

2）光敏管的应用举例

图 3-52 为路灯自动控制器电路原理图。VD 为光电二极管。当夜晚来临时，光线变暗，VD 截止，VT$_1$ 饱和导通，VT$_2$ 截止，继电器 K 线圈失电，其常闭触点 K$_1$ 闭合，路灯 HL 点亮。天亮后，当光线亮度达到预定值时，VD 导通，VT$_1$ 截止，VT$_2$ 饱和导通，继电器 K 线圈带电，其常闭触点 K$_1$ 断开，路灯 HL 熄灭。

3）在光电转速传感器中的应用

在目标速度轴上设置一个特殊的调速盘，上面设置有小孔。将一个白炽灯配置在旋转盘的另一侧，该白炽灯的光纤通过空洞向另一侧光电二极管位置传送，这样一个完整的光电转速传感器就完成了。如果使用红外光发光二极管和高灵敏度光电晶体管，倘若它们之间有一个物体存在，相应的传感器将立即输出低电平，并产生脉冲。如果电机安装在光电转速传感器接收器的后部，则可以在电机轴上安装旋转盘，并且沿边缘设计一个圆孔，并将检测到的物体放置在圆孔的中心。然后转盘处于旋转状态，传感器将产生删除脉冲，这样就能够有效地计算出轮子的速度了。

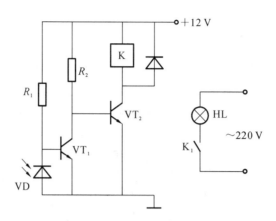

图 3-52　路灯自动控制器电路原理图

4）在光电色质检测中的应用

光电色质检测初始阶段主要应用于分离和谷物加工。鉴于不同材料的光学特性不同,所以该特性可以与光电技术相结合,通过色选机将粒状材料中不同颜色的材料分离。结合材料类型,分选机可分为大米色分选机、茶叶色分选机和杂粮色分选机等。当产品包装时,色选机可用于检测和处理产品。如果有不同的颜色,电压差将产生,并通过处理后选出。

5）自动传感门

将发射器和接收器分别同时安装在传感门的互射范围内,发射器和接收器的方向保持一致并对齐,且高度要一致。光电式传感器可以对光轴上尺寸大于 25 mm 的不透明物体进行检测,例如地铁安全门和地铁车厢车体,如果有乘客或物品被夹在了屏蔽门的孔隙中,则会遮挡红外光线,传感器就能够对障碍物进行显示,并立刻向列车司机或者管理人员发出报警信号。为了减少传感器之间的干扰,传感门要对同一类型的发射器和接收器的频率进行有效调整,使其保持一致的频率,以免误报。此外,为了防止外部光直接干扰到传感器,或者灰尘对传感器透镜的影响,接收装置的透镜前面通常会增加长的圆形套筒,以减少误判概率。

3.4.2　热释电红外传感器

自然界的物体,如人体、火焰甚至冰都会发射出红外线,但是其发射的红外线波长不同。人体的正常温度为 $36 \sim 37$ ℃,所发射的红外线波长为 $9 \sim 10$ μm（属于远红外线区）;加热到 $400 \sim 700$ ℃ 的物体,其发射出的红外线波长为 $3 \sim 5$ μm（属于中红外线区）。红外传感器可以检测到这些物体发射出的红外线,用于测量、成像或控制。

用红外线作为检测媒介来测量某些非电量的方法,比用可见光作为检测媒介的方法要好,其优越性表现在以下几个方面:

（1）红外线不受周围可见光的影响,因此可昼夜进行测量,其中 $0.5 \sim 3$ μm 波长的近红外线接近可见光,易受周围可见光影响,使用较少;

（2）由于待测对象发射红外线,故不必设光源;

（3）大气对某些特定波长范围的红外线吸收甚少,因此其适用于遥感技术。

1. 热释电效应

热释电效应是晶体的一种自然物理效应。对于具有自发式极化的晶体,当晶体受热或冷却后,由于温度的变化,其自发式极化强度发生了变化,从而在晶体某一个方向上产生表面极化电荷。

2. 热释电红外传感器的结构

如图 3-53 所示,热释电红外传感器主要由探测元件、场效应晶体管和干涉滤光片等组成。

1) 探测元件

探测元件由热释电材料制成,主要有硫酸三甘肽、锆钛酸铅镧、透明陶瓷和聚合物薄膜。将热释电材料制成一定厚度的薄片,并在它的两面镀上金属电极,然后加电对其进行极化,相当于一个"小电容"。再将两个极性相反、特性一致的"小电容"串接在一起,可以消除环境和自身变化引起的干扰。这样便制成了探测元件。

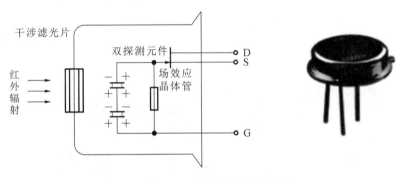

图 3-53　热释电红外传感器

当传感器没有检测到人体辐射的红外线信号时,电容两端将产生极性相反、电量相等的正、负电荷。正、负电荷相互抵消,回路中无电流,传感器无信号输出。

当人体静止在传感器检测区域时,照射到两个电容上的红外线能量相等,且达到平衡,极性相反、能量相等的光电流在回路中相互抵消,传感器仍然没有信号输出。

当人体在传感器检测区域内移动时,照射到两个电容上的红外线能量不相等,光电流在回路中不能相互抵消,传感器有信号输出。

综上所述,热释电红外传感器只对移动的人体或体温近似人体的物体有反应。

2) 场效应晶体管

热释电红外传感器在结构上引入场效应晶体管,其目的在于完成阻抗变换。由于探测元件输出的是电荷信号,并不能直接使用,所以需要用电阻将其转换为电压信号。

3) 干涉滤光片

一般热释电红外传感器中探测元件的探测波长为 $0.2 \sim 20\ \mu m$,但人体都有恒定的体温,一般为 $36 \sim 37\ ℃$,会发射出中心波长为 $9 \sim 10\ \mu m$ 的红外线。为了对 $9 \sim 10\ \mu m$ 的红外辐射有较高的灵敏度,热释电红外传感器在窗口上加装了一块干涉滤光片。这个滤光片可通过光的波长范围为 $7 \sim 10\ \mu m$,正好适合人体红外辐射的探测,而其他波长的红外线则被滤光片滤除,这样便形成了一种专门用于探测人体辐射的热释电红外传感器。

4）菲涅耳透镜

为了提高传感器的探测灵敏度，一般会在传感器的前方装设一个菲涅耳透镜。该透镜由透明塑料制成，将透镜的上、下两部分各分成若干等份，制成一种特殊光学系统的透镜，其作用：一是聚焦，将红外信号折射在探测元件上；二是将检测区分为若干个明区和暗区，使进入检测区的移动物体能以温度变换的形式在探测元件上产生变化的热释电红外信号。菲涅耳透镜使热释电红外传感器的灵敏度大大增加。

3. 热释电红外传感器的应用

热释电红外传感器是一种非常有应用潜力的传感器。它以非接触形式检测出人体辐射的红外线能量变化，并输出电压信号，还能将输出的电压信号加以放大，驱动各种控制电路，在自动控制、智慧楼宇、智能安防等领域广泛应用。

1）自动控制

红外人体感应技术在生活中的应用非常广泛，大多数具有人体感应功能的产品中都可能会用到热释电红外传感器。除了常见的感应灯、感应门、感应洗手液，很多家用电器也利用此技术来提高操作便捷性，如智能门铃、智能马桶、智能空调等智能家居设备中都有热释电红外传感器的存在，如图 3-54 所示。

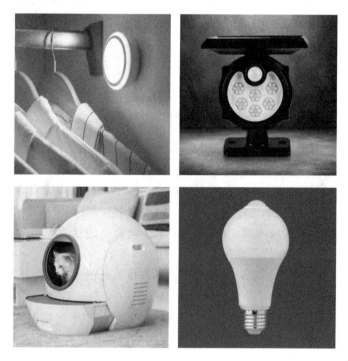

图 3-54 自动控制应用

2）智慧楼宇

楼宇自动化系统具有多种功能，可在工业和商业环境中提升工作者的舒适度和安全性。使用热释电红外传感器作为信号采集传感器，通过对传感器探测到的人体信号进行实时或定时采集，管理系统可以确保提供适当的空调、安全和照明设置。

3) 智能安防

被动红外探测器是入侵防盗报警系统中最为常见的设备之一,作为其中重要的组成部分,热释电红外传感器通常与多种不同的技术相结合,融入检测系统中进行入侵检测,用于家庭住宅、楼盘别墅、厂房、商场、仓库、写字楼等场所的安全防范,如图 3-55 所示。

图 3-55　智能安防应用

 拓展阅读

智能手表测心率原理

随着健康理念的推广,人们越来越注重生活水平和运动健身,具有健康监测功能的智能穿戴设备也备受欢迎。智能手表、运动手环在保障使用体验的基础上,还具有时尚性,更受年轻人喜爱。现在的智能手表、运动手环都具有心率监测功能,这是如何实现的呢?

目前,市场上的智能穿戴设备进行心率监测的时候,主要采用有三种方法:光电透射法、心电信号测量法、振荡测量法。

光电透射法也叫光电容积脉搏波描记法(PPG),这是智能穿戴设备最常用的监测方法。简单而言,这种方法就是用光的反射,根据血液中透光率的脉动变化,折算成电信号,再运用一定的算法折算成心率。其主要原理:设备与皮肤接触时,传感器会发出一束光打在皮肤上,光通过反射或者透射后重新传回,皮肤、肌肉组织等对光的吸收在整个血液循环中是保持恒定不变的,但皮肤内的血液容积会在心脏的作用下呈波动性变化,传感器接收手臂皮肤的反射光,将这种具有波动性的光换算成心率,就可以输出心率数据了。智能手表背后的“绿光”就是传感器用来测量心率的。至于为什么是绿光,是因为红色的血液对绿光的吸收率最大,反射后的最终数据最为准确。

心电信号测量法类似于医院进行的心电图(ECG)检测,主要是通过人体的电位差进行心率检测。其主要原理:人的心脏在每个心动周期中,心房、心室相继兴奋,伴随着无数心肌细胞的相继动作,从而会引起电位变化,这些生物电的变化称为心电,通过检测心电的周期性变化就可以检测到心率。智能手表搭载的电极片与体表接触,手表可以捕捉到心跳时的电极变化,再将这种变化经过算法还原成每分钟心跳的次数,也就是心率,如图 3-56 所示。使用心电信号测量法的智能穿戴设备都会配有电极片,一般来说,这种监测方式最为准确。

振荡测量法是使用传感器监测人体每次心跳引起的轻微振动,再借助一定的算法算出心率。不过这种方式应用得并不广泛,心跳引起的振动需要高精度的传感器才能够捕捉到,因此智能穿戴设备很少通过这种方式监测心率。

在常用的两种监测方式中,心电信号测量法较为准确,因为光电透射法容易受到肤色、外部环境等条件的影响,继而产生数据偏差,不过现在很多智能穿戴设备都开始使用"PPG＋ECG"的方式,这种监测结果也会更加准确。

图 3-56　智能手表

3.4.3　光纤传感器

光纤自 20 世纪 60 年代问世以来,就在传递图像和检测技术等方面得到了应用。利用光导纤维作为传感器的研究始于 20 世纪 70 年代。由于光纤传感器不受电磁场干扰、传输信号安全、可实现非接触测量,而且还具有高灵敏度、高精度、高速度、高密度、适应在各种恶劣环境下使用以及非破坏性和使用简便等一系列优点,所以无论是在电量(电流、电压、磁场)的测量方面,还是在非电量(温度、压力、速度、加速度、液位、流量等)的测量方面,都取得了惊人的发展。

1. 光纤及其传光原理

光纤是由纤芯、包层和涂敷层构成的同心玻璃体,呈柱状。在石英系光纤中,纤芯由高纯度二氧化硅(石英玻璃)和少量掺杂剂(如五氧化二磷和二氧化锗)构成,掺杂剂用来提高纤芯的折射率,纤芯的直径一般为 $2\sim50\ \mu m$。

实用的光纤是比人的头发丝稍粗的玻璃丝,通信用光纤的外径一般为 $125\sim140\ \mu m$。一般所说的光纤由纤芯和包层组成,纤芯完成信号的传输,包层与纤芯的折射率不同,使光信号封闭在纤芯中传输,还起到保护纤芯的作用。工程中一般将多条光纤固定在一起构成光缆。

2. 光纤传感器的工作原理及特点

光纤是用光透射率高的电介质(如石英、玻璃、塑料等)构成的光通路。光纤的结构如图 3-57 所示,是由折射率 n_1 较大(光密介质)的纤芯和折射率 n_2 较小(光疏介质)的包层构成的双层同心圆柱结构。

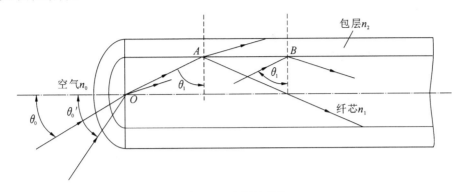

图 3-57　光纤的结构

光的全反射现象是研究光纤传光原理的基础。根据几何光学原理,当光线以较小的入射角 θ_1 由光密介质 1 射向光疏介质 2(即 $n_1 > n_2$)时(见图 3-58),则一部分入射光将以折射角 θ_2 折射入介质 2,其余部分仍以 θ_1 反射回介质 1。

依据光折射和反射的斯涅尔(Snell)定律,有

$$n_1 \sin \theta_1 = n_2 \sin \theta_2 \tag{3-31}$$

当 θ_1 角逐渐增大,直至 $\theta_1 = \theta_c$ 时,射入介质 2 的折射光也逐渐折向界面,直至沿界面传播($\theta_2' = 90°$)。对应于 $\theta_2' = 90°$ 时的入射角 θ_1 称为临界角 θ_c。由式(3-31)则有

$$\sin\theta_c = \frac{n_2}{n_1} \tag{3-32}$$

由图 3-57 和图 3-58 可知,当 $\theta_1 > \theta_c$ 时,光线将不再射入介质 2,而是在介质 1(纤芯)内产生连续向前的全反射,直至由终端面射出。

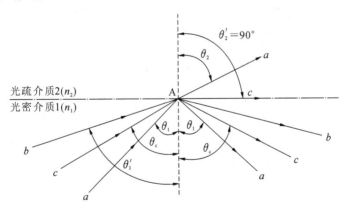

图 3-58　光在两介质界面上的折射和反射

3.光纤传感器的应用实例

1) 光纤温度传感器

光纤温度传感器利用非接触方式检测来自被测物体的热辐射,其应用特点:若采用光导纤维将热辐射引导到传感器中,可实现远距离测量;利用多束光纤可对物体上多点的温度及其分

布进行测量;可在真空、放射性、爆炸性和有毒气体等特殊环境下进行测量。400~1600 ℃的黑体辐射的光谱主要由近红外线构成。高纯石英玻璃的光导纤维在 1.1~1.7 μm 的波长带域内显示出低于 1 dB/km 的低传输损失,所以最适合上述温度范围的远距离测量。

图 3-59 所示为可测量高温的探针型光纤温度传感器。将直径为 0.25~1.25 μm、长度为 0.05~0.3 m 的蓝宝石光纤接于低温光光纤的前端,蓝宝石光纤的前端用 Ir(铱)的溅射薄膜覆盖。这种温度传感器可检测具有 0.1 μm 带宽的可见单色光($\lambda=0.5\sim0.7$ μm),从而可测量 600~2000 ℃ 范围的温度。

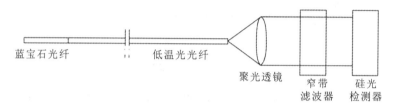

图 3-59　可测量高温的探针型光纤温度传感器

2) 光纤图像传感器

图像光纤是由数目众多的光纤组成一个图像单元,典型数目为 0.3~10 万股,每一股光纤的直径约为 10 μm,图像经图像光纤传输的原理如图 3-60 所示。在光纤的两端,所有的光纤都是按同一规律整齐排列的。投影在光纤束一端的图像被分解成许多像素,每一个像素(包含图像的亮度与颜色信息)通过一根光纤单独传送,所以,整个图像是作为一组亮度与颜色不同的光点传送的,并在另一端重建原图像。

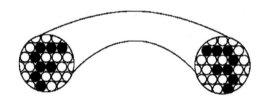

图 3-60　图像经图像光纤传输的原理

工业用内窥镜用于检查系统的内部结构,它采用光纤图像传感器,将探头放入系统内部,通过传光束在系统外部进行观察监视,如图 3-61 所示。光源发出的光通过传光束照射到被观测物体上,再通过物镜和传像束把内部图像传送出来,以便观察、照相,或通过传像束送入 CCD 中,将图像信号转换成电信号,送入微机进行信号处理,最终可在屏幕上显示和打印观测结果。

3) 光纤液位传感器

图 3-62 所示为光纤液位传感器,其原理:光纤激光器输出强度调制的光耦合进入光纤,在没有液体的情况下,其在光纤尾部通过全反射输出到光电接收器,然后到示波器;在有液体的情况下,当液体接触到光纤时,全反射条件不满足,主要的光折射进入液体中,没有光输出进入到光电接收器,因此示波器上没有信号。光纤液位传感器的制造难点在于两根光纤尾部要去掉包层后粘接在一起,还要磨成 45°的圆锥,工艺难度很大。

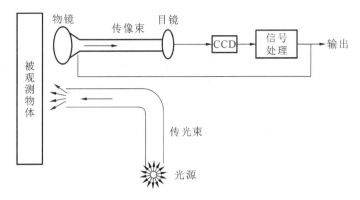

图 3-61　工业用内窥镜工作原理

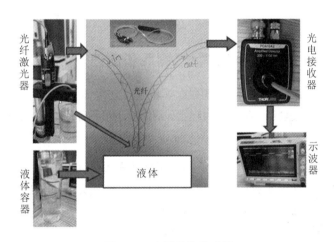

图 3-62　光纤液位传感器

3.4.4　激光传感器

激光传感器是指利用激光技术进行测量的传感器,由激光器、激光检测器和测量电路组成。激光传感器的优点是能实现无接触远距离测量,速度快,精度高,量程大,抗光、电干扰能力强等。激光器是激光传感器的核心组成部分,按工作物质的不同可分为固体、气体、液体和半导体四类。

1. 固体激光器

固体激光器的工作物质是固体,常用的有红宝石激光器、掺钕的钇铝石榴石激光器和钕玻璃激光器等。它们的结构大致相同,特点是小而坚固、功率高,其中钕玻璃激光器是目前脉冲输出功率最高的器件,已达到数十兆瓦(MW)。

2. 气体激光器

气体激光器的工作物质为气体,现已有各种气体原子、离子、金属蒸气、气体分子激光器,常用的有二氧化碳激光器、氦氖激光器和一氧化碳激光器,其形状如普通放电管,特点是输出稳定、单色性好、寿命长,但功率较小,转换效率较低。

3. 液体激光器

液体激光器又可分为螯合物激光器、无机液体激光器和有机染料激光器,其中最重要的是有机染料激光器,它最大的特点是波长连续可调。

4. 半导体激光器

半导体激光器是一种新型激光器,其中较成熟的是砷化镓激光器。其特点是效率高、体积小、重量轻、结构简单,适宜在飞机、军舰、坦克上使用,以及步兵随身携带,可制成测距仪和瞄准器。但其输出功率较小,定向性较差,受环境温度影响较大。

 **拓展阅读**

激光测长、测距和测速

利用激光的高方向性、高单色性和高亮度等特点可实现无接触、远距离测量。激光传感器常用于长度、距离、振幅、速度和方位等物理量的测量,还可用于探伤和大气污染物监测等。

1. 激光测长

精密测量是精密机械制造工业和光学加工工业的关键技术之一。

现在精密测量多是利用光波的干涉现象来进行的,其精度主要取决于光的单色性。激光是最理想的光源,其单色性比以往最好的单色光源(氪-86 灯)还纯 10 万倍,因此激光测长的量程大、精度高。一般测量数米之内的长度,其精度可达 $0.1~\mu m$。

2. 激光测距

激光测距的原理与无线电雷达相同,将激光对准目标发射出去后,测量它的往返时间,再乘以光速即得到往返距离。激光具有高方向性、高单色性的优点,对于测远距离、判定目标方位、提高接收系统的信噪比、保证测量精度等都很关键,因此激光测距日益受到重视。在激光测距仪的基础上发展起来的激光雷达不仅能测距,而且还可以测目标方位、运动速度和加速度等,并已成功用于人造卫星的测距和跟踪,例如采用红宝石激光器的激光雷达测距范围为 500～2000 km,误差仅几米。

3. 激光测速

激光测速是基于多普勒效应的一种测速方法,用得较多的是激光多普勒流速计,它可以测量风洞气流速度、火箭燃料流速、飞行器喷射气流流速、大气风速和化学反应中粒子的汇聚速度等。

习 题

一、单选题

1. 压电式传感器输出电缆长度的变化,将会引起传感器( )产生变化。

    A. 固有频率   B. 阻尼比

    C. 灵敏度   D. 压电常数

2. 下面基于压阻效应的传感器是( )。

    A. 金属应变片   B. 半导体应变片

    C. 压敏电阻   D. 磁敏电阻

3. 压电式传感器属于( )传感器。

    A. 参量型   B. 发电型

    C. 电感型   D. 电容型

4. 压电材料按照一定方向放置在交变磁场中,其几何尺寸会发生变化,这种现象叫作( )。

    A. 正压电效应   B. 逆压电效应

    C. 压阻   D. 压磁

5. 压电式振动传感器输出电压信号与输入振动的( )成正比。

    A. 位移   B. 速度

    C. 加速度   D. 时间

6. 压电式电容传感器是高阻抗传感器,要求前置放大器的输入阻抗( )。

    A. 很高   B. 很低

    C. 不变   D. 随意

7. 压电晶体式传感器测量电路通常采用( )。

    A. 电压放大器   B. 电荷放大器

    C. 电流放大器   D. 功率放大器

8. 使用压电陶瓷制作的力或压力传感器可测量( )。

    A. 人体重量   B. 车刀的压紧力

    C. 车刀在切削时感受到的切削力的变化量   D. 自来水管中水的压力

9. 随着温度上升,半导体热敏电阻的阻值( )。

    A. 上升   B. 下降

    C. 保持不变   D. 变为 0

10. 在实验室测量金属的熔点时,冷端温度补偿采用( ),可减小测量误差;而在车间,用带微机的数字式测温仪测量炉温时,应采用( )较为妥当。

    A. 计算修正法   B. 仪表机械零点调零法

    C. 冰浴法   D. 冷端补偿器法

11. 光电倍增管是利用( )效应制成的器件。

    A. 内光电   B. 外光电

C. 光生伏特   D. 阻挡层

12. 光敏晶体管是基于(　　)原理而工作的。

A. 内光电   B. 外光电

C. 光生电动势   D. 光热效应

13. 温度上升,光敏电阻、光电二极管、光电三极管的暗电流(　　)。

A. 上升   B. 下降

C. 不变   D. 无法确定

14. 光敏电阻适合作为(　　)。

A. 光的测量元件   B. 光电开关元件

C. 加热元件   D. 发光元件

二、分析题

1. 假设按接触式与非接触式区分传感器,列出它们的名称、变换原理、适用场景。

2. 某压电式传感器的灵敏度 $S=90\ pC/MPa$,把它和一台灵敏度调到 $0.005\ V/pC$ 的电荷放大器连接,放大器的输出端又接到一灵敏度调到 $20\ mm/V$ 的光线示波器上,试绘出这个测试系统的框图,并计算其总的灵敏度。

3. 压电式传感器的测量电路为什么常用电荷放大器?

4. 为什么压电式传感器通常用来测量动态信号?

5. 什么是霍尔效应? 霍尔元件有什么特点?

6. 试用霍尔元件设计一测量转速的装置,并说明其工作原理。

7. 热电偶冷端补偿有哪些方法? 其补偿原理分别是什么?

8. 光电式传感器包含哪几种类型? 各有何特点? 用光电式传感器可以测量哪些物理量?

9. 说明光纤传感器测量压力和位移的工作原理,指出其不同之处。

第 4 章　智能传感器与物联网

【知识目标】

(1) 了解智能传感器的定义。

(2) 理解 CCD 和 CMOS 图像传感器工作原理的区别及应用。

(3) 了解智能生物传感器的应用。

(4) 了解物联网的相关知识。

【能力目标】

(1) 能够评判各种传感器的优缺点。

(2) 能够根据实际情况正确选择合适的传感器。

(3) 能够理解与生活密切相关的传感器的原理。

【素质目标】

(1) 培养学生的创新思维和探索精神,鼓励学生自主研究和探索新型传感器的相关知识。

(2) 强调实践和应用,使学生更加深入地了解传感器在现代工业和社会发展中的重要性和作用。

(3) 塑造学生刻苦钻研的使命感和爱国情怀,培养科学探索的工程素养。

【知识图谱】

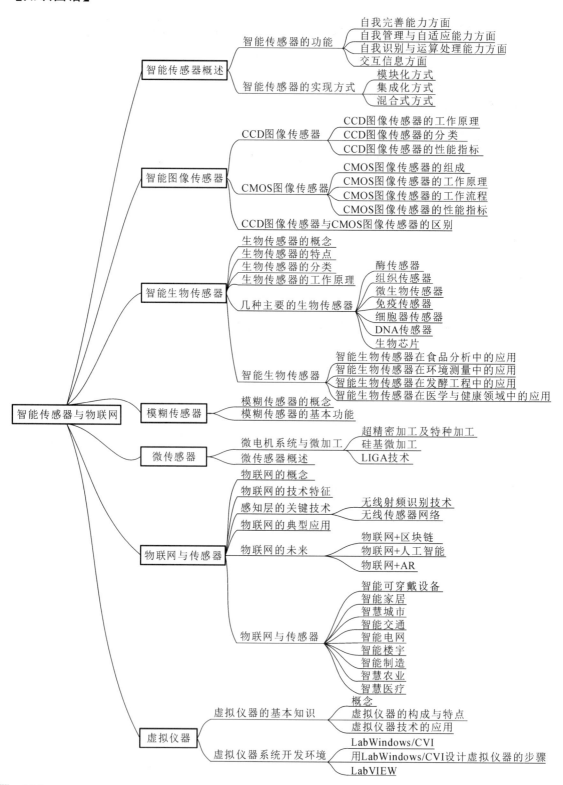

4.1　智能传感器概述

智能传感器是基于人工智能、信息处理技术实现的具有分析、判断、量程自动转换、漂移、非线性和频率响应等自动补偿，对环境影响量的自适应，自学习以及超限报警、故障诊断等功能的传感器。与传统传感器相比，智能传感器将传感器检测信息的功能与微处理器的信息处理功能有机地结合在一起，充分利用微处理器进行数据分析和处理，并能对内部工作过程进行调节和控制，从而具有了一定的人工智能，弥补了传统传感器性能的不足，使采集的数据质量得以提高，如图 4-1 所示。

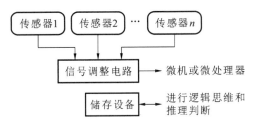

图 4-1　智能传感器

智能传感器的概念及雏形是在美国航空航天局开发宇宙飞船的过程中形成的。宇宙飞船需要大量的传感器以检测飞船的状态（如温度、湿度、气压、速度、加速度和姿态等），为了保证飞船的正确运行和安全，这些传感器必须精度高、响应快、稳定性好、可靠性高，还要具有数据存储与处理、自校准、自诊断、自补偿和远程通信等功能。

智能传感器已具备了人类的某些智能思维与行为能力。人类通过眼睛、鼻子、耳朵和皮肤感知并获得外部环境的多重传感信息。这些传感信息在人类大脑中归纳、推理并积累形成知识与经验，当再次遇到相似外部环境时，人类大脑根据积累的知识、经验对环境进行推理判断，做出相应反应。

4.1.1　智能传感器的功能

1. 自我完善能力方面

（1）具有改善静态性能，提高静态测量精度的自校正、自校零、自校准功能。

（2）具有提高系统响应速度、改善动态特性的智能化频率自动补偿功能。

（3）具有抑制穿插敏感、提高系统稳定性的多信息融合功能。

2. 自我管理与自适应能力方面

（1）具有自检验、自诊断、自寻故障及自恢复功能。

（2）具有判断、决策、自动量程切换与控制功能。

3. 自我识别与运算处理能力方面

（1）具有从噪声中辨识微弱信号与消噪的功能。

（2）具有多维空间的图像识别与模式识别功能。

（3）具有数据自动采集、存储、记忆与信息处理功能。

4. 交互信息方面

具有双向通信、标准化数字输出以及拟人类语言符号等多种输出功能。

4.1.2 智能传感器的实现方式

智能传感器种类繁多，如智能温度传感器、智能压力传感器、智能流量传感器等。尽管各种智能传感器功能各不相同，但是智能传感器有着相类似的实现方式，具体分为以下三种。

1. 模块化方式

模块化智能传感器是将基本传感器、信号调理电路、带数字总线接口的微处理器相互连接，组合成一个整体，构成智能传感器系统。模块化智能传感器是在现场总线控制系统发展的推动下迅速发展起来的。

普通传感器检测的数据经信号调理电路进行放大、模数转换等调理后，由微处理器进行处理，再由微处理器的数字总线接口挂接在现场数字总线上。

模块化智能传感器是一种在普通传感器基础上实现智能传感器系统的最快途径及方式，易于实现，具有较高的实用性。特别是在某些不适合微处理器工作的恶劣环境，利用模块化智能传感器可以让传感器及信号调理电路工作在检测现场，而微处理器工作在检测现场之外，以提高系统可靠性。此类智能传感器各部件可以封装在一个外壳中，也可以分开设置。

2. 集成化方式

集成化智能传感器采用了微机械加工技术和大规模集成电路工艺技术，以半导体材料硅为基本材料来制作敏感元件，并将敏感元件、信号调理电路以及微处理器等集成在一块芯片上。此类智能传感器具有小型化、性能可靠、易于批量生产、价格便宜等优点，因而被认为是智能传感器的主要发展方向。

3. 混合式方式

混合式智能传感器将敏感元件、信号调理电路、微处理器和数字总线接口等部分以不同的组合方式集成在两个或者多个芯片上，然后装配在同一壳体中。

拓展阅读

智能传感器的中英文称谓尚未完全统一。英国人将智能传感器称为"intelligent sensor"，美国人则习惯把智能传感器称为"smart sensor"，直译就是"灵巧的、聪明的传感器"。所谓智能传感器，就是带微处理器，兼有信息检测和信息处理功能的传感器。智能传感器的最大特点就是将传感器检测信息的功能与微处理器的信息处理功能有机地融合在一起，从一定意义上讲，它具有类似于人工智能的作用

4.2　智能图像传感器

智能图像传感器产品主要分为 CCD(charge coupled device,电荷耦合器件)图像传感器、CMOS(complementary metal oxide semiconductor,互补金属氧化物半导体)图像传感器和 CIS(contact image sensor,接触式图像传感器)三种。

4.2.1　CCD 图像传感器

CCD 图像传感器由一种高感光度的半导体材料制成,能把光线转换成电荷,并将电荷通过 A/D 转换器转换成数字信号"0"或者"1"。CCD 图像传感器具有光电转换、信息存储、延时和将电信号按顺序传输等功能,并且具有低照度效果好、性噪比高、透感强、色彩还原能力佳等优点,在科学、教育、医学、商业、工业和军事等领域得到广泛应用。

1.CCD 图像传感器的工作原理

CCD 的突出特点是以电荷作为信号,而不同于其他大多数器件以电流或者电压作为信号,所以 CCD 的基本功能是存储和转移电荷。它存储由光或电激励产生的信号电荷,当对它施加特定时序的脉冲时,其存储的信号电荷便能在 CCD 内定向传输。CCD 工作的主要流程是信号电荷的产生(将光或电激励转换成信号电荷)、存储(存储信号电荷)、传输(转移信号电荷)和检测(将信号电荷转换成电信号)。CCD 的工作原理如图 4-2 所示。

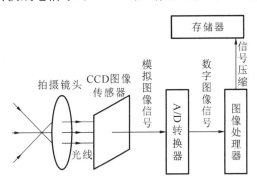

图 4-2　CCD 的工作原理

CCD 以电荷为信号,电荷注入的方法有很多,归纳起来,可分为光注入和电注入两类。CCD 工作过程的第一步是信号电荷的产生,CCD 可以将入射光信号转换成电荷输出,依据的是半导体的光生伏特效应。信号电荷的产生示意图如图 4-3 所示。

CCD 工作过程的第二步是信号电荷的存储收集,是将入射光激励出的电荷收集起来使其形成信号电荷包的过程。CCD 的基本单元是 MOS(metal oxide semiconductor,金属氧

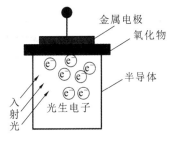

图 4-3　信号电荷的产生示意图

化物半导体)电容器,这种电容器能存储电荷。当在金属电极上加正电压时,由于电场作用,电极下 P 型硅区(硅片)的空穴被排斥到衬底电极一边,硅衬底表面形成一个没有可动空穴的带负电的区域——耗尽区。对电子而言,这是一个势能很低的区域,称为"势阱"。如图 4-4 所示,当光线入射到硅片上时,在光子的作用下产生电子-空穴对,空穴在电场作用下被排斥出耗尽区,而电子被附近势阱"俘获",势阱内吸收的光子数与发光强度成正比。

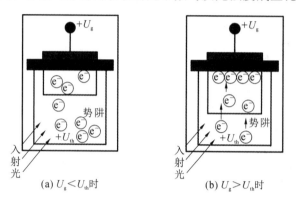

图 4-4 信号电荷的存储示意图

人们常把上述的一个 MOS 结构元称为一个 MOS 光敏元或一个像素,把一个势阱收集的光生电子称为一个电荷包。CCD 实际是在硅片上制作的数百甚至数万个 MOS 光敏元上的一幅明暗起伏的图像,也就是这些 MOS 光敏元感生出一幅与光照度相应的光生电荷图像。这就是 CCD 光电物理效应基本原理。

CCD 工作过程的第三步是信号电荷的传输转移,是将收集起来的电荷包从一个 MOS 光敏元转移到下一个 MOS 光敏元,直到全部电荷包输出完成的过程。通过一定的时序在电极上施加高低电平,光电荷就可以在相邻势阱间转移。CCD 信号电荷的读出方法有输出二极管电流法和浮置栅 MOS 放大器电压法两种。

CCD 工作过程的第四步是电荷的检测,是将转移到输出级的电荷转换为电流或者电压的过程。输出类型主要有以下三种:① 电流输出;② 浮置栅放大器输出;③ 浮置扩散放大器输出。CCD 工作过程示意图如图 4-5 所示。

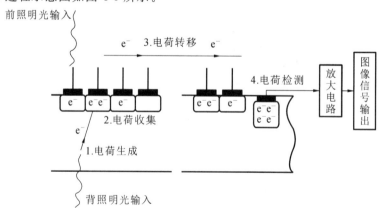

图 4-5 CCD 工作过程示意图

2. CCD 图像传感器的分类

CCD 于 1969 年在贝尔实验室研制成功,经历几十年的发展,从初期的 10 多万像素已经发展到目前主流应用的千万级像素。

按照像素排列方式的不同,CCD 又可分为线阵 CCD 和面阵 CCD 两大类。线性 CCD 相机如图 4-6 所示。其中线阵 CCD 应用于影像扫描器及传真机中,而面阵 CCD 主要应用于工业相机、数码相机、摄录影像和监视摄影机等影像输入产品中。

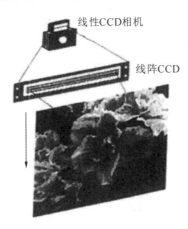

图 4-6　线性 CCD 相机

1) 线阵 CCD 图像传感器

线阵 CCD 图像传感器实际上采用的是一种光敏元件与移位寄存器合二为一的结构,如图 4-7 所示。目前,实用的线阵 CCD 图像传感器为双行结构,如图 4-7(b) 所示。单、双数光敏元件中的信号电荷分别转移到上、下方的移位寄存器中,然后在控制脉冲的作用下,自左向右移动,在输出端交替合并输出,这样就形成了原来光敏信号电荷的顺序。

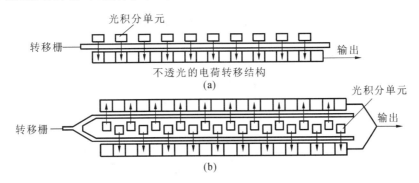

图 4-7　线阵 CCD 图像传感器

2) 面阵 CCD 图像传感器

面阵 CCD 图像传感器目前存在行传输、帧传输和行间传输三种典型结构,如图 4-8 所示。

行传输面阵 CCD 结构如图 4-8(a) 所示,它由行扫描发生器、垂直输出寄存器、感光区和检波二极管组成。行扫描发生器将光敏元件内的信息转移到水平(行)方向,由垂直输出寄存器将信息转移到检波二极管,输出信号通过信号处理电路转换为图像信号。这种结构易造成图像模糊。

帧传输面阵 CCD 结构如图 4-8(b)所示,增加了公共水平方向电极的(不透光)信号存储区。在正常垂直回归周期内,具有公共水平方向电极的感光区所积累的电荷迅速下移到信号存储区,在垂直回归扫描后,感光区恢复到积光状态。在水平消隐周期内,信号存储区的整个电荷图像向下移动,每次总是将信号存储区最底部一行的电荷信号移到水平输出移位寄存器,该行电荷信号在水平输出移位寄存器中向右移动,以图像信号的形式输出。当整帧图像信号自信号存储区移出后,就开始下一帧信号的形成。该结构具有单元密度高、电极简单等优点,但增加了存储器(水平输出移位寄存器)。

行间传输面阵 CCD 结构如图 4-8(c)所示,它是用得最多的一种结构。它将图 4-8(b)中感光元件与存储元件相隔排列,即一列感光单元、一列不透光的存储单元交替排列。当感光区光敏元件光积分结束时,转移控制栅打开,电荷信号进入信号存储区。随后,在每个水平回扫周期内,信号存储区中整个电荷图像一次一行地向上移到水平输出移位寄存器中。接着,这一行电荷信号在水平输出移位寄存器中向右移位到输出器件(检波二极管),形成图像信号输出。这种结构的器件操作简单,图像清晰,但单元设计复杂,感光单元面积小。

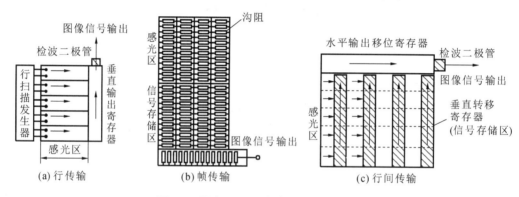

图 4-8　面阵 CCD 图像传感器的典型结构

3. CCD 图像传感器的性能指标

CCD 图像传感器的性能指标有很多,如像素数、帧率、靶面尺寸、感光度、电子快门和信噪比等。其中像素数和靶面尺寸是重要的指标。

1) 像素数

像素数是指 CCD 图像传感器上感光元件的数量。可以这样理解,摄像机拍摄的画面由很多个小的点组成。每个点就是一个像素,显然,像素数越多,画面就越清晰。如果 CCD 图像传感器没有足够多的像素数,拍摄出的画面的清晰度就会大受影响。因此,理论上 CCD 图像传感器的像素数应该越多越好,但像素数的增加会使制造成本增加,成品率下降。

2) 帧率

帧率代表单位时间所记录或者播放的图片的数量。连续播放一系列图片就会产生动画效果。以人类的视觉系统为准,当图片的播放速度大于 15 幅/s 时,人眼基本看不出来图片的跳跃;当图片的播放速度达到 24~30 幅/s 时,人眼就已经基本觉察不到闪烁现象了。帧率即每秒的帧数,表示图像传感器在处理图像时每秒钟能够更新的次数。高的帧率可以保证更流畅、更逼真的视觉体验。

3)靶面尺寸

靶面尺寸也就是图像传感器感光部分的大小,一般用 in(1 in≈2.54 cm)来表示。和电视机一样,通常这个数据指的是这个图像传感器的最小对角线长度,常见的有 1/3 in。靶面尺寸越大意味着通光量越大,而靶面尺寸越小则比较容易获得更大的景深。比如,1/2 in 可以有比较大的通光量,而 1/4 in 可以较容易地获得较大的景深。

4)感光度

感光度代表 CCD 以及相关的电子电路感应入射光强弱的能力。感光度越高,感光面对光的敏感度就越高,快门速度就越快,这在拍摄运动车辆、夜间监控的时候显得尤为重要。

4.2.2　CMOS 图像传感器

CMOS 图像传感器采用一般半导体电路最常用的 CMOS 工艺。CMOS 图像传感器是一种采用传统的芯片工艺方法将光敏元件、放大器、A/D 转换器、存储器、数字信号处理器和计算机接口电路等集成在一块硅片上的图像传感器。

CCD 图像传感器由于灵敏度高、噪声低,逐步成为图像传感器的主流。但由于工艺原因,光敏元件和信号处理电路不能集成在同一芯片上,由 CCD 图像传感器组装的摄像机体积大、功耗大,而 CMOS 图像传感器以其体积小、功耗低的优点在图像传感器市场上独树一帜。

CMOS 图像传感器相比 CCD 图像传感器最主要的优势就是非常省电。CMOS 图像传感器的耗电量只有普通 CCD 图像传感器的 1/3 左右,CMOS 图像传感器存在的主要问题是在处理快速变化的影像时会因电流变换过于频繁而导致过热,如果暗电流抑制得好,则问题不大,如果抑制得不好,就十分容易出现噪点。

1. CMOS 图像传感器的组成

CMOS 图像传感器的主要组成部分是像敏单元阵列和 MOS 管集成电路,而且这两部分集成在同一硅片上。像敏单元阵列主要由光电二极管阵列构成,图 4-9 中的像敏单元按 X 和 Y 方向排列成方阵,方阵中的每一个像敏单元都有它在 X、Y 方向上的地址,并可分为两个方向上的地址,分别由两个方向的地址译码器进行选择,输出信号送入 A/D 转换器进行模/数转换,变成数字信号输出。

2. CMOS 图像传感器的工作原理

每一个 CMOS 图像传感器都包括感光二极管(photodiode)、浮动式扩散层(floating diffusion layer)、传输电极门(transfer gate)、起放大作用的 MOSFET(metal-oxide-semiconductor field effect transistor,金属-氧化物-半导体场效晶体管)电极门、起像素选择开关作用的 MOSFET。在 CMOS 图像传感器的曝光阶段,感光二极管完成光电转换,产生信号电荷,曝光结束后,传输电极门打开,信号电荷被传送到浮动式扩散层,由起放大作用的 MOSFET 电极门来拾取,电荷信号转换为电压信号。这样 CMOS 图像传感器也就具有了光电转换、电荷电压转换、模拟数字转换三大作用,通过把光信号转化为电信号,最终得到数字信号,被计算机读取,也就有了记录光线明暗的能力。如果直接在黑白图像传感器的基础上增加色彩滤波阵列

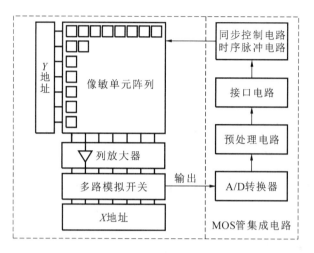

图 4-9 CMOS 图像传感器的组成

（CFA），就能实现从黑白到彩色的成像。用来输出光影的显示器与记录光影的 CMOS 图像传感器的原理是相反的，CMOS 图像传感器把光信号转化为电信号，最后以数字信号记录，显示器把解码的数字信号从电信号重新转化为光信号。光电之间的转换也就构成了人类数字影像的基础。

3. CMOS 图像传感器的工作流程

CMOS 图像传感器的工作流程主要分为以下三步。

第一步：外界光照射像素阵列，发生光电效应，在每一个像素内产生相应的电荷。

景物通过成像透镜聚焦到图像传感器阵列上，而图像传感器阵列是一个二维的像素阵列，每一个像素上都包括一个光电二极管，每个像素中的光电二极管将其阵列表面的光信号转换为电信号。

第二步：通过行选择电路和列选择电路选取需要操作的像素，并将像素上的电信号读取出来。

在选择过程中，行选择逻辑单元可以对像素阵列逐行扫描也可隔行扫描，列选择逻辑单元同理。行选择逻辑单元与列选择逻辑单元配合使用可以实现图像的窗口提取功能。

第三步：把相应的像素进行信号处理后输出。

每一个行像素内的图像信号通过各自所在列的信号总线，传输到对应的模拟信号处理单元以及 A/D 转换器，转换成数字信号输出。其中，模拟信号处理单元的主要功能是对信号进行放大处理，并且提高信噪比。

像素电信号放大后送相关双采样（CDS）电路处理，相关双采样是高质量器件用来消除一些干扰的重要方法。其基本原理是由图像传感器引出两路输出，一路为实时信号，另外一路为参考信号，通过两路信号的差分去掉相同或相关的干扰信号。

这种方法可以减少 KTC（K 表示玻尔兹曼常数，T 表示热力学湿度，C 表示电容）噪声、复位噪声和固定模式噪声（fixed pattern noise，FPN），同时也可以降低 $1/f$ 噪声，提高了信噪比。此外，它还可以具有信号积分、放大、采样、保持等功能。

然后，信号输出到 A/D 转换器上变换成数字信号输出。

另外,为了获得质量合格的实用摄像头,芯片中必须包含各种控制电路,如曝光时间控制、自动增益控制等。为了使芯片中各部分电路按规定的节拍动作,芯片中必须使用多个时序控制信号。为了便于摄像头的应用,该芯片还要能输出一些时序信号,如同步信号、行起始信号、场起始信号等。

CMOS 图像传感器的功能框图如图 4-10 所示。

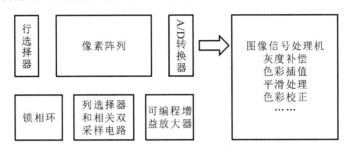

图 4-10　CMOS 图像传感器的功能框图

4. CMOS 图像传感器的性能指标

了解 CCD 和 CMOS 芯片的成像原理和主要技术参数对产品的选型非常重要。同样,相同芯片经过不同的设计而制造出的相机,性能也可能有所不同。

CMOS 芯片的技术参数主要有以下几个。

1) 像元尺寸

像元尺寸指芯片像元阵列上每个像元的实际物理尺寸,通常的尺寸包括 14 μm、10 μm、9 μm、7 μm、6.45 μm、3.75 μm 等。像元尺寸从某种程度上反映了芯片对光的响应能力,像元尺寸越大,能够接收到的光子数量就越多,在同样的光照条件和曝光时间内,产生的电荷数量也越多。对于弱光成像而言,像元尺寸是芯片灵敏度的一种表征。

2) 灵敏度

灵敏度是芯片的重要参数之一,它具有两种物理意义,一种是指光敏元件的光电转换能力,与响应率的意义相同,即在一定光谱范围内单位曝光量的输出信号电压(电流),另一种是指光敏元件所能传感的对地辐射功率(或照度),与探测率的意义相同。

3) 坏点数

由于受到制造工艺的限制,对于有几百万个像素点的传感器而言,要想所有的像元都是好的,几乎不大可能。坏点数是指芯片中坏点(不能有效成像的像元或响应不一致性大于参数允许范围的像元)的数量。坏点数是衡量芯片质量的重要参数。

4) 光谱响应

光谱响应是指芯片对不同波长的光的响应能力,通常由光谱响应曲线给出。从产品的技术发展趋势看,无论是 CCD 还是 CMOS,体积小型化及高像素化仍是业界积极研发的目标,图像产品的分辨率越高,清晰度越好,体积越小,其应用面就越广。

4.2.3　CCD 图像传感器与 CMOS 图像传感器的区别

CCD 图像传感器与 CMOS 图像传感器是被普遍采用的两种图像传感器,两者都是利用光电二极管进行光电转换,将图像转换为数字数据的。

CCD 图像传感器与 CMOS 图像传感器的主要差异是数字数据传输的方式不同:CCD 图像传感器每一行的每一个像素的电荷数据都会一次性传送到下一个像素中,由最低端部分输出,再经由传感器边缘的放大器进行放大输出;CMOS 图像传感器中,每个像素都会邻接一个放大器及 A/D 转换器,用类似内存电路的方式将数据输出。

造成这种差异的原因:CCD 的特殊工艺可保证数据在传输时不失真,因此各个像素的数据可汇聚至边缘再进行放大处理;而 CMOS 的工艺导致数据在传输距离较长时会产生噪声,因此必须先进行放大处理,再整合各个像素的数据。

CCD 图像传感器与 CMOS 图像传感器的另一个主要差异是电荷读取方式不同。对于 CCD 图像传感器,光通过光电二极管转换为电荷,然后电荷通过传感器芯片传递到转换器,最终信号被放大,因此电路较为复杂,速度较慢。对于 CMOS 图像传感器,光通过光电二极管的光电转换后直接产生电压信号,信号电荷不需要转移,因此 CMOS 图像传感器集成度高、体积小。

综上所述,CCD 图像传感器在灵敏度、分辨率、噪声控制等方面都优于 CMOS 图像传感器,而 CMOS 图像传感器则具有成本低、功耗低以及整合度高的优点。不过,随着 CCD 与 CMOS 图像传感器技术的进步,两者的差异有逐渐缩小的趋势。例如,CCD 图像传感器一直在功耗上进行改进,以应用于移动通信市场;CMOS 图像传感器则在不断地改善分辨率与灵敏度方面的不足,以应用于更高端的图像产品。

 **科技前沿**

航空航天中的纳米 CMOS 图像传感器

CMOS 图像传感器以其在系统功耗、体积、质量、成本、功能性、只需要单一电源、抗辐射性以及可靠性等方面的优势而在空间成像领域中得到越来越广泛的应用。空间飞行器尺寸的不断减小促进了纳米 CMOS 图像传感器技术的快速发展。纳米 CMOS 图像传感器以其体积更小的优点,必将具有很好的应用前景,有望在下列领域得到更充分的发展。

1. 空中军事侦察

纳米 CMOS 图像传感器在近红外波段的灵敏度比在可见光波段高 5～6 倍,故可用在侦察机中。它能提高飞行驾驶员在光线不良和雨雪、灰尘、烟雾等恶劣天气下的驾驶能力,从而保证军用飞机可以在黑暗中或不易被敌方发现的模糊条件下驾驶。

2. 空间遥感成像

在目前对地观察卫星的主要遥感成像技术中:红外遥感技术设备复杂、昂贵;微波辐射计通常仅适用于大范围(如局部海域、沙漠或地质结构)的低分辨率数据获取;雷达系统质量较大,系统复杂,需要较大的功率、较高的数据传输速率和较强的存储能力。同时,这几种设备目前还存在难以实现微型化的问题。随着空间飞行器尺寸的不断减小,对于质量小于 10 kg 的微纳卫星来说,光成像技术(以可见光为主)将成为主要观察手段。纳米 CMOS 图像传感器在系统功耗、体积、质量、成本、功能性、辐射性以及可靠性等方面占据绝对优势,故在微纳卫星上具有广泛的应用前景。图 4-11 所示为西昌卫星发射中心利用长征十一号固体运载火箭发射的微纳卫星。

图 4-11　微纳卫星

3. 星敏感器

星敏感器通过敏感恒星的辐射亮度来确定航天器基准轴与已知恒星视线之间的夹角。卫星对恒星的张角极小,故星敏感器是姿态敏感器中测量精度较高(可达秒级)的一类敏感器。随着对微纳卫星姿态控制的精度要求越来越高,传统的星敏感器因质量、功耗方面的原因已经难以应用在微纳卫星上了。考虑到 CMOS 图像传感器技术的优点,如果能用纳米 CMOS 成像器件替代 CCD 成像器件,再将改进后的星敏感器应用到微纳卫星上,这对微纳卫星姿态控制技术的发展大有益处。

4.3　智能生物传感器

4.3.1　生物传感器的概念

生物传感器是指利用固定化的生物分子作为敏感物质,来探测生物体内或生物体外的环境化学物质或与之起特异性交互作用后产生的响应的一种装置。生物传感器也被定义为“一种含有固定化生物活性物质(如酶、抗体、全细胞、细胞器或其联合体)并与一种合适的换能器紧密结合的分析工具或系统,可以将生化信号转化为数量化的电信号”。

生物传感器的基本结构包括两个主要部分:一是生物分子识别元件(感受器),是具有分子识别能力的固定化生物活性物质(如酶、蛋白质、微生物、组织切片、抗原、抗体、细胞、细胞器、细胞膜、核酸、生物膜等),为生物传感器信号接收或产生部分;二是信号转换器(换能器),属于仪器组件的硬件部分,为物理信号转换组件(主要有电化学电极、光学检测元件、热敏电阻、场效应晶体管、石英晶体、表面等离子共振器等)。当待测物与生物分子识别元件特异性结合后,所产生的复合物通过信号转换器转变为可以输出的电信号、光信号等,从而达到分析检测的目的。

4.3.2 生物传感器的特点

与传统的传感器相比,生物传感器具有如下特点:

(1) 测定范围广泛;

(2) 具有由选择性好的生物材料构成的生物分子识别元件,因此一般不需要对样品进行预处理,样品中的被测组分的分离和检测同时完成,且测定时一般不需要加入其他试剂;

(3) 采用固定化生物活性物质作为敏感物质(催化剂),价格昂贵的试剂可以重复多次使用,克服了过去酶法分析试剂费用高和化学分析烦琐复杂的缺点;

(4) 测定过程简单迅速;

(5) 准确度和灵敏度高;

(6) 体积小,检测方法简便、准确、快速,可以实现连续在线监测,容易实现自动分析;

(7) 专一性强,只对特定的底物起反应,而且不受颜色、浊度的影响;

(8) 可进入生物体内;

(9) 成本低,便于推广普及。

4.3.3 生物传感器的分类

生物传感器的分类有多种方法,常用的分类方法有以下几种。

(1) 根据生物传感器输出信号的产生方式,生物传感器可分为亲和型生物传感器、代谢型生物传感器、催化型生物传感器。

(2) 根据敏感物质的不同,生物传感器可分酶传感器、微生物传感器、组织传感器、细胞及细胞器传感器、DNA 传感器、免疫传感器等。

(3) 根据生物传感器的换能器分类,生物传感器可分为电化学型生物传感器、半导体生物传感器、热学型生物传感器、光学型生物传感器、声学型生物传感器等。

(4) 根据检测对象的多少,生物传感器分为以单一化学物质为检测对象的单功能型生物传感器和同时检测多种微量化学物质的多功能型生物传感器。

(5) 根据生物传感器的用途,生物传感器可分为免疫传感器、药物传感器等。

4.3.4 生物传感器的工作原理

生物传感器的工作原理:被测定分子与固定在分子识别元件上的敏感物质(称为生物敏感膜)发生特异性结合,并发生物理、化学反应,产生热焓变化、离子强度变化、pH 变化、颜色变化或质量变化等信号,产生信号的强弱在一定条件下与特异性结合的被测定分子的量存在一定的数学关系,这些信号经换能器转变成电信号后被放大测定,从而获得被测定分子的量,如图 4-12 所示。

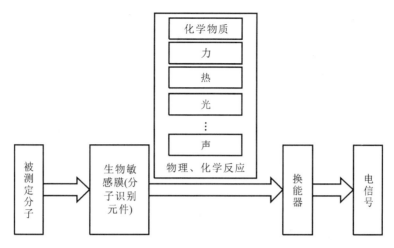

图 4-12　生物传感器的工作原理图

4.3.5　几种主要的生物传感器

1. 酶传感器

酶传感器(enzyme sensor)是最早出现的生物传感器,应用十分广泛。这类传感器由固定化活性物质酶和基础电极组成。酶与被测的有机物或无机物反应,形成一种能被电极响应的物质。依据换能器的类型,酶传感器大致可分为酶电极(主要包括离子选择电极、气敏电极、氧化还原电极等电化学电极)、酶场效应晶体管传感器(FET-酶)和酶热敏电阻传感器等。

2. 组织传感器

组织传感器(tissue sensor)是以动植物组织薄片中的生物催化层与基础敏感膜电极结合而成的,该催化层以酶为基础,基本原理与酶传感器相同。

3. 微生物传感器

微生物大致可分为好氧微生物和厌氧微生物。好氧微生物呼吸时要消耗氧气,生成二氧化碳,因此,把固定有好氧微生物的膜和氧电极或二氧化碳电极组合起来就构成呼吸活性测定型生物传感器。呼吸活性测定型生物传感器是以同化有机物前后呼吸的变化量(用氧电极电流的差来测定)为指标来测定试样溶液中有机化合物浓度的传感器。

微生物传感器分为两类,一类是利用微生物在同化底物时消耗氧气的呼吸作用,另一类是利用不同的微生物含有不同的酶。

基于不同类型的换能器,常见的微生物传感器有电化学型、光学型、热敏电阻型、压电高频阻抗型和燃料电池型等。

4. 免疫传感器

免疫传感器利用动物体内抗原、抗体能发生特异性吸附反应的特性,将抗原(或抗体)固定在传感器基体上,通过传感技术使吸附反应发生时产生物理、化学、电学或光学上的变化,并将其转变成可检测的信号来测定环境中待测分子的浓度。免疫传感器具有将输出结果数字化的精密换能器(根据换能器种类的不同分为电化学免疫传感器、光学免疫传感器、质量测量免疫传感器和热量测量免疫传感器等),不但能达到定量检测的效果,而且其传感与换能同步进行,能实时监测到传感器表面的抗原-抗体反应,有利于对免疫反应进行动力学分析,从而推动免疫诊断方法向定量化、操作自动化方向发展。

5. 细胞器传感器

细胞器传感器是 20 世纪 80 年代末出现的一种以真核生物细胞、细胞器作为识别元件的生物传感器。1987 年 Blondin 等提出了固定线粒体评价水质;Carpentier 及其合作者用类囊体膜构建的生物传感器,可在 1 mg/L 浓度下测定铅与镉的毒性,也可对银或铜进行快速测定;Rouillon 等用特殊的固定化技术将叶绿体与类囊体膜包埋在光交联的聚乙烯醇-苯乙烯基吡啶盐缩合物(PVA-SbQ)中,可以在 1 μg/L 浓度水平下检测到汞(Hg)、铅(Pb)、镉(Cd)、镍(Ni)、锌(Zn)和铜(Cu)等离子的存在。

6. DNA 传感器

DNA 传感器是一种能将目标 DNA 的存在转化为可检测的电、光、声信号的装置,所检测的是核酸的杂交反应。每种生物体内都含有其独特的核酸序列,检测特定核酸序列的关键是要设计一段寡核苷酸序列作为探针。这段探针能够专一性地与特定核酸序列进行杂交,而与其他非特异性序列不杂交。DNA 传感器的结构包括一个靶序列识别层和一个换能器。识别层通常由固定在换能器上的探针以及一些其他的辅助物质组成,它可以特异性地识别靶序列并与其杂交。换能器可将此杂交过程所产生的变化转变为可识别的信号,根据杂交前后信号量的变化对靶序列进行准确定量。根据换能器种类不同,可大致分为电化学 DNA 传感器、光学 DNA 传感器和质量 DNA 传感器等。

7. 生物芯片

生物芯片的工作原理是通过微加工技术和微电子技术在固体芯片表面构建微型生物化学分析系统,将成千上万与生命相关的信息集成在一块面积约为 1 cm^2 的硅、玻璃、塑料等材料制成的芯片上,在待分析样品中的生物分子与生物芯片的探针分子发生相互作用后,对作用信号进行检测和分析,以达到对基因、细胞、蛋白质、抗原以及其他生物组分准确、快速的分析和检测。

生物芯片采用光导原位合成或微量点样等方法,将大量生物大分子生物样品有序地固化于支持物的表面,组成密集二维分子排列,然后与已标记的待测生物样品中靶分子杂交,通过特定的仪器,对杂交信号的强度进行快速、并行、高效地检测分析,从而判断样品中靶分子的数量,获取样品中靶分子的相关信息。

生物芯片的种类很多,几种主要的生物芯片是:① 基因芯片;② 蛋白质芯片;③ 细胞芯片;④ 组织芯片。

4.3.6 智能生物传感器

近年来,受生物科学、信息科学和材料科学发展的推动,智能生物传感器技术飞速发展。未来的智能生物传感器将进一步应用在医疗保健、疾病诊断、食品检测、环境监测和发酵工程等各个领域。

生物传感器研究中的重要内容之一就是研制能代替生物视觉、嗅觉、味觉、听觉和触觉等感觉器官的生物传感器,即仿生传感器或称为以生物系统为模型的智能生物传感器。

智能生物传感器是躯感网的前端,它能搜集到很多人体特征数据。用于躯感网的智能生物传感器一般可分为两种:一种是可以移植到人体内的智能生物传感器,一种是佩戴在体表的智能生物传感器。

未来的智能生物传感器必定与计算机紧密结合,可自动采集数据、处理数据,更科学、更准确地提供结果,实现采样、进样、结果"一条龙",形成检测的自动化。同时,芯片技术将进一步与传感器技术融合,实现智能检测系统的集成化、一体化。

智能生物传感器的研究开发已成为世界科技发展的新热点。智能生物传感器在国民经济的各个部分有着广泛的应用前景。在科学技术快速发展的今天,分子生物学和微电子学、光电子学、微细加工技术及纳米技术等新学科、新技术结合,正改变着传统医学、环境科学、动植物学的面貌。

1. 智能生物传感器在食品分析中的应用

智能生物传感器在食品分析中的应用包括对食品成分、食品添加剂、药残留量、生物有害毒物及食品鲜度等的测定分析。

在食品工业中葡萄糖的含量是衡量水果成熟度和储存寿命的一个重要指标。已开发的酶电极型生物传感器可测定分析白酒、苹果汁、果酱和蜂蜜中的葡萄糖含量。对其他糖类,如果糖、啤酒及麦芽汁中的麦芽糖,也有相应成熟的测定传感器。

2. 智能生物传感器在环境测量中的应用

近年来环境污染问题日益严重,人们迫切希望有一种能对污染物进行连续快速在线监测的仪器。生物传感器满足了人们的要求。目前,已有大量智能生物传感器应用于水体和大气环境监测中。

3. 智能生物传感器在发酵工程中的应用

在各种智能生物传感器中,微生物传感器具有成本低、设备简单、不受发酵液浑浊程度的限制、可消除发酵过程中干扰物质的干扰等优点。因此,发酵工程中广泛采用微生物传感器作为一种有效的测量工具。

4. 智能生物传感器在医学与健康领域中的应用

在医学领域,智能生物传感器发挥着越来越大的作用。智能生物传感器技术不仅为基础医学研究及临床诊断提供了一种快速、简便的新型方法,而且因为其具有反应灵敏、响应快等特点,在军事医学方面也有着广泛的应用。

DNA 传感器是目前智能生物传感器中报道得最多的一种。用于临床疾病诊断是 DNA 传感器的最大优势。它可以帮助医生从 DNA、RNA、蛋白质及其相互作用的层次上了解疾病的发生、发展过程,有助于对疾病进行及时诊断和治疗。

4.4 模糊传感器

近年迅速发展起来的模糊传感器是在传统数据检测的基础上,经过模糊推理和知识合成,以模拟人类自然语言符号描述的形式输出测量结果的一类智能传感器。显然,模糊传感器的核心部分就是模拟人类自然语言符号的产生及其处理。

模糊传感器的"智能"之处:它可以模拟人类感知的全过程,核心在于知识性,知识的最大特点在于其模糊性。它不仅具有智能传感器的一般优点和功能,而且还具有学习推理的能力,具有适应测量环境变化的能力,并且能够根据测量任务的要求进行学习推理。另外,模糊传感器还具有与上级系统交换信息的能力,以及自我管理和调节的功能。模糊理论应用于测量中的主要目的是将人们在测量过程中积累的对测量系统及测量环境的知识和经验融合到测量结果中,使测量结果更加接近人的思维。

模糊传感器由硬件和软件两部分构成。模糊传感器的突出特点是其具有丰富强大的软件功能。模糊传感器与一般的基于计算机的智能传感器的根本区别在于它具有实现学习功能的单元和符号产生、处理单元,能够实现专家指导下的学习和符号的推理及合成,具有可训练性。经过学习与训练,模糊传感器能适应不同测量环境和测量任务的要求。

1. 模糊传感器的概念

目前,模糊传感器尚无严格统一的定义,但一般认为模糊传感器是以数值测量为基础,并能产生和处理与其相关的测量符号信息的装置,即模糊传感器是在经典传感器数值测量的基础上经过模糊推理与知识集成,以自然语言符号的描述形式输出的传感器。具体地说,将被测量值范围划分为若干个区间,利用模糊集合理论判断被测量值的区间(模糊判据),并用区间中值或相应符号表示,这一过程称为模糊化。对多参数进行综合评价测试时,模糊传感器将多个被测量值的相应符号进行组合模糊判据,最终得出测量结果。模糊传感器的一般结构如图4-13所示。信息的符号表示与符号信息系统是研究模糊传感器的核心与基石。

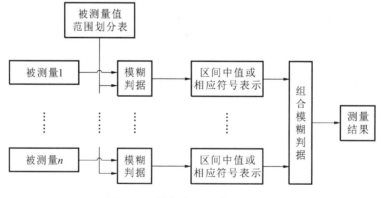

图 4-13 模糊传感器的一般结构

2. 模糊传感器的基本功能

模糊传感器作为一种智能传感器,具有智能传感器的基本功能,即学习、推理、联想、感知和通信功能。

4.5　微传感器

4.5.1　微机电系统与微加工

完整的微机电系统(microelectromechanical system,MEMS)是由微传感器、微执行器、信号处理和控制电路、通信接口和电源等部件组成的一体化的微型器件或系统。其目标是把信息的获取、处理和执行集成在一起,组成具有多功能的微型系统,集成于大尺寸系统中,从而大幅度地提高系统的自动化、智能化和可靠性水平。MEMS 的突出特点是其微型化,涉及电子、机械、材料、制造、控制、物理、化学、生物等多学科技术,其中大量应用的各种材料的特性和加工制作方法在微米或纳米尺度下具有特殊性,不能完全照搬传统的材料理论和研究方法,在器件制作工艺和技术上也与传统大器件(宏传感器)的制作存在许多不同。

一个 MEMS 通常具有以下典型的特性:① 微型化零件;② 受制造工艺和方法的限制,其结构零件大部分为二维的扁平零件;③ 系统所用材料基本上为半导体材料,但也越来越多地使用塑料材料;④ 机械和电子元器件被集成为相应独立的子系统,如传感器、执行器和处理器等。

对于 MEMS,其零件的加工一般采用特殊方法,通常采用微电子技术中普遍采用的对硅(片)的加工工艺以及精密制造与微细加工技术中对非硅材料的加工工艺,如蚀刻法、沉积法、腐蚀法、微加工法等。

这里简要介绍 MEMS 器件制造中的三种主流技术。

1. 超精密加工及特种加工

利用传统的超精密加工以及特种加工技术实现微机械加工。MEMS 中采用的超精密加工技术多是由加工工具本身的形状或运动轨迹来决定微型器件的形状。这类方法可用于加工三维的微型器件和形状复杂、精度高的微构件。其主要缺点是装配困难、与电子元器件和电路加工的兼容性不好。

2. 硅基微加工

硅基微加工分为表面微加工和体微加工。

表面微加工是以硅片作基片,通过淀积与光刻形成多层薄膜图形,把下面的牺牲层经刻蚀去除,保留上面的结构图形的加工方法。在基片上有淀积的薄膜,它们被有选择地保留或去除以形成所需要的图形。薄膜生成和表面牺牲层制作是表面微加工的关键。薄膜生成通常采用物理气相淀积和化学气相淀积工艺在衬底上完成。表面牺牲层制作是先在衬底上淀积牺牲层材料,利用光刻形成一定的图形,然后淀积作为机械结构的材料并光刻出所需的图形,再将支撑结构层的牺牲层材料腐蚀掉,从而形成悬浮的、可动的微机械结构部件。

体微加工是为制造三维微结构器件而发展起来的,是按照设计图在硅片(或其他材料)上有选择地去除一部分硅材料,形成微机械结构部件。体微加工的关键技术是蚀刻,其通过腐蚀对材料的某些部分有选择地去除,使被加工对象显露出一定的几何结构特征。腐蚀方法分为化学腐蚀和离子腐蚀(即粒子轰击)。

3. LIGA 技术

以德国为代表,LIGA 是德文"光刻(lithograpie)""电铸(galvanoformung)""塑铸(abformung)"三个词的缩写。LIGA 技术先利用同步辐射 X 射线光刻技术光刻出所需要的图形,然后利用电铸成型方法制作出与光刻图形相反的金属模具,再利用微塑铸形成深层微结构。LIGA 技术可以加工各种金属、塑料和陶瓷等材料,其优点是能制造三维微结构器件,获得的微结构具有较大的深宽比和精细的结构,微结构的厚度可达几百乃至上千微米。

4.5.2 微传感器概述

随着 MEMS 技术的迅速发展,作为 MEMS 的一个构成部分的微传感器也得到了长足的发展。微传感器是利用集成电路工艺和微组装工艺,将基于各种物理效应的机械、电子元器件集成在一个基片上的传感器。微传感器是尺寸微型化了的传感器,但随着系统尺寸的变化,它的结构、材料、特性乃至所依据的物理作用原理均可能发生变化。

与一般传感器(宏传感器)比较,微传感器具有以下特点:
(1) 空间占有率小;
(2) 灵敏度高,响应速度快;
(3) 便于集成化和多功能化;
(4) 可靠性提高;
(4) 消耗电量少,节省资源和能量;
(6) 价格低廉。

4.6 物联网与传感器

4.6.1 物联网的概念

物联网是通过使用射频识别(RFID)芯片、传感器、红外感应器、全球定位系统、激光扫描器等信息采集设备,采集物品的声、光、热、电、力学、化学、生物、位置等信息,按约定的协议,把任意物品与互联网连接起来,进行信息交换和通信,以实现智能化识别、定位、跟踪、监控和管理的一种网络。物联网的兴起被认为是继计算机、互联网之后,世界信息产业的第三次浪潮。

拓展阅读

全球公认的物联网起源,要追溯到 1991 年英国剑桥大学著名的特洛伊咖啡壶事件。

剑桥大学特洛伊计算机实验室的科学家们在工作时,需要步行两层楼梯到地面看咖啡煮好了没有,但常常空手而归,这让他们觉得很苦恼。为了解决这一麻烦,他们编写了一套程序,并在咖啡壶旁边安装了一个便携式摄像机,镜头对准咖啡壶,利用计算机的图像捕捉技术,将咖啡壶相关状态以 180 f/s 的速率传递到实验室的计算机上,以方便随时查看咖啡是否煮好。后来这套简单的本地"咖啡观察"系统又经过其他同事的更新,以 1 f/s 的速率通过实验室网站链接到了互联网上。没有想到的是,仅仅为了窥探咖啡煮好了没有,全世界互联网用户蜂拥而至,近 240 万人点击过这个名噪一时的"咖啡壶"网站。

2001 年 8 月,特洛伊咖啡壶在 eBay 拍卖网以 7300 美元的价格售出。这项不经意的发明居然在全世界引起了巨大的轰动。特洛伊咖啡壶是全世界物联网最早获得应用的一个雏形。

4.6.2　物联网的技术特征

物联网可以分为四个层级,包括感知层、传输层、平台层、应用层,如图 4-14 所示。

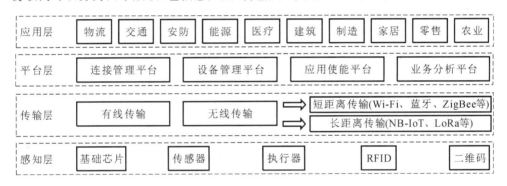

图 4-14　物联网的四个层级

感知层是物联网的最底层,其主要功能是收集数据,通过基础芯片、传感器、执行器等终端从物理世界中采集信息。

传输层是物联网的管道,主要负责传输数据,将感知层采集和识别的信息进一步传输到平台层。传输层主要应用无线传输的方式,无线传输可以分为长距离传输和短距离传输。

平台层负责处理数据,在物联网中起到承上启下的作用,主要将来自传输层的数据进行汇总、处理和分析,主要包括连接管理平台、设备管理平台等。

应用层是物联网的最顶层,主要基于平台层的数据解决具体垂直领域的行业问题,包括安防、物流、交通、家居等领域。

总的来说,物联网的技术特征主要有以下三个方面。

(1)全面感知:利用 RFID 芯片、传感器、二维码等随时随地获取物体的信息。"感知"是物联网的核心,是指对客观事物的信息直接获取并进行认知和理解的过程。人们对于信息获取的需求促使其不断研发新的技术来获取感知信息,如传感器、RFID、定位技术等。

(2)可靠传递:通过各种电信网络与互联网的融合,将物体的信息实时准确地传递出去。数据传递的稳定性和可靠性是保证物-物相连的关键。为了实现物与物之间信息交互,就必须约定统一的通信协议。同时,由于物联网是一个异构网络,不同的实体间协议规范可能存在差异,其需要通过相应的软、硬件进行转换,保证信息的实时、准确传递。

(3)智能处理:利用云计算、模糊识别等各种智能计算技术,对海量的数据和信息进行分析和处理,对物体实施智能化的控制。物联网的目的是实现对各种物品(包括人)进行智能化识别、定位、跟踪、监控和管理。

4.6.3 感知层的关键技术

感知层是物联网的基础,是联系物理世界与信息世界的重要纽带。我们将物联网中能够自动感知外部物体与物理环境信息的设备,如各种传感器、RFID芯片、GPS(全球定位系统)终端设备、智能家用电器、智能测控设备等,抽象为"智能物体",也称为"感知节点"或"感知设备"。

感知层是由大量具有感知、通信、识别能力的智能物体与感知网络组成的。在智能电网应用中,安装有传感器的变电器监控装置就是一个感知节点。在智能交通应用中,安装有智能传感器的汽车就是一个感知节点,安装在交通路口的光学传感器设备、视频摄像头也是一个感知节点。在智能家居应用中,安装了红外传感器的智能照明控制开关是一个感知节点。在水库安全预警、环境监测、森林生态监测、油气管道监测应用中,无线传感器网络中的每一个传感器都是一个感知节点。在智能医疗应用中,带有生理指标传感器的每一位患者也是一个感知节点。

1.无线射频识别技术

RFID即射频识别,是一种利用射频通信实现的非接触式自动识别技术,它通过射频信号自动识别目标对象并对其信息进行标记、登记、存储和管理,识别工作无须人工干预,可工作于各种恶劣环境。目前RFID技术已被广泛应用于零售、物流、生产、交通等各个行业。

如图4-15所示,RFID系统的硬件主要由三大部分组成:射频标签、读写器、收发天线。

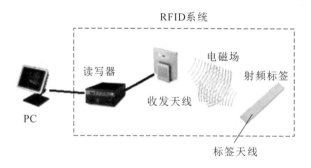

图 4-15 RFID系统的硬件

1)射频标签

射频标签也被称为电子标签,它包含存有电子数据的芯片和内置天线,芯片中的电子数据可以用作识别物品的标志性信息。

2)读写器

读写器是用来对电子标签中的信息进行读取或者写入的设备,它的主要功能是控制其中的射频模块向标签发射信号,接收电子标签的应答信息,解码其中数据,并通过接口上传至主机系统中进行处理。

3）收发天线

收发天线是读写器和电子标签之间传输数据的发射接收装置。

读写器通过其天线向外发射特定电磁波，当电子标签进入发射天线的工作范围内后，读写器就会产生感应电流变为激活状态，将内部存储的信息通过天线发送出来；读写器的天线接收到来自电子标签的信号，并对信号进行解调与解码处理，再上传至主机系统中进行处理。

电子标签分为被动式、半主动（也称作半被动）式、主动式三类。

（1）被动式。

被动式标签没有内部供电电源。其内部集成电路通过接收电磁波而被驱动，这些电磁波是由读写器发出的。当标签接收到足够强的信号时，可以向读写器发送数据。这些数据不仅包括 ID 号（全球唯一标示 ID），还包括预先存于标签内 EEPROM（电擦除可编程只读存储器）中的数据。

由于被动式标签具有价格低廉、体积小巧、无须使用电源的优点，市场上的电子标签主要都是被动式的。

（2）半主动式。

一般而言，被动式标签的天线有两个任务：第一是接收读写器所发出的电磁波，从而驱动标签 IC（集成电路）；第二是标签回传信号时，需要靠天线的阻抗作为切换，才能产生 0 与 1 的变化。问题是，想要有高的回传效率的话，天线阻抗必须设计在"开路与短路"，但这样又会使信号完全反射，无法被标签 IC 接收，而半主动式标签就可以解决这一问题。半主动式标签类似于被动式标签，不过它多了一个小型电池，电力恰好可以驱动标签 IC，使得 IC 处于工作的状态。这样设计的好处在于，天线可以不用管接收电磁波的任务，充分用于回传信号。比起被动式标签，半主动式标签有更快的反应速度、更高的效率。

（3）主动式。

与被动式和半主动式标签不同的是，主动式标签本身具有内部电源供应器，用以供应内部 IC 所需电压，以产生对外的信号。一般来说，主动式标签拥有较长的读取距离和较大的记忆体容量，可以用来储存读写器所传送来的一些附加讯息。

RFID 技术信息读取快速，它可以用于身份证、学生证等电子证件的信息识别；它可对物流中的货物进行数据追踪，自动采集信息数据，在物流仓储领域可大大提升物流效率；它还具有难以伪造的特点，可用于一些贵重物品和票证的防伪；它还可以用于安全控制系统中，对档案馆进行实时监控和异常报警，以避免档案被毁、失窃等。但相较于低廉的条形码，每个电子标签成本相对较高；一些预先装有电子标签的物品，可能会在不知情的情况下被扫描，造成隐私问题；没有一个统一的标准体系也造成了一些推广的困难。所以，RFID 技术未来的发展方向应该是建立统一的技术标准，开发合理保护隐私安全的技术，降低成本，这样才能进一步应用和发展。

2. 无线传感器网络

无线传感器网络（WSN）是一种分布式传感网络，它的末梢是可以感知和检查外部世界的传感器。无线传感器网络中的传感器通过无线方式通信,因此其网络设置灵活,设备位置可以随时更改,还可以跟互联网进行有线或无线的连接,通过无线通信方式形成一个多跳自组织的网络。

1) 无线传感器网络结构

如图 4-16 所示,无线传感器网络结构通常包括传感器节点(sensor node)、汇聚节点(sink node)和管理节点。

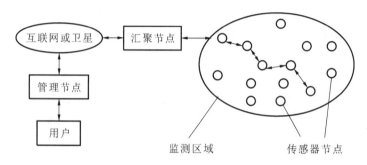

图 4-16 无线传感器网络结构

大量传感器节点随机部署在监测区域内部或附近,能够通过自组织方式构成网络。传感器节点监测的数据沿着其他传感器节点逐条地进行传输,在传输过程中监测数据可能被多个节点处理,经过多跳后路由到汇聚节点,最后通过互联网或卫星到达管理节点。用户通过管理节点对无线传感器网络进行配置和管理,发布监测数据。

(1) 传感器节点。

传感器节点的处理能力、存储能力和通信能力较弱,通过小容量电池供电。从网络功能上看,每个传感器节点除了进行本地信息收集和数据处理外,还要对其他节点转发来的数据进行存储、管理和融合,并与其他节点协作完成一些特定任务。

(2) 汇聚节点。

汇聚节点的处理能力、存储能力和通信能力相对较强,它是连接无线传感器网络与互联网等外部网络的网关,实现两种协议间的转换,同时向传感器节点发布来自管理节点的监测任务,并把无线传感器网络收集到的数据转发到外部网络上。

(3) 管理节点。

管理节点用于动态地管理整个无线传感器网络。用户通过管理节点访问无线传感器网络的资源。

2) 无线传感器网络主要特点

(1) 大规模性。

为了获取精确信息,在监测区域通常部署大量传感器节点,可能成千上万,甚至更多。无线传感器网络的大规模性包括两方面的含义:一方面是无线传感器节点分布在很大的地理区域内,如在原始大森林采用无线传感器网络进行森林防火和环境监测,需要部署大量的传感器节点;另一方面,传感器节点部署很密集,在面积一定的空间内,密集部署了大量的传感器节点。

无线传感器网络的大规模性具有如下优点:通过不同空间视角获得的信息具有更大的信

噪比;通过分布式处理采集的大量信息能够提高监测的精确度,降低对单个传感器节点的精确度要求;大量冗余节点的存在使得系统具有很强的容错性能;大量传感器节点能够增大覆盖的监测区域,减少洞穴或者盲区。

（2）自组织。

在无线传感器网络应用中,通常情况下传感器节点被放置在没有基础结构的地方,传感器节点的位置不能预先精确设定,节点之间的相互邻居关系预先也不知道,如通过飞机播撒大量传感器节点到面积广阔的原始森林中,或随意放置到人不可到达或危险的区域。这就要求传感器节点具有自组织的能力,能够自动进行配置和管理,通过拓扑控制机制和网络协议自动形成转发监测数据的多跳无线网络系统。

在无线传感器网络使用过程中,部分传感器节点由于能量耗尽或环境因素失效,也有一些节点为了弥补失效节点、增加监测精度而补充到网络中,这样在传感器网络中的节点个数就动态地增加或减少,从而使网络的拓扑结构随之动态地变化。无线传感器网络的自组织能力要能够适应这种拓扑结构的动态变化。

（3）动态性。

无线传感器网络的拓扑结构可能因为下列因素而改变:① 环境因素或电能耗尽造成的传感器节点故障或失效;② 环境条件变化可能造成无线通信链路带宽变化,甚至导致时断时通;③ 无线传感器网络的传感器、感知对象和观察者这三要素都可能具有移动性;④ 新节点的加入。这就要求无线传感器网络系统要能够适应这种变化,具有动态的系统可重构性。

（4）可靠性。

无线传感器网络特别适合部署在恶劣环境中或人类不宜到达的区域,传感器节点可能工作在露天环境中,遭受日晒、风吹、雨淋,甚至遭到人或动物的破坏。传感器节点往往采用随机方式部署,如通过飞机撒播或发射炮弹到指定区域进行部署。因此,这些都要求传感器节点非常坚固,不易损坏,适应各种恶劣环境条件。

由于监测区域环境的限制以及传感器节点数目巨大,用户不可能人工"照顾"每个传感器节点,网络的维护十分困难甚至不可维护。无线传感器网络的通信保密性和安全性也十分重要,要防止监测数据被盗取和获取伪造的监测信息。因此,无线传感器网络的软硬件必须具有鲁棒性和容错性。

（5）以数据为中心。

互联网是先有计算机终端系统,然后再互联成为网络,终端系统可以脱离网络独立存在。在互联网中,网络设备用网络中唯一的 IP 地址标识,资源定位和信息传输依赖于终端、路由器、服务器等网络设备的 IP 地址。如果用户想访问互联网中的资源,首先要知道存放资源的服务器 IP 地址。可以说现有的互联网是一个以地址为中心的网络。

无线传感器网络是任务型的网络,脱离无线传感器网络谈论传感器节点没有任何意义。无线传感器网络中的传感器节点采用节点编号标识,节点编号是否需要全网唯一取决于网络通信协议的设计。由于传感器节点部署随机,构成的无线传感器网络与节点编号之间的关系是完全动态的,表现为节点编号与节点位置没有必然联系。用户使用无线传感器网络查询事件时,直接将所关心的事件通告给网络,而不是通告给某个确定编号的节点。网络在获得指定事件的信息后汇报给用户。这种以数据本身作为查询或传输线索的方式更接近于自然语言交流的习惯。所以通常说无线传感器网络是一个以数据为中心的网络。

例如,在应用于目标跟踪的无线传感器网络中,跟踪目标可能出现在任何地方,对目标感兴趣的用户只关心目标出现的位置和时间,并不关心哪个传感器节点监测到目标。事实上,在目标移动的过程中,必然是由不同的传感器节点提供目标的不同位置信息。

3) 无线传感器网络安全问题

(1) 安全路由。

通常,在无线传感器网络中,大量的传感器节点密集分布在一个区域内,消息可能需要经过若干节点才能到达目的地,而且无线传感器网络具有动态性和多跳结构,因此要求每个节点都应具备路由功能。由于每个节点都是潜在的路由节点,其更易受到攻击,使网络不安全。网络层路由协议认为整个无线传感器网络提供了关键的路由服务,安全的路由算法会直接影响无线传感器网络的安全性和可用性。安全路由协议一般采用链路层加密和认证、多路径路由、身份认证、双向连接认证和认证广播等机制,有效提高网络抵御外部攻击的能力,增强路由的安全性。

(2) 安全协议。

在安全保障方面主要有密钥管理和安全组播两种方式。

① 密钥管理。无线传感器网络有诸多限制,例如:节点能力限制,其只能使用对称密钥技术;电源能力限制,其在无线传感器网络中应尽量减少通信,因为通信的耗电将大于计算的耗电;还应考虑汇聚等减少数据冗余的问题。在部署节点前,将密钥先配置在节点中,预配置的密钥管理方案通过预存的秘密信息来计算会话密钥。由于节点存储和能量的限制,预配置的密钥管理方案必须节省存储空间和减少通信开销。

② 安全组播。无线传感器网络可能设置在敌对环境中,为了防止供给者向网络注入伪造信息,需要在无线传感器网络中实现基于源端认证的安全组播。

4.6.4 物联网的典型应用

共享单车是当前物联网的一个典型应用模型,由用户、云端服务器、单车三元素组成。

(1) 用户:准确地说是用户手机中的 APP。

(2) 云端服务器:单车运营商的云端服务器,用来存储单车和用户信息。

(3) 单车:核心装置是智能锁,里面装有芯片。芯片是单车的"大脑",使单车在接入网络的同时,也更加智能。

共享单车的运作原理如图 4-17 所示。

在以上流程中,用户手机 APP 与云端服务器采用 4G 通信,而云端服务器与单车智能锁采用 GPRS(通用分组无线服务)通信。

共享单车过去是靠人力发电给智能锁内的芯片供电。用户在骑行的过程中充当发电机为单车智能锁充电。所以以前的单车越踩越累。如今,单车采用太阳能电池板供电,太阳能电池板就位于车篓的底座上。

共享单车作为"新四大发明"之一,是当前物联网应用的典范。类似共享单车,其他物联网应用模型也是由设备对象、云端服务器以及 APP 这三元素构成。这个 APP 可以安装在用户

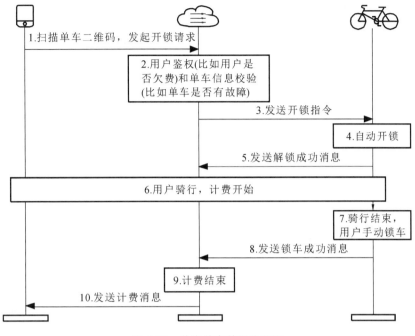

图 4-17　共享单车的运作原理

智能手机或其他移动设备中,用于控制和管理设备对象。在共享单车模型中,云端服务器与单车智能锁之间采用 GPRS 通信,并没有使用 4G 通信。

4.6.5　物联网的未来

物联网的兴起是信息技术高速发展的必然走向,是互联网发展到一定阶段的产物。物联网的核心点是把物连到网络上,形成一个庞大、智能的网络,所有的物品都能够远程感知以及远程控制。物联网发展的下一步是继续加强与区块链、人工智能、可穿戴设备、AR/VR(增强现实/虚拟现实)、机器人、无人机、3D 打印等的结合,实现"物联网+"。

1. 物联网+区块链

随着物联网的发展,我们进入了大数据的时代。可以说,数据之于物联网相当于流量之于互联网,数据间进行交易和共享,是市场发展的必然趋势,数据只有通过多维度的融合,才能发挥其最大价值。但目前数据都是孤岛,大多数企业不愿意将自己的数据通过交易中心进行交易,这主要在于利益以及将来可能发生的关于利益分配的纠纷,因此就急需一套安全的、可信度高的、开放共享的数据管理方法。

这时候,区块链提供了新的思路。区块链是一种分布式加密数字分类技术,非常适合记录物联网机器之间发生的海量交易的详细信息。得益于区块链的交易共享性和不可篡改性,去中心化的价值传递将给物联网服务带来变革式的提升。面对未来物联网设备规模的爆发式增长,应用区块链技术有望改善物联网平台的如下痛点。

(1)降低交易前的验证成本:利用区块链系统下记录不可篡改的优势,平台下的用户和设备不需要验证双方信息,只需要在交易时判断对方给予的条件与先前是否不同。

(2)降低运营管理成本:利用区块链点对点网络技术,每个节点都作为对等节点,因而整个物联网解决方案不需要引入大型数据中心进行数据同步和管理控制,从而降低数据通信和处理的成本。

(3)保护数据安全与隐私:区块链记录具有安全性,记录的数据分布广泛,任何使用者都无法对其进行集中控制性操作。

(4)方便可靠的费用结算和支付:通过使用区块链技术,不同所有者的物联网设备可以直接通过加密协议传输数据,且可以把数据传输按照交易进行计费结算。只需要在物联网区块链中设计一种加密"数字货币"作为交易结算的基础单位,所有的物联网设备提供商只要在出厂之前给设备加入区块链的支持,就可以在全网范围内和各个不同的运营商之间进行直接的货币结算。

2. 物联网+人工智能

随着人工智能底层技术的迅速发展,现在智能机器已经实现"从认识物理世界"到"个性化场景落地"的跨越。人工智能与物联网结合将逐渐深入各行各业并引起革命性变革,人工智能在科技研究和烦琐的工程中能够代替人类进行各种技术工作和部分脑力劳动,造成了现在已形成的社会结构的剧烈变化。

人工智能负责识别、感知和处理,物联网则负责物物相连。目前,物联网行业已初步形成"云—管—端"三个层次,其中,端指各类智能硬件,如智能手机、智能音箱、智能汽车等,管指连接管理平台,云则包括基础设施服务、平台服务、软件服务、第三方服务等。随着和人工智能的深度融合,未来物联网将呈现如下功能。

(1)边缘智能:在终端断网离线的情况下,智能产品也可以进行智能决策;在需要对数据进行实时处理的情况下,智能产品可以迅速产生行动应对突发状况。

(2)互联驱动:当智能产品处于"组网"的状态时,产品与产品之间能够实现不需要人为干预的智能协同。

(3)云端升级:当智能产品处于"联网"状态时,云端的人工智能可以更好地挖掘和发挥边缘硬件的价值,让智能产品发挥更大的功效。有了边缘智能的辅助,云端智能可以完成进一步的数据整合,创造系统与系统之间互相协同的最大价值。

设想在没有人工智能的情况下,物联网将是数以亿计的智能终端,不断地采集海量的数据,通过网络输送至后台,借助强大的服务器对数据和信息进行分析,那么如果后台数据的处理速度和准确度无法跟上终端数据的采集速度,后果将会是灾难性的,波及范围巨大,小到家用电器之间不能互相通信,大到危及生命——心脏起搏器失灵或上百辆车连环相撞。

3. 物联网+AR

将 AR 技术融入物联网中,可以使信息的呈现及交互方式更加便利、直观,交互界面更加友好。我们就能随时随地直观、方便、快捷地查看物体对象的运行状态、性能和各项重要参数。感知的数据可通过物联网反馈到后台,通过数据挖掘,产品将不断地优化和完善,为客户带来更好的体验。目前,已经有了如下应用。

(1)飞机的制造和维修:飞机中有大量复杂的电子线路及元件,如果不使用 AR 技术,工程师就需要对照功能手册一个个进行处理,这将耗费工程师大量精力和时间,效率低且严重耽误工期。据报道,波音公司的工程师自从使用 Google 眼镜后,工作效率提升了 24%,出错率降低了 40%。

（2）非现场远程操作功能:针对一些危险、人不在现场或不适合人类现场操作的环境,如核电站海底、外星球等,实现安全的远程操作。通过物联网采集现场数据参数,并传到中央控制中心,中央控制中心结合现场影像和数据并进行 AR 3D 呈现,机器人、工程师可以完成远程交互、监测、操作控制。

（3）机械设备的监测和诊断:AR 设备可以帮助工程师在机械车间内获得设备的各项参数。如中国海洋石油集团有限公司的 AR 设备巡检方案,在巡检过程中,操作人员可根据 AR 眼镜的指示,规范化完成巡检工作。同时,在 AR 眼镜将数据可视化后,通过与其他联网设备互联,操作人员将第一时间了解设备运行情况,提高巡检效率。

（4）智慧城市基础设施维护:城市里面大多数的基础设施位于室外,AR 技术可以为公安机关对城市的监督提供便利,为政府部门对水、电、暖等市政设施的监控提供便利,从实时数据可视化中定位故障点,轻松地记录基础设施的状态。

当今时代正处于网络通信技术不断增强的阶段,全球物联网应用增长态势明显。4G 为物联网注入了新的活力,连接场景也由比特连接向数据连接转变。物联网新型基础设施正在成为数字城市、数字产业的基础底座。人们迎来了"物联感知时代",物联网设备为我们的生活带来了极大便利,它赋予万物"灵性",教会机器懂得人文关怀,把一个冰冷的物质世界变得更像一个充满温情的生命体。过去只有在科幻电影中才能看到的智能家居、智能医疗、虚拟现实、无人驾驶汽车都以体验互动的方式,陆陆续续地走进我们的生活。未来已经到来,我们拭目以待。

4.6.6　物联网与传感器

物联网与传感器的关系密切,传感器是物联网的"感知器官",感知环境中的各种信息,如温度、湿度、光照强度、压力等,将这些信息转化为数字信号,并通过网络传输给其他设备或系统。物联网则是传感器的"大脑",通过互联网将各个传感器连接起来,实现数据的收集、传输、存储和分析,从而实现对环境的实时监测和控制。

1. 智能可穿戴设备

如图 4-18 所示,在很多智能可穿戴设备中,传感器都是核心器件。例如,智能手表和智能手环是围绕提供人体健康追踪和运动数据而构建的产品,并逐渐朝着与医疗保健相关的方向发展。

虚拟现实、增强现实和混合现实(VR/AR/MR)设备依靠一整套传感器(包括 RGB 摄像头、3D 摄像头、力/压力传感器等组合),使得用户能够与周围环境及虚拟内容进行交互。其他智能可穿戴产品类别(如电子皮肤贴片、智能服装等)也都相似,都需要一套核心传感器实现人与环境交互。

智能可穿戴设备包括五大模块:处理器和存储器、电源、无线通信、传感器、执行器。其中,传感器是五大模块中的创新要素,是人与物沟通的"芯"。得益于传感器技术的进步,智能可穿戴设备现在可以实现更精准的数据监测。

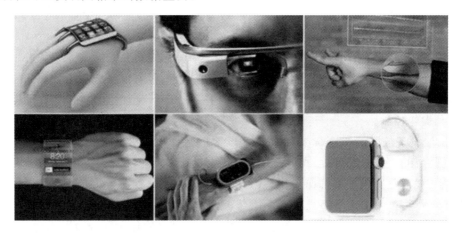

图 4-18　智能可穿戴设备

智能可穿戴设备中集成了很多种传感器,其中主要包括以下几类。

(1) 运动型传感器:包括陀螺仪、加速度计、压力传感器和磁力计等。它们主要用在手环等设备中,主要功能是在智能设备中完成运动监测、导航和人机交互。通过运动型传感器随时记录和分析人体活动情况,用户就可以知道自己跑步的步数、骑车的距离、睡眠时间和能量消耗等相关数据。

(2) 生物型传感器:包括血糖传感器、血压传感器、心电传感器、体温传感器、脑电波传感器、肌电传感器等。它们主要用于医疗电子设备中,例如血压计等。这些设备利用生物型传感器采集人体信号,经过信号处理来实现健康预警和病情的监控。

(3) 环境传感器:包括温湿度传感器、紫外线传感器、颗粒物传感器、气体传感器、pH 传感器、气压传感器等。它们可用于 PM2.5 便携式检测仪、便携式个人综合环境监测终端等设备中,通过测试环境数据完成环境监测、天气预报和健康提醒。

2. 智能家居

如图 4-19 所示,智能家居(smart home)是以住宅为载体,将安防监控、家电控制、灯光控制、背景音乐、语音声控融为一体,通过综合布线、网络通信、安全防范、自动控制和音视频等技术将与家居生活有关的设备智能地联系起来,以集中管理,从而提供更具便捷性、舒适性、安全性、节能性的家庭生活环境。

智能家居系统离不开一个重要的配件,就是传感器。智能家居系统由传感器、执行器、控制中枢、通信网络等部分组成,通过各种类型的传感器获取室内环境的各种数据。目前在家庭中使用较多的传感器有以下几种。

(1) 温度传感器:可以保证室温的恒定。温度传感器可以根据季节的变化或者用户的需求来调整温度。温度传感器可以采集温度信息,将温度信息传递给计算机系统,继而通过中央控制体系传输给空调,实现智能家居的温度控制。

(2) 图像传感器:在智能家居系统中,通过 PC(个人计算机)端的监控,可以将信息发送给用户的手机或者电脑,实现远程监控。在智能监控中,利用图像传感器可以进行光电转换。其

图 4-19　智能家居

摄像头主要由 CCD 或 CMOS 图像传感器组成,实现对智能家居的全面控制。

（3）光电传感器:可以实现对智能家居的全面控制。光电传感器利用光阻可以设计自动照明灯,通过红外线感应系统,可以实现对居家的便利化照明,不需要人为进行控制。另外,在光电传感器的运用中,通过红外线传感器可以实现对水龙头、温度及湿度等多种条件的控制,这样可以节约相应的资源,且会提升用户的体验。

（4）空气传感器:可以为用户实时监测空气环境。一旦空气环境监测结果超出安全指标即可触发家中的空气净化设备来净化空气,为家人营造健康的空气环境。空气传感器可嵌入各种与空气中悬浮颗粒物浓度相关的仪器仪表或环境改善设备,实时监测空气质量。

3. 智慧城市

智慧城市是指使用信息通信技术（ICT）框架来改善城市管理并促进经济增长的城市。ICT 与连接的物联网进行交互,可以接收、分析和传输有关当前状况和事件的数据。物联网可更高效或更易访问所需设备,如手机、智能车辆、安全摄像机,以及嵌入道路中的传感器等。

智慧城市的三个主要特征是:物理和技术基础设施、环境监测和响应能力,以及为公民提供的智慧服务。一个智慧城市由三个层次构成:第一层是技术基础,其中包括大量的智能手机和通过高速通信网络连接的传感器;第二层由特定应用组成,可将原始数据转换为警报、洞察和行动都需要的适当工具;第三层是城市、企业和公众的利用情况。许多应用之所以能够成功,关键在于它们能够被广泛采纳并有效引导人们的行为,比如鼓励民众在下班时段选择公共交通出行、调整出行路线以减少拥堵、积极减少能源和水的消耗、倡导在不同时间段合理使用资源,以及通过提倡预防性自我保健来减轻医疗保健系统的负担等。

在智慧城市中,传感器、摄像头、无线设备和数据中心的网络构成了关键的基础架构。其中传感器是智能基础架构的核心,传感器是城市景观中隐藏但无处不在的组成部分,是智能控制系统的重要组成部分。

传感器网络包括声学传感器、激光雷达、雷达、3D 摄像头传感器、环境传感器、流量传感器、气体传感器以及温湿度传感器等。集成的传感器系统有助于与应用和集中式平台建立无缝互联的网络。为特定目的而建立的传感器网络（例如路灯）可以启用其他几个连接的应用,例如环境监控、公共安全,这种集中式网络将有助于减少重复的投资成本,并且不需要多个单独的复杂网络。

未来智慧城市主要利用四大传感器技术——电子传感器、红外传感器、热传感器以及接近传感器和激光雷达传感器来扩展其智慧功能。

（1）电子传感器：电子传感器部署在环境监视传感器和速度计传感器中，这些传感器通常部署在智慧城市网络中以执行各种任务，例如监视电源和电流水平以进行故障检测。

（2）红外传感器：红外传感器能在动态和不稳定的环境中无偏见地生成数据，有助于智慧城市中的决策。

（3）热传感器：热传感器对能量分布进行精确跟踪，而其他智能传感器则可以管理需求侧能量。

（4）接近传感器和激光雷达传感器：帮助开发自动车辆系统，这对于城市完全智能化至关重要。

4. 智能交通

如图 4-20 所示，智能交通就是利用各种智能技术和装备，推动交通的数字化、网联化和智能化。其中，网联化对于智能交通的发展至关重要。物联网可以让交通各环节和各方面成功联网，不仅能有效增强交通监管、升级交通服务，同时还能进一步完善现有交通业态。

图 4-20　智能交通

智能交通系统（ITS）应用在城市交通中，主要体现在微观的交通信息采集、交通控制和诱导等方面，通过提高对交通信息的有效使用和管理来提高交通系统的效率，其主要是由信息采集输入、策略控制、输出执行、数据传输与通信等子系统组成。信息采集输入子系统通过传感器采集车辆和路面信息，策略控制子系统根据设定的目标（如通行量最大、平均候车时间最短等）运用计算方法（如模糊控制、遗传算法等）计算出最佳方案，并输出控制信号给输出执行子系统（一般是交通信号控制器），以引导和控制车辆的通行，达到预设的目标。

在智能交通系统里，传感器就如同人的五官一样，发挥着不可替代的重要作用，并且在交通运输的各个领域有着广泛的应用。例如，由无线传感器构成的无线传感器网络具备优良特性，可以为智能交通系统的信息采集提供一种有效手段，而且可以监测路口各个方向上的车辆，并根据监测结果，简化、改进信号控制算法以提高交通效率。此外，无线传感器网络还可应用于输出执行子系统中的控制子系统和引导子系统等方面，如改进信号控制器，实现智能交通系统的公交优先功能。另外，位置传感器能够帮助实现节能、减排等功能。

传感器除了能帮助追踪高速公路实时路况之外，还能提供行驶时间的预测数据，这些数据将会以动态消息标志（DMS）陈列在高速公路的路牌上供驾驶员参考。大量数据亦有助于交通规划,为未来的高速公路改善计划与决策提供更多有利信息,助力智能交通行业的建设。

5. 智能电网

如图 4-21 所示,智能电网是通过信息化手段实现能源资源开发、转换(发电)、输电、配电、供电、售电及用电的电网系统,其通过智能管理可以实现精确供电、互补供电、提高能源利用率、安全供电,以及节省用电的目标。智能电网的好处在于减少二氧化碳排放、节约能源和减少停电,而建立智能电网的主要资金都花费在终端电力分布系统,以及电力设施上的终端信息系统,其中很大一部分投资在传感器网络上面。

图 4-21　智能电网

IHS Markit 公司的报告显示,智能电网相关传感器的市场从 2014 年到 2021 年增长近 10 倍,达到 3.5 亿美元。传感器网络建设是智能电网改造的重要组成部分,关键是将传感器引入各级网格的层次结构中。无线传感器网络的感知层、网络层和应用层是构成智能电网的三个层面。其中,感知层包括二维码、电子标签和读写器、摄像头、各种传感器、传感器网络(指由大量各类传感器节点组成的自治网络,具有自组织、自愈合的特点),感知层的主要作用是感知和识别物体,采集并捕获信息。

6. 智能楼宇

智能楼宇不同于智能家居,其专指办公大楼、购物中心和酒店等非住宅建筑。这些建筑物中的设备都连有传感器,可以提供能源消耗信息,并自动做出优化运营的决策。一系列联网传感器可收集环境信息,以及与楼宇运行和使用情况有关的数据信息。这些信息既可在边缘(边缘计算)处进行处理,也可发送到本地或云端运行的中央 BMS(building management system,建筑管理系统)中。这些信息可被用于触发自动操作,以便对建筑物内的 HVAC(供暖、通风与空气调节)系统、照明系统、百叶窗和许多其他设备做出调整。

利用传感器、执行器和控制器在不同子系统之间建立交叉互联,建筑物即可实现“智能化”。如果把互联比作智能楼宇的骨架,那么实际设备和控制装置则相当于建筑物的肌肉和大脑。智能组件之间的这种交互,能够根据室内空气质量(IAQ)和室内二氧化碳浓度来控制通风系统。照明系统也可根据是否有人及室内亮度等附加因素自动调整,这样可以显著降低能源消耗,同时提高使用者的舒适度和幸福感。

传感器在设备状态监测中起着决定性的作用。安装在设备内部或外部的传感器,可以收集反映设备运行状况的各种参数的数据。例如,在 HVAC 设备中使用气压传感器进行气流监测,在电机驱动器中使用电流传感器进行电流测量,或者使用微机电系统麦克风进行声音异常和振动测量。这些传感器可以实时地监测出偏离预定最佳状态的情况。

HVAC设备只是作为一个例子来说明传感器能够帮助实现状态监测和预测性维护,从而为楼宇经营者、租户和设备制造商发掘更多附加价值。对于电梯、阀门和照明等其他关键的子系统而言,相关半导体解决方案和先进的智能软件可以解决维护问题并提供深入见解。

7. 智能制造

如图4-22所示,智能传感器在制造过程中的典型应用之一,体现在机械制造行业广泛采用的数控机床中。现代数控机床在检测位移、位置、速度、压力等方面均部署了高性能传感器,能够对加工状态、刀具状态、磨损情况以及能耗等进行实时监控,以实现灵活的误差补偿与自校正,实现数控机床智能化的发展趋势。此外,视觉传感器的可视化监控技术的采用,使数控机床的智能监控变得更加便捷。

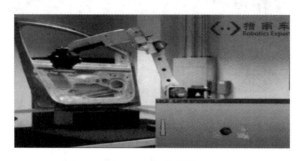

图 4-22　智能制造

汽车制造行业应用智能传感器也较多。以基于光学传感器的机器视觉为例,其在工业领域的三大主要应用有视觉测量、视觉引导和视觉监测。在汽车制造行业,视觉测量技术通过测量产品关键尺寸、表面质量、装配效果等,可以确保出厂产品合格;视觉引导技术通过引导机器完成自动化搬运、最佳匹配装配、精确制孔等,可以显著提升制造效率和车身装配质量;视觉监测技术可以监控车身制造工艺的稳定性,同时也可以用于保证产品的完整性和可追溯性,有利于降低制造成本。

高端装备行业的传感器多应用在设备运维与健康管理环节。例如航空发动机装备的智能传感器,使控制系统具备故障自诊断、故障处理能力,提高了系统应对复杂环境和精确控制的能力。基于智能传感技术,综合多领域建模技术和新型信息技术,构建出可精确模拟物理实体的数字孪生体模型,该模型能反映系统的物理特性和应对环境的多变特性,实现发动机的性能评估、故障诊断、寿命预测等。同时基于全生命周期多维反馈数据源,该模型可在行为状态空间迅速学习和自主模拟,预测对安全事件的响应,并通过物理实体与数字实体的交互数据对比,及时发现问题,激活自修复机制,减轻损伤和退化,有效避免具有致命损伤的系统行为。

在工业电子领域,生产、搬运、检测和维护等方面均涉及智能传感器,如机械臂、AGV(自动导引车)、AOI(自动光学检测)等装备。在消费电子和医疗电子产品领域,智能传感器的应用更具多样性。例如智能手机中比较常见的智能传感器有距离传感器、光线传感器、重力传感器、图像传感器、三轴陀螺仪和电子罗盘等。智能可穿戴设备最基本的功能就是通过传感器实现运动传感,通常内置MEMS加速度计、心率传感器、脉搏传感器、陀螺仪、MEMS麦克风等。智能家居(如扫地机器人、智能洗衣机等)涉及位置传感器、接近传感器、液位传感器、流量和速度控制传感器、环境监测传感器、安防感应传感器等。

8. 智慧农业

智慧农业也称为精确农业,可以使用最少的资源(如水、肥料和种子)来实现最大化产量。通过部署传感器和测绘田地,农业工作者开始从微观角度了解农作物生长过程,科学地节约资源并减少对环境的影响。

精确农业中使用了许多传感器,它们提供的数据可帮助监测和优化农作物,并适应不断变化的环境因素。

(1)位置传感器:使用来自 GPS 卫星的信号来确定纬度、经度和高度。三角定位至少需要三颗卫星。精确定位是精确农业的基石。

(2)光学传感器:使用光来测量土壤特性。光学传感器在近红外、中红外和偏振光谱中测量不同频率的光反射率,可以放置在诸如无人机甚至卫星之类的设备或高空平台上来测量下方的土壤。土壤反射率和植物颜色数据只是光学传感器的两个测量变量,可以进行汇总和处理。目前,光学传感器已经可以用来确定土壤中的黏土、有机物和水分含量。

(3)电化学传感器:可提供精确农业所需的关键信息,比如 pH 值和土壤养分水平。电化学传感器通过电极检测土壤中的特定离子来工作。当前,安装在专门设计的"滑板"上的电化学传感器可帮助收集、处理和分析土壤化学数据。

(4)机械传感器:可测量土壤压实度或"机械阻力"。机械传感器使用一个探头,该探头可穿透土壤并通过称重传感器或应变仪记录电阻。这种技术的类似形式可用于大型拖拉机,以预测地面接合设备的牵引要求。像霍尼韦尔 FSG15N1A 这样的张力计可检测根系在吸水过程中所使用的力,这对于灌溉干预非常有用。

(5)土壤湿度传感器:通过测量土壤的介电常数(电特性随水分含量而变化)来评估水分含量。

(6)气流传感器:测量土壤的透气性。测量可以在单个位置进行,也可以在运动时动态进行。期望的输出是将预定量的空气以预定深度推入地面所需的压力。各种类型的土壤特性,包括压实度、结构、土壤类型和湿度,都会产生独特的识别特征。

9. 智慧医疗

医疗传感器经常被用于造价高昂的医疗器械中,因此医疗传感器是具有高价值的一类传感器。医疗传感器主要按工作原理和应用形式进行分类。按照工作原理,主要分为:物理传感器、化学传感器、生物传感器,以及生物电极传感器。按照应用形式,主要分为:植入式传感器、暂时植入式传感器、体外传感器、用于外部设备传感器、可食用传感器。

随着材料技术和电子技术的发展,柔性基质材料以其柔韧、可弯曲、可延展、可穿戴等优势逐步进入医疗市场。柔性传感器兼具柔性基质材料的优点,与人体相适应,不论是可穿戴设备还是植入设备都有着非常好的适应性。柔性传感器可用于智能创可贴、智能绷带、柔性血氧计,以及柔性可穿戴离子型湿度传感器等。

可植入传感器是近年来出现的新型传感器,具有体积小、重量轻、生物相容性强等特征。可植入传感器一般自己供电并利用无线技术传输数据。与可食用传感器不同的是,可植入传感器通常植入皮下或器官中,获取用户的电生理或化学信号,主要用途在于精准监控生理信号,有助于实现个性化医疗。传统的可植入传感器的缺点是传感器本身不可降解,长期存在体内易损害体内周围组织或细胞而造成二次感染,手术取出也会造成二次伤害,而近年来可生物降解的可植入传感器开始被采用。

4.7 虚拟仪器

4.7.1 虚拟仪器的基本知识

1. 概念

虚拟仪器(VI)就是在以计算机为核心的硬件平台上,由用户设计定义,具有虚拟面板,且测试功能由相关软件实现的一种计算机仪器系统。也就是说,虚拟仪器是一种计算机仪器系统,其主要功能:利用计算机显示器模拟传统仪器控制面板,以多种形式输出检测结果;利用计算机软件实现信号数据的运算、分析和处理;利用 I/O 接口设备完成信号的采集、测量与调理,从而实现各种测试功能。虚拟仪器以透明的方式把计算机资源(如微处理器、内存、显示器等)和仪器硬件(如 A/D 转换器、D/A 转换器、数字 I/O 装置、定时器、信号调理装置等)的测量、控制能力结合在一起,通过软件实现对数据的分析处理与表达,如图 4-23 所示。

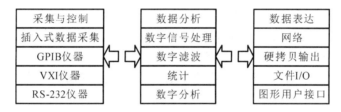

图 4-23 虚拟仪器内部功能划分

2. 虚拟仪器的构成与特点

1)虚拟仪器的构成

虚拟仪器由通用仪器硬件平台(简称硬件平台)和应用软件两个部分构成。

2)虚拟仪器的特点

虚拟仪器与传统仪器相比,具有以下特点:

(1)增强了传统仪器的功能;

(2)突出"软件就是仪器"的理念;

(3)其功能可以由用户根据需要通过软件自行定义,而不是由厂家事先定义,增加了系统灵活性;

(4)基于开放的工业标准;

(5)研制周期较传统仪器大为缩短。

3. 虚拟仪器技术的应用

虚拟仪器技术作为计算机技术与仪器技术相结合的创新技术,应用前景十分广阔。总体而言,虚拟仪器是测量/测试领域的一个创新概念,改变了人们对仪器的传统观念,适应了现代测试系统网络化、智能化的发展趋势。其主要应用如下：

（1）工业自动化；

（2）仪器产业改造；

（3）实验室应用。

4.7.2　虚拟仪器系统开发环境

目前世界上最具有代表性的虚拟仪器系统开发环境是美国国家仪器（NI）公司的两个虚拟仪器开发平台：LabWindows/CVI 和 LabVIEW。

1. LabWindows/CVI

LabWindows/CVI（虚拟仪器编程语言）是美国 NI 公司开发的 32 位面向计算机测控领域的软件开发平台，可以在多种操作系统（如 Windows、MacOS 和 UNIX）下运行。它以 ANSI C 为核心，将功能强大、使用灵活的 C 语言平台与数据采集、分析和表达等测控专业工具有机地结合起来。它的集成化开发平台、交互式编程方法、丰富的功能面板和库函数大大增强了 C 语言的功能，为熟悉 C 语言的人员提供了一个理想的建立开发检测、数据采集、过程监控等系统的软件开发环境。LabWindows/CVI 编程中所用到的概念有对象、面板、控件、回调函数等。LabWindows/CVI 建立在开放式软件体系结构之上，以工程文件（＊.prj）为主体框架，将 C 和 C＋＋源文件（＊.c）、头文件（＊.h）、库文件（＊.lib）、目标模块（＊.obj）、用户界面文件（＊.uir）、动态链接库（＊.dll）和仪器驱动程序（＊.fp）等多功能组合在一起，并支持动态数据交换（DDE）和 TCP/IP 网络协议。

2. 用 LabWindows/CVI 设计虚拟仪器的步骤

在 LabWindows/CVI 虚拟仪器开发平台上，利用其丰富的函数库和强大的接口功能，可方便地设计出符合用户要求的程序。使用 LabWindows/CVI 编程的基本步骤如图 4-24 所示。

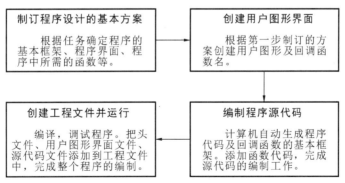

图 4-24　使用 LabWindows/CVI 编程的基本步骤

3. LabVIEW

LabVIEW（编译型图形化编程语言）提供了一种程序开发环境，类似于 C 语言和 BASIC 语言的开发环境，使用图形化编程语言（G 语言）编写程序，产生的程序是框图形式，有一个可完成多种编程任务的庞大函数库。LabVIEW 的函数库包括数据采集、GPIB(通用接口总线)、串口控制、数据分析、数据显示及数据存储等。LabVIEW 也有传统的程序调试工具,如设置断点、以动画方式显示数据及其程序的结果、单步执行等,便于程序的调试。

采用 LabVIEW 编程的应用程序,通常被称为虚拟仪器程序。它主要由前面板(front panel)、框图程序(block diagram)以及图标和连接器窗格(icon and connector)三部分组成。其中前面板的外观及操作功能与传统仪器的面板类似,而框图程序则使用功能函数对通过用户界面输入的数据或其他源数据进行处理,并将信息显示在显示对象上,或将信息保存到文件或其他计算机中。

习　题

一、单选题

1.下列关于智能传感器的功能描述错误的是(　　)。

A.自检功能　　　　　　　　　　　　　　B.自校功能

C.自补偿功能　　　　　　　　　　　　　D.自动抗干扰功能

2.下列关于智能传感器与传统传感器功能对比错误的是(　　)。

A.具有信号调理功能　　　　　　　　　　B.具有自诊断、自校准功能

C.具有自适应、自调整功能　　　　　　　D.具有记忆、存储功能

3.构成 CCD 的基本单元是(　　)。

A.P 型硅　　　　　　　　　　　　　　　B.PN 结

C.光电二极管　　　　　　　　　　　　　D.MOS 电容器

二、填空题

1.智能传感器与人类智能相类似,其传感器相当于人类的(　　　),其微处理器相当于人类的(　　　),可进行信息处理、逻辑思维与推理判断。

2.科学和生产工艺的发展大大促进了传感器技术的发展,(　　　)技术、(　　　)技术和(　　　)技术是构成现代信息技术的三大支柱。

3.按照像素排列方式的不同,CCD 又可分为(　　　)和(　　　)两大类。

4.生物传感器是一种利用生物(　　　)的分子识别功能,将感受到的(　　　)特征量转换成可用(　　　)信号的传感器。

三、分析题

1.简述智能传感器的特点。

2.图像传感器主要分为哪几类?

3.CCD 有几个工作过程?分别是什么?

4.简述 CCD 图像传感器和 CMOS 图像传感器的区别。

5.简述智能生物传感器的应用场合。

6.简述模糊传感器的概念。

第5章　智能制造领域常用的传感器

【知识目标】

了解智能制造中的各种传感器。

【能力目标】

（1）能够评判各种传感器的优缺点。

（2）能够理解智能制造领域中常用的传感器的原理。

【素质目标】

（1）培养学生的创新思维和探索精神，鼓励学生自主研究和探索传感器的相关知识。

（2）强调实践和应用，使学生更加深入地了解传感器在现代工业和社会发展中的重要性和作用。

（3）开阔学生视野，培养学生树立全球视野，加强学生忧患意识，激发学生的爱国情怀，鼓励学生努力奋斗、报效祖国。

（4）增强学生文化自信，坚定科技强国的信念。

【知识图谱】

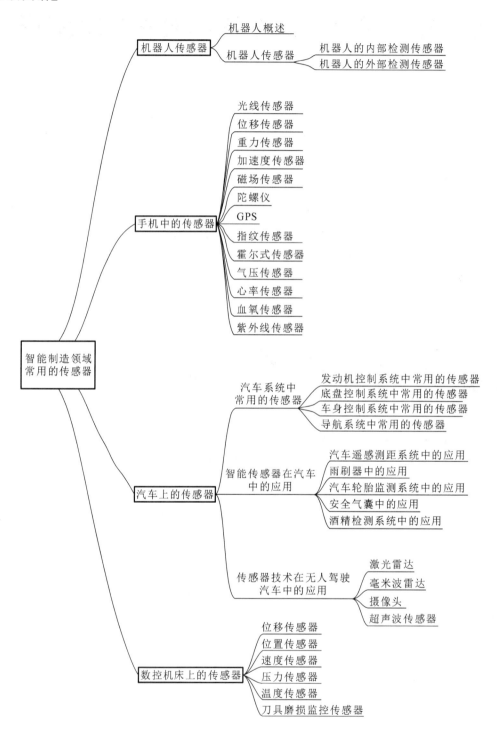

传感器技术是世界各国竞相发展的高新技术,也是进入 21 世纪以来优先发展的顶尖技术之一。传感器技术所涉及的知识领域非常广泛,其研究和发展也越来越多地和其他学科技术的发展紧密相连。传感器技术是现代科技的前沿技术,具有巨大的应用潜力和开发空间。现代智能制造领域中就大量应用了各种各样的传感器。

5.1　机器人传感器

5.1.1　机器人概述

机器人是随着工业化的生产需求而产生和发展起来的,并逐步在各领域发挥越来越大的作用。机器人及其技术作为人工智能和机电一体化发展的代表,也是整个智能制造的核心。在我国制定的制造强国战略中,机器人是重点发展方向之一。

不同应用场景的机器人分类如图 5-1(a)所示。2021 年全球机器人市场的分布如图 5-1(b)所示,2021 年我国机器人市场的分布如图 5-1(c)所示。

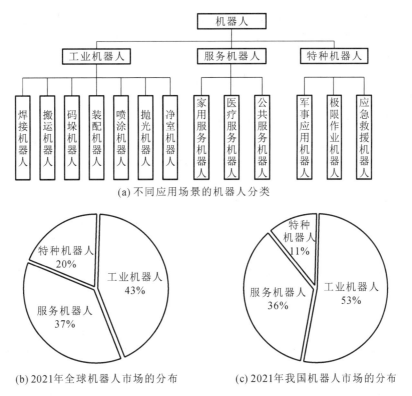

(a) 不同应用场景的机器人分类

(b) 2021年全球机器人市场的分布　　(c) 2021年我国机器人市场的分布

图 5-1　不同应用场景的机器人分类及其市场分布

可见我国的机器人应用主要还是在工业上,但服务机器人和特种机器人的需求和发展潜力巨大。行业专家一致认为,在未来 10 年内,中国的工业机器人装机量将呈现指数级增长,年装机量将突破 200 万台。

5.1.2　机器人传感器

机器人传感器可分为内部检测传感器和外部检测传感器两大类。

内部检测传感器是以机器人本身的坐标轴来确定其位置的,安装在机器人自身中,用来感知机器人自己的状态,以调整和控制机器人的行动。内部检测传感器通常包括位置传感器、加速度传感器、速度传感器及压力传感器。

外部检测传感器用于获取周围环境、目标物的状态特征信息,使机器人和环境发生交互作用,从而使机器人对环境有自校正和自适应能力。外部检测传感器通常包括触觉、视觉、听觉、接近觉、嗅觉和味觉等传感器。

1. 机器人的内部检测传感器

机器人的内部检测系统由定位系统、避障系统和压力检测系统等组成。定位系统实现对机器人自身姿态和位置的检测,避障系统可以实时监测作业环境中是否出现干扰和障碍物,压力检测系统可以实时监测机器人运行时各部位驱动压力的大小。

1) 定位系统

实现机器人的精确定位不仅是其正常工作的前提,更是开发高性能机器人的基础,其中包括相对定位和绝对定位两种定位方法。

根据传感器的类型不同,相对定位可分为以下两类。

(1) 机器人的位置信息通过方位角传感器、转角电位器及光电码盘等感知和测量,并将测量的数据进行累加。这种定位方法简单,成本较低,但定位误差会逐渐积累起来。

(2) 利用具有惯性的传感器,如陀螺仪和加速度计等,对机器人自身的运动状态进行监测,并将监测的数据进行积分运算。该方法对外部环境依赖较小,但随着时间的延长,传感器的误差会逐渐发散,当工作时间较长时,检测误差较大。

机器人的绝对定位可以分为以下两类。

(1) 常用视觉传感器、红外线、超声波等获取机器人工作的外部环境数据信息,并确定其与环境位置之间的关系。该方法具有非接触和不破坏性,但其缺点是不仅需要建立精确的数学模型,而且比较复杂。

(2) 采用 GPS/北斗等定位系统。该方法定位功能强大,但对于某些应用领域而言,其定位精度不满足要求。

2) 避障系统

机器人在工作过程中,可能会遇到某些不确定的障碍物。为了保证机器人能正常工作,其需要具有自主检测障碍物的能力。结合实际工作环境及项目条件,机器人可以采用已有的视觉传感器、红外线、超声波等对其外部环境实现障碍物检测。

3) 压力检测系统

现在很多机器人在工作过程中所需的动力是由气泵提供的。为了保证能准确有序地工作,机器人需要对气压系统进行检测。检测方法是利用集成气压传感器分别测量机器人的工作部件及相关气压部件的压力,然后将气压传感器测量的数据通过传输电路输入控制器进行处理,从而实现对机器人的压力检测。

2. 机器人的外部检测传感器

1）视觉传感器

视觉传感器是机器人中应用最广泛的传感器,具有非常重要的作用。它们能够识别目标,并确定目标的位置和形状。视觉传感器可以帮助机器人执行各种任务,如检测产品质量、定位物品以及监视安全等。

现在的视觉传感器通常采用高分辨率摄像机或激光扫描仪。它们可以通过计算机进行数据处理,以获得与目标相关的信息。理想的人工智能机器人可以借助计算机视觉技术,实现图像的识别、锁定和测量等操作。根据传感器的不同,机器人可以执行不同的任务,如协助治疗、探测矿井、监控环境等。

2）触觉传感器

触觉传感器是机器人中用于检测力和形状的传感器。用于机器人手臂和其他部件的触觉传感器可以对精细部件进行操作。它们可以识别松散和紧密的部件,以及部件需要哪些方向的力。一般认为触觉包括压觉、力觉和滑觉等。压觉传感器位于手指握持面上,用来检测机器人手指握持面上承受的压力大小及其分布。力觉传感器用于感知机器人的肢、腕和关节等部位在工作和运动中所受力和力矩的大小及方向,相应的有关节力传感器、腕力传感器和支座传感器等。力觉传感器主要有应变片传感器、压电式传感器和电容式传感器等,其中以应变片传感器的应用最为广泛。滑觉传感器的目的是保证机器人手爪能提供合适的握持力,既能握住物体不产生滑动,又能保证物体不被抓变形而损坏。光电式滑觉传感器只能感知一个方向的滑觉,球形滑觉传感器能感知二维滑觉。

利用触觉传感器,机器人手爪可以像人手一样进行操作,这种技术被称为力导航。通过力导航,机器人可以在普通人不能进入的特定环境中工作,如爆炸危险区域、放射性区域等。

3）接近觉传感器

接近觉传感器主要感知传感器与检测对象之间的接近程度,即检测对象与传感器之间的距离。接近觉传感器有电磁感应式、光电式、电容式、气压式、超声波式、红外式以及微波式等多种类型。

4）嗅觉传感器

嗅觉传感器主要有气体传感器和射线传感器等,多用于检测空气中的化学成分及其浓度等。在放射性、可燃性气体及其他有毒气体的恶劣环境下,开发检测放射性、可燃性气体及其他有毒气体的传感器是很重要的。

5）听觉传感器

听觉传感器是机器人的重要“感觉器官”之一。随着计算机技术及语言学的发展,现在已经部分实现了用机器代替人耳。机器人不仅能通过语音处理及辨识技术识别讲话人,还能正确理解一些简单的语句。

机器人听觉系统中的听觉传感器的基本形态与送话器形态相似,目前这方面的技术已经非常成熟了。因此其关键问题还是在声音识别上,即语音识别技术。它与图像识别同属于模式识别领域,而模式识别技术是最终实现人工智能的重要手段。

5.2 手机中的传感器

随着技术的进步,手机已经不再是一个简单的通信工具,而是具有综合功能的便携式电子设备。手机的虚拟功能,比如交互、游戏,都是通过处理器强大的计算能力来实现的,但与现实结合的功能,则是通过传感器来实现的。例如摇动手机可以控制赛车方向;拿着手机在操场上散步,手机就能记录你走的步数。而手机能完成以上任务,主要都是靠内部安装的传感器。手机中的传感器如图 5-2 所示。

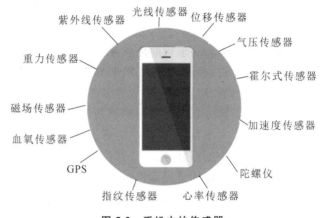

图 5-2　手机中的传感器

1. 光线传感器(light-sensor)

光线传感器也叫亮度感应器,很多平板电脑和手机都配备了该传感器。一般位于手持设备屏幕上方,它能根据手持设备目前所处环境的光线亮度,自动调节手持设备屏幕亮度,给使用者带来最佳的视觉效果。例如在黑暗的环境下,手持设备屏幕背光灯就会自动变暗,否则屏幕会很刺眼。

原理:光线传感器由两个组件即投光器及受光器所组成,利用投光器将光线由透镜聚焦,经传输而至受光器的透镜,再至接收感应器,接收感应器将收到的光线信号转变成电信号,此电信号可进一步作为各种不同的开关及控制动作的控制信号。其基本原理即合理运用对投光器和受光器之间的光线做遮蔽动作所获得的信号,以完成各种自动化控制。

用途:通常用于调节屏幕自动背光的亮度,白天提高屏幕亮度,夜晚降低屏幕亮度,屏幕更清楚,并且不刺眼;也可用于拍照时自动白平衡;还可以配合位移传感器检测手机是否在口袋里,防止误触。

2. 位移传感器(displacement sensor)

位移传感器又称为线性传感器,是一种金属感应线性器件。该传感器的作用是把各种被测物理量转换为电量。在生产过程中,位移的测量一般分为测量实物尺寸和机械位移两种。按被测变量变换的形式不同,位移传感器可分为模拟式和数字式两种。模拟式又可分为物性型和结构型两种。常用位移传感器以模拟式结构型居多,包括电位器式位移传感器、电感式位移传感器、自整角机、电容式位移传感器、电涡流式位移传感器、霍尔式位移传感器等。数字式位移传感器的一个重要优点是便于将信号直接送入计算机系统。这种传感器发展迅速,应用日益广泛。

原理:红外 LED 灯发射红外线,被近距离物体反射后,红外探测器通过接收到的红外线强度,测定距离,一般有效距离在 10 cm 内。位移传感器同时拥有发射和接收装置,一般体积较大。

用途:检测手机是否贴在耳朵上正在通话,以便自动熄灭屏幕达到省电的目的;也可用于在皮套、口袋模式下自动实现解锁与锁屏动作。

光线传感器与位移传感器的位置如图 5-3 所示。

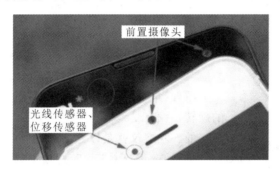

图 5-3　光线传感器与位移传感器的位置

光线传感器和位移传感器一般都是放在一起的,位于手机正面听筒周围,这样就存在一个问题,手机的"额头"上开太多洞或黑色长条不太好看。黑色面板的手机可以轻易隐藏这两个传感器,但白色面板就有点难度了。

3. 重力传感器(gravity sensor)

原理:重力传感器是根据压电效应的原理来工作的。对于不存在对称中心的异极晶体,加在晶体上的外力除了使晶体发生形变以外,还将改变晶体的极化状态,在晶体内部建立电场,这种由于机械力作用使介质发生极化的现象称为正压电效应。

重力传感器就是利用了其内部会由于加速度出现晶体变形这个特性。由于这个变形会产生电压,只要计算出产生的电压和所施加的加速度之间的关系,就可以将加速度转化成电压输出。当然,还有很多其他方法能制作重力传感器,比如利用电容效应、热气泡效应、光效应等制作,但是其最基本的原理都是加速度导致某个介质产生变形,测量变形量并用相关电路将其转化成电压输出。

用途:手机横竖屏智能切换、拍照照片朝向切换、重力感应类游戏等。

4. 加速度传感器(acceleration sensor)

加速度传感器是一种能够测量加速度的传感器,通常由质量块、阻尼器、弹性元件、敏感元件和适调电路等部分组成。传感器在加速过程中,通过对质量块所受惯性力的测量,利用牛顿第二定律获得加速度值。根据传感器敏感元件的不同,常见的加速度传感器包括电容式、电感式、应变式、压阻式、压电式等。

原理:多数加速度传感器是根据压电效应的原理来工作的,通过三个维度确定加速度方向,功耗更小,但精度低。

用途:计步、手机摆放位置朝向角度。

5. 磁场传感器（magnetic sensor）

磁场传感器是可以将各种磁场及其变化的量转变成电信号输出的装置。自然界和人类社会生活的许多地方都存在磁场或与磁场相关的信息。人工设置的永久磁体产生的磁场可作为许多种信息的载体。因此,探测、采集、存储、转换、复现和监控各种磁场和磁场中承载的各种信息的任务,自然就落在了磁场传感器身上。在当今的信息社会中,磁场传感器已成为信息技术和信息产业中不可缺少的基础元件。

原理:各向异性磁电阻材料感受到微弱的磁场变化时,其自身电阻会产生变化,所以手机要旋转或晃动几下才能准确指示方向。

用途:指南针、地图导航、金属探测器 APP。

6. 陀螺仪（gyroscope）

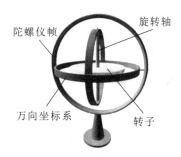

图 5-4 三轴陀螺仪

原理:角动量守恒。一个正在高速旋转的物体(陀螺),它的旋转轴没有受到外力影响时,旋转轴的指向是不会有任何改变的。陀螺仪就是以这个原理作为依据,来保持一定的方向。如图 5-4 所示,三轴陀螺仪可以替代三个单轴陀螺仪,可同时测定五个方向的位置、移动轨迹及加速度。

用途:体感、摇一摇(晃动手机实现一些功能)、转动/移动手机即可在游戏中控制视角、VR、在 GPS 没有信号时(如隧道中)根据物体运动状态实现惯性导航。

拓展阅读

全新数字陀螺仪,让运动感应实境臻至完美

意法半导体(ST)公司进一步扩大运动传感器产品组合,推出更高精度和可靠性能的三轴数字陀螺仪。如图 5-5 所示,新产品 L3G3200D 采用 3 mm×3.5 mm×1 mm 封装,集高感应分辨率与出色的抗音频和机械噪声性能于一身,使手机、平板电脑、游戏机等智能消费电子产品的运动用户界面更真实。意法半导体公司的全新数字陀螺仪,让运动感应实境臻至完美。

图 5-5 三轴数字陀螺仪

7. GPS

原理:地球特定轨道上运行着 24 颗 GPS 卫星,每一颗卫星都在时刻不停地向全世界广播自己当前的位置坐标及时间戳信息。手机的 GPS 模块通过天线接收到这些信息。GPS 模块中的芯片将高速运动的卫星的瞬间位置作为已知的起算数据,根据卫星发射坐标的时间戳与接收时的时间差计算出卫星与手机的距离,采用空间距离后方交会的方法,确定待测点的位置坐标。

用途:地图、导航、测速、测距。

8. 指纹传感器(fingerprint sensor)

目前的主流是电容式指纹识别,但识别速度更快、识别率更高的超声波指纹识别将会逐渐普及。指纹传感器如图 5-6 所示。

指纹传感器

图 5-6　指纹传感器

电容式指纹传感器原理:手指构成电容的一极,另一极是硅晶片阵列,人体带有的微电场与电容式传感器间形成微电流,指纹的波峰波谷与感应器之间的距离形成电容高低差,从而描绘出指纹图像。

超声波指纹传感器原理:超声波多用于测量距离,比如海底地形测绘所用的声呐系统。超声波指纹识别的原理也相同,就是直接扫描并测绘指纹纹理,甚至连毛孔都能测绘出来。因此超声波指纹识别获得的指纹是 3D 立体的,而电容式指纹识别获得的指纹是 2D 平面的。超声波指纹识别不仅识别速度更快,而且不受汗水油污的干扰,指纹细节更丰富,难以破解。

用途:加密、解锁、支付等。

9. 霍尔式传感器(Hall sensor)

原理:霍尔磁电效应。当电流通过一个位于磁场中的导体的时候,磁场会对导体中的电子产生一个垂直于电子运动方向的作用力,从而在导体的两端产生电势差。

用途:翻盖自动解锁、合盖自动锁屏。

10. 气压传感器(air pressure sensor)

原理:气压传感器分为变阻式或变容式,将薄膜与变阻器或电容器连接起来,气压变化导致电阻或电容的数值发生变化,从而获得气压数据。

用途:GPS 计算海拔会有 10 m 左右的误差,气压传感器主要用于修正海拔误差(降至 1 m

左右),当然也能用来辅助 GPS 定位立交桥或楼层位置。

11. 心率传感器(heart rate sensor)

原理:当心脏将新鲜的血液压入毛细血管时,用高亮度 LED 光源照射手指,亮度(红色的深度)呈现如波浪般的周期性变化,通过摄像头快速捕捉这一规律变化的间隔,再通过手机内应用进行换算,从而计算出心脏的收缩频率。心率传感器如图 5-7 所示。

用途:运动、健康监测。

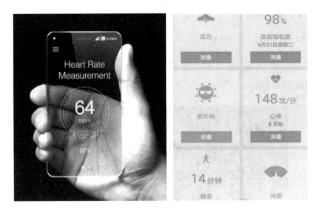

图 5-7　心率传感器

12. 血氧传感器(blood oxygen transducer)

原理:血液中血红蛋白和氧合血红蛋白对红外光和红光的吸收率不同,用红外光和红光两个 LED 光源同时照射手指,测量反射光的吸收光谱,就可以测量出血氧含量。

用途:运动、健康监测。

13. 紫外线传感器(UV sensor)

原理:利用某些半导体、金属或金属化合物的外光电效应,其在紫外线照射下会释放出大量电子,检测这种放电效应即可计算出紫外线强度。

用途:医疗、环境监测。

5.3　汽车上的传感器

目前,一般一辆汽车装配有几十到近百个传感器,一辆高级豪华汽车更是有几百乃至上千个传感器。而且随着汽车制造业的发展,一辆普通轿车安装的传感器数量和种类都将越来越繁多。这些形形色色的传感器"坚守"于汽车的各个关键部位,承担起汽车自身检测和诊断的重要责任,将汽车时时刻刻的温度、压力、速度及湿度等信息传递到汽车的"神经中枢"即中央控制系统中,从而将汽车故障消于未形,因此,有人形象地将传感器形容为汽车的"敏感神经末梢"。汽车上的传感器如图 5-8 所示。

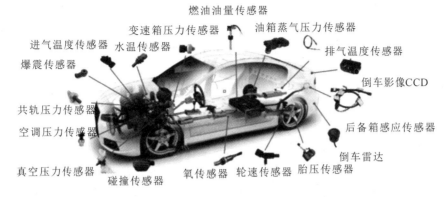

图 5-8　汽车上的传感器

5.3.1　汽车系统中常用的传感器

当前,常用的汽车传感器主要应用在发动机控制系统、底盘控制系统、车身控制系统和导航系统中。传感器的应用大大提高了汽车电子化的程度,增加了汽车驾驶的安全系数。其作用就是对汽车温度、压力、位置、转速、加速度和振动等各种信息进行实时、准确的测量和控制。常用的有温度传感器、压力传感器、位置和转速传感器、加速度传感器、距离传感器、陀螺仪和车速传感器、方向盘转角传感器等。

1. 发动机控制系统中常用的传感器

发动机的电子控制一直被认为是 MEMS 技术在汽车中的主要应用之一。发动机控制系统用的传感器是整个汽车传感器的核心,种类很多,包括温度传感器、压力传感器、位置和转速传感器、流量传感器、气体浓度传感器、爆震传感器和节气门位置传感器等。这些传感器向发动机的电子控制单元(ECU)提供发动机的工作状况信息,供电子控制单元对发动机工作状况进行精确控制,以提高发动机的动力性、降低油耗、减少废气排放和进行故障检测。这些传感器工作在发动机振动、汽油蒸气、污泥和泥水等恶劣环境中,因此它们耐恶劣环境技术指标要高于一般的传感器。它们的性能指标要求中最关键的是测量精度与可靠性。

1) 温度传感器

车用温度传感器主要用于检测发动机温度、吸入气体温度、冷却温度、燃油温度、机油温度以及催化温度等。温度传感器有热敏电阻式、线绕电阻式和热电偶电阻式三种主要类型。这三种类型传感器各有特点,其应用场合也略有区别。热敏电阻式温度传感器灵敏度高,响应特性较好,但线性差,适应温度较低;线绕电阻式温度传感器的精度高,但响应特性差;热电偶电阻式温度传感器的精度高,灵敏度高,响应特性较好,测量温度范围宽,但线性差,需要配合放大器和冷端处理一起使用。

2) 压力传感器

压力传感器是汽车中用得最多的传感器,主要检测进气歧管绝对压力、气囊贮气压力、传动系统流体压力、注入燃料压力、发动机油压力、制动器油压力、轮胎压力、空气过滤系统的流体压力等。车用压力传感器目前已有若干种,应用较多的有电容式、压敏电阻式、差动变压器

155

式、声表面波式。电容式压力传感器主要用于检测负压、液压、气压,测量范围为 $20\sim100$ kPa,具有输入能量高、动态响应特性好、环境适应性好等特点;压敏电阻式压力传感器的性能则受温度影响较大,需要另设温度补偿电路,适用于大批量生产;差动变压器式压力传感器有较大的输出,易于数字输出,但抗干扰性差;声表面波式压力传感器具有体积小、质量轻、功耗低、可靠性高、灵敏度高、分辨率高、易于数字输出等特点,能在高温下稳定工作,常用于汽车吸气阀压力检测,是一种较为理想的传感器。

3)流量传感器

流量传感器主要用于发动机空气流量和燃料流量的测量,多为空气流量传感器。进气量是燃油喷射量计算的基本参数之一,空气流量传感器主要功能表现在感知并检测发动机的空气流量大小,并转换成电信号传输给发动机的电子控制单元,从而控制喷油器的喷油量,以得到较准确的空燃比。实际应用的空气流量传感器有卡门涡流式、热线式:卡门涡流式无可动部件,反应灵敏,精度较高;热线式易受吸入气体脉动影响,且易断丝。燃料流量传感器用于判定燃油消耗量,主要有水车式、球循环式。

4)位置和转速传感器

汽车使用的位置和转速传感器主要用于检测发动机曲轴转角、发动机转速、节气门的开度、车速等。传感器在使用过程中有敏感车轮旋转的,也有敏感动力传动轴转动的,还有敏感差速从动轴转动的,其目的是为点火时刻和喷油时刻提供参考点信号,同时提供发动机转速信号。目前,曲轴的位置和转速传感器主要有交流发电机式、磁阻式、霍尔式、簧片开关式、光学式、半导体磁敏晶体管式等,其测量范围为 $0°\sim350°$,精度优于 $\pm0.5°$,测弯曲角达 $\pm1°$。

5)气体浓度传感器

气体浓度传感器主要用于检测车体内气体和废气。其中最主要的是氧传感器,它被安装在排气管内,测量排气管中的含氧量,确定发动机的实际空燃比与理论值的偏差,向微机控制装置发出反馈信号,调节可燃混合气的浓度,使空燃比接近理论值,从而提高经济性,降低排气污染。实际应用的是氧化锆和氧化钛传感器。

6)爆震传感器

爆震传感器是一种振动加速度传感器,其特点表现在结构牢固、紧凑,测量灵敏感度高等。爆震传感器用于检测发动机的振动,通过调整点火提前角避免发动机发生爆震。使用时将此类传感器安装在发动机气缸上,可装一只或多只。此类传感器的敏感元件为压电晶体,主要形式有磁致伸缩式或压电式。磁致伸缩式爆震传感器的使用温度为 $-40\sim125$ ℃,频率范围为 $5\sim10$ kHz;压电式爆震传感器在中心频率 5.417 kHz 处,其灵敏度可达 200 mV/gn,在振幅为 $0.1\sim10$ gn 范围内具有良好的线性度。为了最大限度地提高发动机功率而不产生爆燃,点火提前角应控制在爆燃产生的临界值,当发动机爆震时,发动机的振动通过传感器内的质量块传递到晶体上。压电晶体由于受质量块振动产生的压力,在两个极面上产生电压,把振动转化为电压信号输出,并传递给电子控制单元。检测爆震有检测气缸压力、发动机机体振动和燃烧噪声三种方法。

7)节气门位置传感器

节气门位置传感器安装在节气门上,其功能是将发动机节气门的开度信号转变成电信号,并传递给电子控制单元,用以感知发动机的负荷大小和加减速工况。最常用的是可变电阻式节气门位置传感器。该传感器是一种典型的节气门传感器,主要由一个线形变位器和一个怠速触点两部分组成。线形性变位器用陶瓷薄膜电阻制成,其滑动触点用复位弹簧控制,与节气门同轴转动。工作时,线形变位器的触点在电阻体上滑动,根据变化的电阻值,可以测得与节气门开度成正比的线性输出电压信号。根据输出电压值,电子控制单元可获知节气门的开度和开度变化率,从而精确判断发动机的运行工况,提高控制精度和效果。怠速触点是常开触点,只有在节气门全闭时才闭合,产生怠速触点信号,主要用于怠速控制、断油控制及点火提前角的修正。

2. 底盘控制系统中常用的传感器

底盘控制用传感器是指用于变速器控制系统的车速传感器、加速踏板位置传感器、加速度传感器、节气门位置传感器、发动机转速传感器、水温传感器、油温传感器等。底盘应用的主要为旋转位移和压力传感器。惯性加速度传感器和角速率传感器取代了温度传感器而成为在底盘上应用的主要传感器。目前底盘应用的新型传感器有侧路面角速率传感器、车轮角位置传感器和悬架位移位置传感器。

3. 车身控制系统中常用的传感器

车身控制用传感器主要用于提高汽车的安全性、可靠性和舒适性等。由于其工作条件不像发动机和底盘那么恶劣,一般的工业用传感器稍加改进就可以应用了。其中包括:用于安全气囊系统中的加速度传感器;用于门锁控制中的车速传感器;用于测算雨量的雨量识别传感器;用于亮度自动控制的光线传感器;用于倒车控制的超声波传感器或激光传感器;用于保持车距的位移传感器;用于消除驾驶员盲区的图像传感器。

1) 用于安全气囊系统中的加速度传感器

安全气囊系统中的加速度传感器如图 5-9 所示。

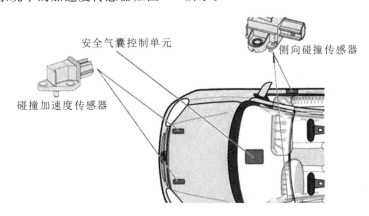

图 5-9　安全气囊系统中的加速度传感器

2) 用于测算雨量的雨量识别传感器

雨量识别传感器固定在风窗玻璃上,如果风窗玻璃上有水滴或水层,发光二极管照射到光电二极管上的光通量就会发生变化。

在下雨天,汽车玻璃越湿,因光线折射作用而照射到光电二极管的光线就越少,则可以利用光电二极管的输出信号计算雨量的大小。雨量识别的响应时间(即从识别到下雨直至输出信号发送给雨刷器的时间)不超过 20 ms。

4. 导航系统中常用的传感器

随着基于 GPS/GIS(全球定位系统/地理信息系统)的导航系统在汽车上的应用,导航用传感器这几年得到迅速发展。导航系统中常用的传感器主要有:确定汽车行驶方向的罗盘传感器、陀螺仪和车速传感器、方向盘转角传感器等。

5.3.2 智能传感器在汽车中的应用

1. 汽车遥感测距系统中的应用

随着汽车制造技术和相关设备产业的发展,汽车的遥感测距系统逐渐成为汽车的装配系统,为汽车驾驶过程中的驾驶员提供一定的空间位置信息,同时也为许多驾驶员面临的倒车、测量车距等问题提供科学的数据支持,采用一定的技术测量车辆与其他车辆之间的距离,并通过数据计算系统为车辆选取安全的驾驶范围,将获得的信息反馈给驾驶员。在常见的汽车驾驶系统中,通常采用超声波传输系统测量车辆和附近障碍物之间的距离。车辆中的超声波反馈系统将超声波传输到汽车外,在超声波遇到外界障碍物折返后,收集折返的超声波,并根据超声波在外界传输的时间和收集到的信息计算汽车与外界障碍物的距离信息,最后将综合计算的结果(汽车的安全驾驶距离、安全位置、安全车距等信息)通过汽车内的显示屏反馈给驾驶员。在应用智能传感器后,汽车还可以将超声波系统与智能传感器相互连接,实现对外部环境信息的全面收集,为汽车提供更加综合的外界环境信息,并实现汽车驾驶的信息化。

2. 雨刷器中的应用

在实际的行车过程中,由于特殊天气以及特殊的外部环境影响,驾驶员需要进行相关的机动车灯光操作,并且及时打开雨刷器,从而减少雨水带来的视线影响。但是在实际的操作中,雨刷器在一定程度上影响着驾驶员的行车视线,从而给行车带来不安全的隐患问题。而智能传感器在雨刷器中应用后,其可以根据雨势的大小自动调节雨刷器摆动的相关频率,从而全面实现智能化的自我调节功能,进而充分保证驾驶员的行车安全。机动车雨刷器的智能化主要通过发光二极管来实现,当面临雨点带来的行车视线问题时,机动车雨刷器可以科学合理地通过其自动调节系统对雨刷进行自动调节操作,从而在一定程度上保证了驾驶员的行车视线,进而保障行车中的安全性。

3. 汽车轮胎监测系统中的应用

在汽车自身故障所导致的交通事故中,轮胎故障的情况是最为常见的。为了避免轮胎的异常状况对行驶安全造成威胁,轮胎监测系统应该在行驶过程中对轮胎的气压进行实时监测,对爆胎、漏气等情况及时发出预警。在车辆的行驶过程中,驾驶员对于轮胎的气压并不能做到准确感知。轻微的胎压异常也不会引起明显的变化。仅靠驾驶的经验根本不能做到轮胎安全性的监控。为此,可以将压力传感器应用于汽车轮胎的压力监测系统当中。在车辆的行驶过程中,该系统全时段地对轮胎气压进行监测,一旦监测指标出现问题,将第一时间反馈到行车电脑上,以便提示驾驶员采取进一步的安全措施。

4. 安全气囊中的应用

安全气囊需要在关键时刻及时有效地打开,以此来实现对驾驶员以及相关人员人身安全的保护。但是,在多数情况下,安全气囊往往都是处于待命的状态。因此,为了在危急时刻发挥出安全气囊的应用性能,应提高安全气囊电子控制单元的自动检测和自动维护能力,以此才能有效保障驾驶员以及相关人员的人身安全。

5. 酒精检测系统中的应用

随着汽车的普及,酒后驾驶的危害引起了公众和相关部门的重视,国家颁布了一系列法律法规,明令禁止酒后驾驶行为。而随着汽车技术的发展和汽车生产商对汽车组成系统的改进,酒精检测系统也出现在了汽车的装配系统中。在汽车中安装酒精检测系统,能够有效监测驾驶员体内的酒精含量,并将获得的数据与相关规定中的数据进行严格比对,确保驾驶员的驾驶行为符合法律规定。现在汽车中常见的酒精检测工具是利用半导体线路和二氧化锡元件组成的酒精检测系统:酒精与二氧化锡发生一定的物理化学反应,在半导体线路中产生电阻的变化,变化信息被传导给酒精检测系统,核定并判断驾驶员的行为是否属于酒驾。在应用智能传感器后,酒精检测系统能够实现信息的智能化传导,将检测到的数据进行精准传输,并将信息显示在汽车的显示系统中,给予驾驶员警示。

5.3.3　传感器技术在无人驾驶汽车中的应用

近年来,随着无人驾驶汽车技术的逐步成熟,越来越多的人开始接触并了解这项技术。无人驾驶汽车离广泛实用化还有一段距离,其中传感器技术的应用是至关重要的。传感器技术是无人驾驶汽车技术中不可或缺的部分,它可以帮助无人驾驶汽车感知和理解周围环境,确保无人驾驶汽车的安全行驶。

无人驾驶汽车中最常用的传感器包括激光雷达、毫米波雷达、摄像头和超声波传感器等。这些传感器可以分别用于不同的场景,包括自动泊车、自动巡航、避障和环境感知等。下面我们将分别介绍这些传感器技术在无人驾驶汽车中的应用。

1. 激光雷达

激光雷达是一种使用激光器发出的激光束来探测目标物距离、位置、形状的一种传感器技术。在无人驾驶汽车中,激光雷达通常被用来感知周围环境中的障碍物,如道路中的车辆、路标、行人和建筑物等。通过激光雷达所获得的数据,无人驾驶汽车可以判断出周围存在的障碍物和路况,并且可以通过算法来规划最适合的路线,从而实现自动驾驶。

2. 毫米波雷达

毫米波雷达是一种雷达系统,它使用微波频段的电磁波来探测周围环境中的物体。在无人驾驶汽车中,毫米波雷达主要用来检测周围车辆的距离和速度,减少车辆之间的碰撞风险。毫米波雷达可以探测到更广泛的区域,因此可以提供更准确的数据,从而帮助无人驾驶汽车识别和计算出周围物体的距离和速度,以保证安全行驶。

3. 摄像头

摄像头使用光学和图像处理技术,将周围环境信息转换成数字信号,然后将其传输到无人驾驶汽车的控制器中。在无人驾驶汽车中,摄像头通常被用来识别和跟踪其他车辆和行人,帮助无人驾驶汽车做出安全驾驶决策。通过使用多个摄像头,无人驾驶汽车可以获得全方位视图,从而更好地了解周围环境的情况。

4. 超声波传感器

超声波传感器使用超声波来探测周围环境。在无人驾驶汽车中,超声波传感器通常被用来检测周围车辆的距离和障碍物的位置。超声波传感器可以探测较短的距离,因此通常被用于自动泊车等较为简单的场景中。

5.4 数控机床上的传感器

数控机床是高精度、高效率的自动化加工设备,传感器作为感知、获取信息的重要部件,在机床中的地位是极其高的。特别是随着数控机床向智能化发展,作为能够实时采集加工过程中的位移、加速度、振动参数、温度、噪声、切削力、转矩等制造数据的传感器就更为重要了。

作为应用在数控系统中的传感器应满足以下一些要求:① 传感器应该具有比较高的可靠性和较强的抗干扰性;② 传感器应该满足数控机床在加工上的精度和速度要求;③ 传感器应该具有维护方便、适应机床运行环境的特点;④ 应用在数控机床上的传感器的成本应该相对较低。不同种类的数控机床对传感器的要求也不尽相同,一般来说,大型数控机床要求速度响应快,中型和高精度数控机床以精度要求为主。

1. 位移传感器

数控系统中的位移传感器主要有:脉冲编码器、直线光栅、旋转变压器、感应同步器等。

1) 脉冲编码器

脉冲编码器是一种角位移(转速)传感器,它能够把机械转角变成电脉冲。脉冲编码器可分为光电式、接触式和电磁式三种,其中,光电编码器应用得比较多,其结构示意图如图 5-10 所示。

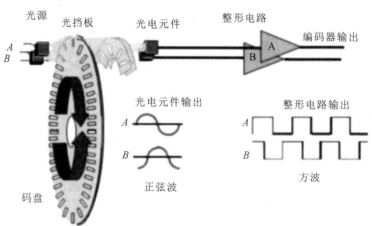

图 5-10　光电编码器结构示意图

2) 直线光栅

如图 5-11 所示,直线光栅利用光的透射和反射现象制作而成,常用于位移测量,分辨率较高,测量精度比光电编码器高,适用于动态测量。

在进给驱动中,光栅尺固定在床身上,其产生的脉冲信号直接反映了拖板的实际位置。用于光栅检测工作台位置的伺服系统是全闭环控制系统。

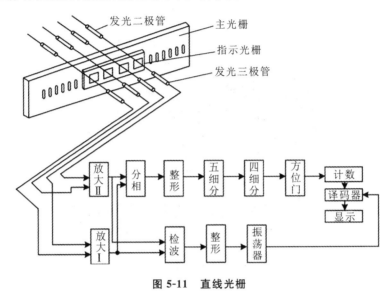

图 5-11　直线光栅

3) 旋转变压器

旋转变压器是一种输出电压与角位移量成连续函数关系的感应式微电机,用来测量旋转物体的转轴角位移和角速度。旋转变压器由定子和转子组成,具体来说,它由一个铁芯、两个定子绕组和两个转子绕组组成,其原、副绕组分别放置在定子、转子上,原、副绕组之间的电磁耦合程度与转子的转角有关。旋转变压器在同步随动系统及数字随动系统中可用于传递转角或电信号,在解算装置中可用于函数的解算,故也称为解算器。

旋转变压器一般有两极绕组和四极绕组两种结构形式。两极绕组旋转变压器的定子和转子各有一对磁极,四极绕组旋转变压器则各有两对磁极,主要用于高精度的检测系统。除此之外,还有多极式旋转变压器,用于高精度绝对式检测系统。

旋转变压器是一种精密角度、位置、速度检测装置,适用于所有无法使用旋转编码器的场合,特别是高温、严寒、潮湿、高速、高振动等旋转编码器无法正常工作的场合。旋转变压器由于具有以上特点,可完全替代旋转编码器,被广泛应用在伺服控制系统、机器人系统、机械工具、汽车、电力、冶金、纺织、印刷、航空航天、船舶、兵器、电子、矿山、油田、水利、化工、轻工、建筑等领域的角度、位置检测系统中,也可用于坐标变换、三角运算和角度数据传输,还可作为两相移相器用在角度-数字转换装置中。

4) 感应同步器

感应同步器是利用两个平面形绕组的互感随位置不同而变化的原理制成的。其功能是将角度或直线位移转变成感应电动势的相位或幅值,可用来测量直线或转角位移。

其按结构可分为直线式和旋转式两种。如图 5-12 所示,直线式感应同步器主要由定尺和滑尺两部分组成,定尺安装在机床床身(不动部分)上,滑尺安装于移动部分上,随工作台一起移动;旋转式感应同步器定子为固定的圆盘,转子为转动的圆盘。

感应同步器具有精度与分辨率高、抗干扰能力强、使用寿命长、维护简单、长距离位移测量、工艺性好、成本较低等优点。直线式感应同步器目前被广泛地应用于大位移静态与动态测量装置中,例如三坐标测量机、程控/数控机床、高精度重型机床及加工中心测量装置等。旋转式感应同步器则被广泛地用于机床和仪器的转台以及各种回转伺服控制系统中。

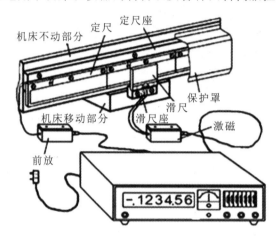

图 5-12 直线式感应同步器

2. 位置传感器

位置传感器可用来检测位置,反映某种状态的开关,和位移传感器不同。位置传感器有接触式和接近式两种。

1)接触式传感器

接触式传感器的触头随两个物体接触挤压而动作,常见的有行程开关、二维矩阵式位置传感器等。

行程开关结构简单、动作可靠、价格低廉。当某个物体在运动过程中碰到了行程开关,其内部触头会动作,从而完成控制,如在加工中心的 x、y、z 轴方向两端分别装有行程开关,可以控制移动范围。

二维矩阵式位置传感器安装于机械手掌内侧,用于检测自身与某个物体的接触位置。

2)接近开关

接近开关是指当物体与其接近到设定距离时就可以发出"动作"信号的开关,它无须和物体直接接触。接近开关有很多种类,主要有自感式、差动变压器式、电涡流式、电容式、弹簧管式、霍尔式等。

接近开关在数控机床上的应用主要是刀架选刀控制、工作台行程控制、油缸及气缸活塞行程控制等。

在刀架选刀控制中,从左至右的四个凸轮与接近开关 SQ4~SQ1 相对应,组成四位二进制编码,每一个编码对应一个刀位,如 0110 对应 5 号刀位,接近开关 SQ5 用于奇偶校验,以减少出错。刀架每转过一个刀位,就发出一个信号,该信号与数控系统的刀位指令进行比较,当刀架的刀位信号与刀位指令的信号相符时,表示选刀完成。

霍尔式传感器是利用霍尔效应制成的传感器。将锗等半导体置于磁场中,在一个方向通以电流时,在垂直的方向上会出现电位差,这就是霍尔效应。将小磁体固定在运动部件上,当部件靠近霍尔元件时,便会产生霍尔效应,从而判断物体是否到位。

3. 速度传感器

速度传感器是一种将速度转变成电信号的传感器,既可以检测直线速度,也可以检测角速度,常用的有测速发电机和脉冲编码器等。

测速发电机具有的特点是:① 输出电压与转速成线性关系;② 输出电压与转速比的斜率大;③ 可分成交流和直流两类。

脉冲编码器在经过一个单位角位移时,便产生一个脉冲,配以定时器便可检测出角速度。

在数控机床中,速度传感器一般用于数控系统伺服单元的速度检测。

4. 压力传感器

压力传感器是一种将压力转变成电信号的传感器。根据工作原理,它可分为压电式、压阻式和电容式。它是检测气体、液体、固体等物质之间作用力的装置,也包括测量高于大气压的压力计以及测量低于大气压的真空计。

(1)电容式压力传感器的电容量是由电极面积和两个电极间的距离决定的,其因具有灵敏度高、温度稳定性好、压力量程大等特点近来得到了迅速发展。在数控机床中,它可用来对工件夹紧力进行检测,当夹紧力小于设定值时,系统发出警报,则停止走刀。

(2)压电式压力传感器是基于压电效应的传感器,是一种自发电式和机电转换式传感器。它的敏感元件由压电材料制成。在机床上,它可用于检测车刀切削力的变化。

另外,压力传感器还在润滑系统、液压系统、气压系统中被用来检测油路或气路中的压力,当油路或气路中的压力低于设定值时,其触点会动作,将故障信号传送给数控系统。

5. 温度传感器

温度传感器是一种将温度高低转变成电阻值大小或其他电信号的一种装置,常见的有以铂、铜为主的热电阻传感器,以半导体材料为主的热敏电阻传感器和热电偶传感器等。在数控机床上,温度传感器用来检测温度从而进行温度补偿或过热保护。

在加工过程中,电动机的旋转、移动部件的移动、切削等都会产生热量,且温度分布不均匀,易造成温差,使数控机床产生热变形,影响零件加工精度。为了避免温度产生的影响,可在数控机床的某些部位装设温度传感器,将温度信号转换成电信号传送给数控系统,进行温度补偿。

此外,温度传感器可以埋设在电动机等需要过热保护的地方,过热时通过数控系统进行过热报警。

6. 刀具磨损监控传感器

刀具磨损到一定程度会影响工件的尺寸精度和表面粗糙度,因此需要对刀具磨损进行监控。当刀具磨损时,机床主轴电动机负荷增大,电动机的电流和电压也会变化,功率随之改变,功率变化可通过霍尔式传感器检测。功率变化到一定程度,数控系统发出报警信号,机床停止运转,此时,工作人员应及时进行刀具调整或更换。

刀具磨损监控传感器如图 5-13 所示。

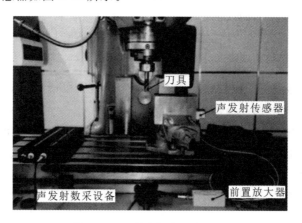

图 5-13　刀具磨损监控传感器

 拓展阅读

中国制造 2025

国务院于 2015 年印发《中国制造 2025》,部署全面推进实施制造强国战略,这是中国实施制造强国战略第一个十年的行动纲领。

2015 年《政府工作报告》中首次提出实施"中国制造 2025",坚持创新驱动、智能转型、强化基础、绿色发展,加快从制造大国转向制造强国。此后,"中国制造 2025"一直是贯穿国务院工作部署的关键词之一。

改革开放以后,我国制造业持续快速发展,建成了门类齐全、独立完整的产业体系,有力推动工业化和现代化进程,显著增强综合国力,支撑我国世界大国地位。

《中国制造 2025》提出通过"三步走"实现制造强国的战略目标:第一步,到 2025 年迈入制造强国行列;第二步,到 2035 年,我国制造业整体达到世界制造强国阵营中等水平;第三步,到新中国成立一百年时,我国制造业大国地位更加巩固,综合实力进入世界制造强国前列(图 5-14)。

围绕实现制造强国的战略目标,《中国制造 2025》明确了九项战略任务和重点:一是提高国家制造业创新能力;二是推进信息化与工业化深度融合;三是强化工业基础能力;四是加强质量品牌建设;五是全面推行绿色制造;六是大力推动重点领域突破发展,聚焦新一代信息技术产业、高档数控机床和机器人、航空航天装备、海洋工程装备及高技术船舶、先进轨道交通装备、节能与新能源汽车、电力装备、农机装备、新材料、生物医药及高性能医疗器械等十大重点领域;七是深入推进制造业结构调整;八是积极发展服务型制造和生产性服务业;九是提高制造业国际化发展水平。

《中国制造 2025》明确,通过政府引导、整合资源,实施国家制造业创新中心建设、智能制造、工业强基、绿色制造、高端装备创新等五项重大工程,实现长期制约制造业发展的关键共性技术突破,提升我国制造业的整体竞争力。

　　《中国制造 2025》由百余名院士专家着手制定,为中国制造业未来 10 年设计顶层规划和路线图,通过努力实现中国制造向中国创造、中国速度向中国质量、中国产品向中国品牌三大转变,推动我国到 2025 年基本实现工业化,迈向制造强国行列。

图 5-14　中国制造 2025

习　　题

1.机器人技术主要包括什么? 机器人传感器可分为哪两大类传感器?
2.简述《中国制造 2025》的内容。

下篇 检测技术部分

第6章 信号的分类与描述

【知识目标】

(1) 了解信号的分类,掌握信号的时频域描述。

(2) 掌握周期信号及其频谱特点,了解傅里叶级数的概念和性质。

(3) 掌握非周期信号及其频谱特点,了解傅里叶变换的概念和性质。

(4) 掌握随机信号的特点,了解随机信号的时域统计描述。

【能力目标】

(1) 能够理解信号的时域分析和频域分析的优缺点。

(2) 能够利用频域分析解决实际工程问题。

【素质目标】

(1) 培养学生严谨求实的科学态度,提高学生的探究意识和探究能力。

(2) 培养学生分析问题、解决问题的能力。

【知识图谱】

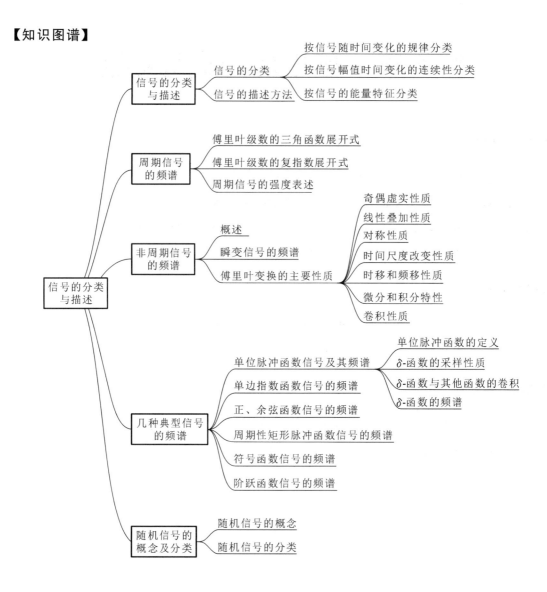

在工程实践和科学研究中,存在着各种各样的物理量(如机械振动量、噪声、切削力、温度和形变等),并且由于科学研究或工程技术的需要,人们经常需要对由物理对象所产生的这些量进行测量,被测的物理量以及由其转换所得的量统称为信号。信号是传递信息的物理量函数,信号中包含着某些反映被测物理系统或过程的状态和特性等方面的有用信息,是人们认识客观事物内在规律、研究事物之间相互关系、预测事物未来发展的重要依据。由于信号中蕴含着分析、解决问题所需的信息,要获得有用信息,就需要测试信号。由于信号本身的特性对测试工作有着直接的重要影响,因此对信号的研究具有十分重要的意义。研究测试技术必须从信号入手,通过对信号的描述与分析,了解信号的频域构成以及时域与频域特性的内在联系。

6.1　信号的分类与描述

6.1.1　信号的分类

为了深入了解信号的物理实质,我们需要对其分类加以研究。根据考虑问题的角度可以按不同的方式对信号进行分类。

1.按信号随时间变化的规律分类

按信号随时间变化的规律,信号可以分为确定性信号和非确定性信号,如图 6-1 所示。

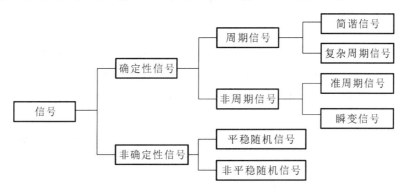

图 6-1　信号的分类

可以用明确的数学关系式描述的信号称为确定性信号,确定性信号又分为周期信号和非周期信号。

1)周期信号

周期信号是指经过一定时间间隔重复出现的无始无终的信号,可表达为

$$x(t) = x(t + nT) \tag{6-1}$$

式中,n 为整数,T 为周期。

周期信号可分为简谐信号和复杂周期信号。在周期信号中,按正弦或余弦规律变化的信号称为简谐信号。复杂周期信号是由两个以上的频率比为有理数的简谐信号合成的,例如周期方波、周期三角波、周期锯齿波等。

2)非周期信号

非周期信号分为准周期信号和瞬变信号。准周期信号也是由两个以上的简谐信号合成的,但是其频率比为无理数,在其组成分量之间无法找到公共周期,所以无法按某一周期重复出现。例如 $x(t) = \sin t + \sin \sqrt{2} t$ 是由两个正弦信号合成的,其频率比不是有理数,不成谐波关系。这种信号往往出现于通信、振动系统,应用于机械转子振动分析、齿轮噪声分析、语音分析等场合。

瞬变信号是在一定时间区间内存在或者随着时间的增长而衰减至零的信号,其时间历程较短。例如,锤子的敲击力、承载缆绳断裂时的应力变化、插入加热炉中热电偶的温度变化过

程等,这些信号都属于瞬变(非周期)信号,并且可用数学关系式描述。

非确定性信号又称为随机信号,是指不能用准确的数学关系式来描述,只能用概率统计方法进行描述的信号,例如机加工车间内的噪声、汽车行驶中的振动等。非确定性信号可分为平稳随机信号和非平稳随机信号。

实际物理过程往往是很复杂的,既无理想的确定性,也无理想的非确定性,而是相互掺杂的。

2. 按信号幅值随时间变化的连续性分类

按信号的取值特征,即根据信号的幅值及其自变量是连续的还是离散的,可将信号分为连续信号和离散信号两大类。

$$信号 \begin{cases} 连续信号 \begin{cases} 模拟信号(信号的幅值与独立变量均连续) \\ 一般连续信号(独立变量连续) \end{cases} \\ 离散信号 \begin{cases} 一般离散信号(独立变量离散) \\ 数字信号(信号的幅值和独立变量均离散) \end{cases} \end{cases}$$

连续信号是指在时间和空间上呈连续变化的信号,可以用连续的函数和曲线表示。典型的连续信号有模拟信号,例如:声音大小、光线强度等。连续信号有无数个取值,可以是任意实数。

离散信号是在时间和空间上呈离散变化的信号,仅在特殊时刻和位置有定义。离散信号由一系列离散数值组成,典型的离散信号有数字信号、离散时间信号等。

模拟信号是连续变化的信号,其值可以是一个连续变化范围内的任何值。例如,音频信号是一种典型的模拟信号,它的振幅和频率可以连续变化。模拟信号可以用连续函数来表示。

数字信号是在时间和空间上都离散化的信号,其值只能取有限个离散值。数字信号通常用二进制来表示,通过对模拟信号进行采样和量化得到。数字信号的离散性使其更容易存储、处理和传输。

3. 按信号的能量特征分类

按信号的能量特征,信号可分为能量(有限)信号和功率(有限)信号两类。

$$信号 \begin{cases} 能量(有限)信号 \\ 功率(有限)信号 \end{cases}$$

当信号 $x(t)$ 满足 $\int_{-\infty}^{\infty} x^2(t)\mathrm{d}t < \infty$,则认为信号的能量是有限的,称之为能量有限信号,简称能量信号,如各类瞬变信号。

若信号 $x(t)$ 在区间 $(-\infty, \infty)$ 上的能量是无限的,即 $\int_{-\infty}^{\infty} x^2(t)\mathrm{d}t \to \infty$,但它在有限区间 (t_1, t_2) 上的平均功率是有限的,即 $\frac{1}{t_2 - t_1}\int_{t_1}^{t_2} x^2(t)\mathrm{d}t < \infty$,则这种信号称为功率有限信号,简称功率信号,如各种周期信号、常值信号、阶跃信号等。

6.1.2 信号的描述方法

信号的描述方法有时间域(简称时域)描述、频率域(简称频域)描述、幅值域描述和时频域描述。用信号的幅值随时间变化的函数或图形来描述信号的方法称为时域描述;把时域信号通过数学处理变成用以频率 f(或角频率 ω)为独立变量(自变量),以相应的幅值或相位为因变量的函数表达式或图形来描述,这种描述信号的方法称为频域描述。信号的幅值域描述是以信号幅值为自变量的信号表达方式。以时间和频率的联合函数来同时描述信号在不同时间和频率的能量密度或强度的方法,称为时频域描述。信号的描述方法见表 6-1。

表 6-1　信号的描述方法

描述方法	时域描述	频域描述	幅值域描述	时频域描述
定义	描述信号的幅值随时间的变化规律,可直接检测或记录到的信号	以频率作为独立变量的方式,也就是信号的频谱分析	信号的幅值域描述是以信号幅值为自变量的信号表达方式	以时间和频率的联合函数来同时描述信号在不同时间和频率的能量密度或强度
特点	可以知道信号的时域特征参数,即周期、峰值、均值、方差、均方值等。它们反映了信号变化的快慢和波动情况,因此时域描述比较直观、形象,便于观察和记录	可以揭示信号的频率结构,即组成信号的各频率分量的幅值、相位与频率的对应关系,因此在动态测试技术中得到广泛应用	反映了信号中不同强度幅值的分布情况	可以同时反映时间和频率信息,揭示非平稳随机信号所代表的被测物理量的本质
应用场合	常用于反映振动幅度	常用于寻找振源	常用于随机信号的统计分析	常用于图像处理、语音处理、医学、故障诊断等信号分析

6.2　周期信号的频谱

6.2.1　傅里叶级数的三角函数展开式

对于满足狄利克雷条件,即在区间 $(-T/2, T/2)$ 上连续或只有有限个第一类间断点,且只有有限个极值点的周期信号,其数学表达式均可展开为

$$x(t) = a_0 + \sum_{n=1}^{\infty}(a_n\cos n\omega_0 t + b_n\sin n\omega_0 t) \tag{6-2}$$

式(6-2)中,常值分量:

$$a_0 = \frac{1}{T_0}\int_{-T_0/2}^{T_0/2} x(t)\mathrm{d}t \tag{6-3}$$

余弦分量的幅值:

$$a_n = \frac{2}{T_0}\int_{-T_0/2}^{T_0/2} x(t)\cos n\omega_0 t\mathrm{d}t \tag{6-4}$$

正弦分量的幅值:

$$b_n = \frac{2}{T_0} \int_{-T_0/2}^{T_0/2} x(t) \sin n\omega_0 t \, dt \tag{6-5}$$

式(6-2)中，a_0，a_n，b_n 分别为傅里叶系数；T_0 为信号的周期，$T_0 = 2\pi/\omega_0$；ω_0 为信号的基频，用圆频率或角频率表示；n 为谐波的阶数，n 为正整数。

由式(6-4)和式(6-5)可知，a_n 是 n 或 $n\omega_0$ 的偶函数；b_n 是 n 或 $n\omega_0$ 的奇函数。

应用三角函数变换，可将式(6-2)中正、余弦函数的同频率项合并、整理，可得信号 $x(t)$ 另一种形式的傅里叶级数表达式：

$$x(t) = A_0 + \sum_{n=1}^{\infty} A_n \sin(n\omega_0 t + \varphi_n) \tag{6-6}$$

式(6-6)中，常值分量：

$$A_0 = a_0 = \frac{1}{T_0} \int_{-T_0/2}^{T_0/2} x(t) \, dt \tag{6-7}$$

各次谐波分量频率成分的幅值：

$$A_n = \sqrt{a_n^2 + b_n^2} \tag{6-8}$$

各次谐波分量频率成分的初相角：

$$\varphi_n = \arctan\left(\frac{a_n}{b_n}\right) \tag{6-9}$$

从式(6-4)和式(6-5)可知，周期信号可分解成众多具有不同频率的正、余弦分量。式(6-6)中，第一项 A_0 为周期信号中的常值或直流分量，从第二项依次往后分别称为信号的基波或一次谐波、二次谐波、三次谐波、……、n 次谐波，即 $n=1$ 的谐波称为基波，用 n 次倍频成分 $A_n \sin(n\omega_0 t + \varphi_n)$ 描述 n 次谐波。A_n 为 n 次谐波的幅值，φ_n 为其初相角。

为直观地表示出一个信号的频率成分结构，以 ω 为横坐标，以 A_n 和 φ_n 为纵坐标所作的图称为频谱图。A_n-ω 图称为幅值谱图，φ_n-ω 图称为相位谱图。

由于 n 是整数序列，相邻频率的间隔为 $\Delta\omega = \omega_0 = 2\pi/T_0$，即各频率成分都是 ω_0 的整数倍，因此谱线是离散的。频谱中的每一根谱线对应其中一个谐波，频谱比较形象地反映了周期信号的频率结构及其特征。

【例 6.1】 周期性三角波时域表达式如式(6-10)所示，其时域图如图 6-2 所示，试求其傅里叶级数的三角函数展开式及其频谱，式中 T_0 为周期，A 为幅值。

$$x(t) = \begin{cases} A + \dfrac{A}{T_0/2}t & \left(-\dfrac{T_0}{2} \leqslant t < 0\right) \\[2mm] A - \dfrac{A}{T_0/2}t & \left(0 \leqslant t \leqslant \dfrac{T_0}{2}\right) \end{cases} \tag{6-10}$$

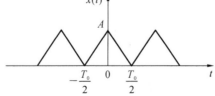

图 6-2 周期性三角波的时域图

【解】　由于 $x(t)$ 为偶函数,故正弦分量的幅值 $b_n = 0$,常值分量:

$$a_0 = \frac{1}{T_0} \int_{-T_0/2}^{T_0/2} x(t) \mathrm{d}t = 2 \frac{1}{T_0} \int_0^{T_0/2} \left(A - \frac{2At}{T_0} \right) \mathrm{d}t = \frac{A}{2}$$

余弦分量的幅值:

$$a_n = \frac{2}{T_0} \int_{-T_0/2}^{T_0/2} x(t) \cos n\omega_0 t \mathrm{d}t$$

$$= 2 \frac{2}{T_0} \int_0^{T_0/2} \left(A - \frac{2A}{T_0} t \right) \cos n\omega_0 t \mathrm{d}t$$

$$= -\frac{2A}{n^2 \pi^2} (\cos n\pi - 1)$$

$$= \frac{4A}{n^2 \pi^2} \sin^2 \frac{n\pi}{2} = \begin{cases} \dfrac{4A}{n^2 \pi^2}, & n = 1,3,5,\cdots \\ 0, & n = 2,4,6,\cdots \end{cases}$$

$$A_n = \sqrt{a_n^2 + b_n^2} = |a_n| = \frac{4A}{n^2 \pi^2}, \qquad n = 1,3,5,\cdots$$

上式是因为 $x(t)$ 为偶函数,$\sin n\omega_0 t$ 为奇函数,所以 $x(t)\sin n\omega_0 t$ 也为奇函数,而奇函数在对称区间积分之值等于零。这样,该周期性三角波的傅里叶级数的三角函数展开式为

$$x(t) = \frac{A}{2} + \frac{4A}{\pi^2} \left(\cos \omega_0 t + \frac{1}{3^2} \cos 3\omega_0 t + \frac{1}{5^2} \cos 5\omega_0 t + \cdots \right)$$

$$A_n = \sqrt{a_n^2 + b_n^2} = |a_n| = \frac{4A}{n^2 \pi^2}, \qquad n = 1,3,5,\cdots$$

$$\theta_n = \arctan(a_n / b_n) = \pi/2, \qquad n = 1,3,5,\cdots$$

当 $n = 1$ 时,$a_1 = \dfrac{4A}{\pi^2}$;当 $n = 2$ 时,$a_2 = 0$;当 $n = 3$ 时,$a_3 = \dfrac{4A}{3^2 \pi^2}$;当 $n = 4$ 时,$a_4 = 0$;当 $n = 5$ 时,$a_5 = \dfrac{4A}{5^2 \pi^2}$。

周期性三角波的幅值谱图如图 6-3 所示,其只包含常值分量、基波和奇次谐波的频率分量,谐波的幅值以 $1/n^2$ 的规律收敛。而在其相位谱图中基波和各次谐波的初相位为 φ_n,均为零。

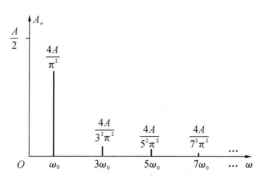

图 6-3　周期性三角波的幅值谱图

6.2.2　傅里叶级数的复指数展开式

由欧拉公式

$$\mathrm{e}^{\pm jn\omega_0 t} = \cos n\omega_0 t \pm j\sin n\omega_0 t$$

或

$$\begin{cases} \cos n\omega_0 t = \dfrac{1}{2}(\mathrm{e}^{-jn\omega_0 t} + \mathrm{e}^{jn\omega_0 t}) \\ \sin n\omega_0 t = \dfrac{j}{2}(\mathrm{e}^{-jn\omega_0 t} - \mathrm{e}^{jn\omega_0 t}) \end{cases} \tag{6-11}$$

式(6-2)可改写为

$$x(t) = a_0 + \sum_{n=1}^{\infty} \frac{1}{2}(a_n + jb_n)\mathrm{e}^{-jn\omega_0 t} + \frac{1}{2}(a_n - jb_n)\mathrm{e}^{jn\omega_0 t} \tag{6-12}$$

令 $c_0 = a_0$，$c_n = \dfrac{1}{2}(a_n - jb_n)$，$c_{-n} = \dfrac{1}{2}(a_n + jb_n)$，则有

$$x(t) = c_0 + \sum_{n=1}^{\infty} c_{-n}\mathrm{e}^{-jn\omega_0 t} + \sum_{n=1}^{\infty} c_n\mathrm{e}^{jn\omega_0 t} \tag{6-13}$$

即

$$x(t) = \sum_{n=-\infty}^{\infty} c_n\mathrm{e}^{jn\omega_0 t}, \qquad n = 0, \pm 1, \pm 2, \cdots \tag{6-14}$$

式(6-14)中，有

$$c_n = \frac{1}{T_0}\int_{-T_0/2}^{T_0/2} x(t)\,\mathrm{e}^{-jn\omega_0 t}\mathrm{d}t \tag{6-15}$$

一般情况下，c_n 是复数，可以写成

$$c_n = \mathrm{Re}\,c_n + j\mathrm{Im}\,c_n = |c_n|\mathrm{e}^{j\varphi_n} \tag{6-16}$$

其中，$\mathrm{Re}\,c_n$、$\mathrm{Im}\,c_n$ 分别称为实频谱和虚频谱；$|c_n|$、φ_n 分别称为双边幅值谱和双边相位谱，后简称幅值谱、相位谱。

它们之间的关系为

$$|c_n| = \sqrt{(\mathrm{Re}\,c_n)^2 + (\mathrm{Im}\,c_n)^2} \tag{6-17}$$

$$\varphi_n = \arctan\frac{\mathrm{Im}\,c_n}{\mathrm{Re}\,c_n} \tag{6-18}$$

【例 6.2】　周期性方波的时域图如图 6-4 所示，分别用傅里叶级数的三角函数展开式和复指数展开式求频谱，并作频谱图。

【解】　周期性方波在一个周期内的时域表达式为

$$x(t) = \begin{cases} A, & 0 \leqslant t \leqslant T_0/2 \\ -A, & -T_0/2 \leqslant t < 0 \end{cases}$$

(1) 利用傅里叶级数的三角函数展开式求其幅频、相频特性。因函数 $x(t)$ 是奇函数，奇函数在对称区间积分值为 0，所以 $a_0 = 0$，$a_n = 0$。

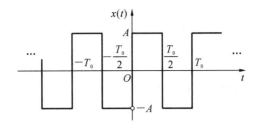

图 6-4　周期性方波的时域图

$$b_n = \frac{2}{T_0}\int_{-T_0/2}^{T_0/2} x(t)\sin n\omega_0 t\,\mathrm{d}t = \frac{2}{T_0}\left[\int_{-T_0/2}^{0}(-A)\sin n\omega_0 t\,\mathrm{d}t + \int_{0}^{T_0/2} A\sin n\omega_0 t\,\mathrm{d}t\right]$$

$$= \frac{2A}{T_0}\left[\frac{\cos n\omega_0 t}{n\omega_0}\bigg|_{-T_0/2}^{0} + \frac{-\cos n\omega_0 t}{n\omega_0}\bigg|_{0}^{T_0/2}\right] = \frac{4A}{n\omega_0 T_0}\left[1-\cos(n\omega_0/2)\right]$$

$$= \begin{cases} 4A/n\pi, & n=1,3,5,\cdots \\ 0, & n=2,4,6,\cdots \end{cases}$$

因此有

$$x(t) = \frac{4A}{\pi}\left(\sin\omega_0 t + \frac{1}{3}\sin 3\omega_0 t + \frac{1}{5}\sin 5\omega_0 t + \cdots\right) \tag{6-19}$$

根据式(6-19),周期性方波的幅值谱图如图 6-5 所示,其只包含基波和奇次谐波的频率分量,且谐波幅值以 $1/n$ 的规律收敛,而在其相位谱图中各次谐波的初相位 φ_n 均为零。

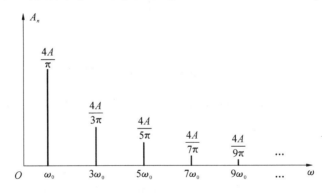

图 6-5　周期性方波的幅值谱图

(2)利用傅里叶级数的复指数展开式求其幅频、相频特性:

$$c_0 = \frac{1}{T_0}\int_{-T_0/2}^{T_0/2} x(t)\,\mathrm{d}t = 0$$

$$c_n = \frac{1}{T_0}\int_{-T_0/2}^{T_0/2} x(t)\mathrm{e}^{-\mathrm{j}n\omega_0 t}\,\mathrm{d}t = \frac{1}{T_0}\int_{-T_0/2}^{0}(-A)\mathrm{e}^{-\mathrm{j}n\omega_0 t}\,\mathrm{d}t + \int_{0}^{T_0/2} A\mathrm{e}^{-\mathrm{j}n\omega_0 t}\,\mathrm{d}t$$

$$= \frac{A}{\mathrm{j}n\pi}(1-\cos n\pi), \qquad n\neq 0$$

$$x(t) = \sum_{n=-\infty}^{\infty}\left(-\mathrm{j}\frac{2A}{n\pi}\right)\mathrm{e}^{\mathrm{j}n\omega_0 t}, \qquad n=\pm 1,\pm 3,\pm 5,\cdots$$

$$|c_n| = \left|\frac{2A}{n\pi}\right|, \qquad n = \pm 1, \pm 3, \pm 5, \cdots$$

$$\varphi_n = \arctan\frac{-2A/n\pi}{0} = \begin{cases} -\pi/2, & n > 0 \\ \pi/2, & n < 0 \end{cases}$$

周期性方波的幅值谱图和相位谱图如图 6-6 所示。

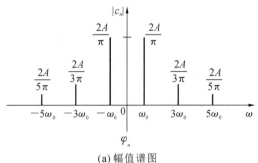

(a) 幅值谱图

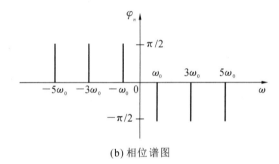

(b) 相位谱图

图 6-6 周期性方波的幅值谱图和相位谱图

三角函数展开形式的频谱是单边谱 $[\omega\in[0,\infty)]$，复指数展开形式的频谱是双边谱 $[\omega\in(-\infty,\infty)]$，两种频谱的关系为

$$|c_0| = A_0 = a_0, |c_n| = \frac{1}{2}\sqrt{a_n^2 + b_n^2} = \frac{A_n}{2} \tag{6-20}$$

式中，c_n 与 c_{-n} 共轭，即 $c_n = c_{-n}^*$，同时 $\varphi_{-n} = -\varphi_n$，双边幅值谱为偶函数，双边相位谱为奇函数。

周期信号频谱，无论是用三角函数展开式还是复指数展开式求得，其特点如下：

(1) 周期信号的频谱是离散的，每条谱线表示一个正弦分量的幅值；

(2) 每条谱线只出现在基频整数倍的频率上；

(3) 各频率分量的谱线高度与对应谐波的振幅成正比，一般谐波幅值总的趋势是随谐波次数的增加而减小的，因此，在频谱分析中不必取那些次数过高的谐波分量。

6.2.3 周期信号的强度表述

周期信号的强度以峰值、绝对均值、有效值和平均功率来表述。

峰值 x_p 是信号可能出现的最大瞬时值，即

$$x_{\mathrm{p}} = \big| x(t) \big|_{\max} \tag{6-21}$$

峰-峰值 $x_{\mathrm{p\text{-}p}}$ 是在一个周期中最大瞬时值与最小瞬时值之差。

对信号的峰值和峰-峰值应有足够的估计,以便确定测试系统的动态范围。一般希望信号的峰-峰值在测试系统的线性区域内,使所观测到的信号正比于被测信号的变化状态。如果进入非线性区域,则信号将发生畸变,结果不但不能正比于被测信号的幅值,而且会增生大量谐波。

周期信号的均值为

$$\mu_x = \frac{1}{T_0} \int_0^{T_0} x(t) \, \mathrm{d}t$$

它是信号的常值分量。

周期信号全波整流后的均值就是信号的绝对均值 $\mu_{|x|}$,即

$$\mu_{|x|} = \frac{1}{T_0} \int_0^{T_0} \big| x(t) \big| \, \mathrm{d}t \tag{6-22}$$

有效值是信号的均方根值 x_{rms},即

$$x_{\mathrm{rms}} = \sqrt{\frac{1}{T_0} \int_0^{T_0} x^2(t) \, \mathrm{d}t} \tag{6-23}$$

有效值的平方-均方值就是信号的平均功率 P_{av},即

$$P_{\mathrm{av}} = \frac{1}{T_0} \int_0^{T_0} x^2(t) \, \mathrm{d}t \tag{6-24}$$

它反映信号的功率大小。

表 6-2 列举了常见周期信号时域图及频谱图。从表中可见,信号的均值、绝对均值、有效值和峰值之间的关系与波形有关。

信号的峰值、绝对均值和有效值可用三值电压表来测量,也可用普通的电工仪表来测量。峰值可根据波形折算或用显示记忆瞬峰值的仪表测量,也可以用示波器来测量。均值可用电压表测量。因为信号是周期交变的,如果交流频率较高,交流成分只造成表针的微小晃动,不影响均值读数。当频率较低时,表针将产生摆动,影响读数。这时可用一个电容器与电压表并接,但应注意这个电容对被测电路的影响。

值得指出,虽然一般的交流电压表均按有效值刻度,但其输出量并不一定和信号的有效值成比例,而是随着电压表的检波电路的不同,可能与信号的有效值成正比,也可能与信号的峰值或绝对均值成比例。不同检波电路的电压表上的有效值刻度,都是依照单一谐波信号来刻度的。这就保证了用各种电压表在测量某一简谐信号时都能正确测得信号的有效值,获得一致的读数。然而,刻度过程实际上相当于把检波电路输出和简谐信号有效值的关系"固化"在电压表中。这种关系不适用于某一非简谐信号,因为随着波形的不同,各类检波电路输出和简谐信号有效值的关系已经改变了,电压表在测量复杂信号有效值时存在系统误差。这时应根据检波电路和波形来修正有效值读数。

表 6-2　常见周期信号时域图及频谱图

名称及时域表达式	时域图	幅值谱图	相位谱图
正弦 $x(t)=A\sin(\omega_0 t+\varphi_0)$			
余弦 $x(t)=A\cos\omega_0 t$			
方波 $x(t)=\begin{cases} A & (\lvert t\rvert \leqslant \frac{T}{4}) \\ -A & (\frac{T}{2}\geqslant \lvert t\rvert > \frac{T}{4}) \end{cases}$			
三角波 $x(t)=\begin{cases} -2A-\frac{4A}{T}t & (-\frac{T}{2}<t<-\frac{T}{4}) \\ \frac{4A}{T} & (-\frac{T}{4}\leqslant \leqslant \frac{T}{4}) \\ 2A-\frac{4A}{T}t & (\frac{T}{4}<t<\frac{T}{2}) \end{cases}$			
锯齿波 $x(t)=\begin{cases} \frac{2A}{T}t & (-\frac{T}{2}<t<\frac{T}{2}) \\ 0 & (t=\pm\frac{T}{2}) \end{cases}$			
余弦全波整流 $x(t)=\lvert A\cos\omega_0 t\rvert$			

6.3　非周期信号的频谱

6.3.1　概述

两个或两个以上的正、余弦信号叠加,如果任意两个分量的频率比不是有理数,或者说各分量的周期没有公倍数,那么合成的结果就不是周期信号,例如下式所表达的信号:

$$x(t) = A_1 \sin(\sqrt{2}t + \theta_1) + A_2 \sin(3t + \theta_2) + A_3 \sin(2\sqrt{7}t + \theta_3) \tag{6-25}$$

这种由没有公共整数倍周期的各个分量合成的信号是一种非周期信号,但是,这种信号的频谱图仍然是离散的,保持着周期信号的特点,故称这种信号为准周期信号。在工程领域内,多个独立振源共同作用所引起的振动往往属于这类信号。

除了准周期信号以外的非周期信号称为瞬变信号。因此,非周期信号就进一步分为了准周期信号和瞬变信号两种。通常习惯上所称的非周期信号是指瞬变信号。

6.3.2　瞬变信号的频谱

周期信号的频谱是离散的,谱线的角频率间隔 $\Delta\omega = \omega_0 = 2\pi/T_0$。当 $T_0 \to \infty$ 时,谱线间隔 $\Delta\omega \to 0$,于是周期信号的离散频谱变成了非周期信号的连续频谱。由式(6-13)可知,周期信号 $x(t)$ 在区间 $(-T_0/2, T_0/2)$ 上的傅里叶级数的复指数形式为

$$x(t) = \sum_{n=-\infty}^{\infty} c_n e^{jn\omega_0 t} = \sum_{n=-\infty}^{\infty} \left[\frac{1}{T_0} \int_{-T_0/2}^{T_0/2} x(t) e^{-jn\omega_0 t} dt \right] e^{jn\omega_0 t} \tag{6-26}$$

当周期 $T_0 \to \infty$ 时,频率间隔 $\Delta\omega \to d\omega$,离散频谱中相邻的谱线无限接近,离散变量 $n\omega_0 \to \omega$,求和运算就变成了求积分运算,于是有

$$x(t) = \frac{1}{2\pi} \int_{-\infty}^{\infty} \left[\int_{-\infty}^{\infty} x(t) e^{-j\omega t} dt \right] e^{j\omega t} d\omega \tag{6-27}$$

这就是傅里叶积分式,由于中括号内时间 t 是积分变量,所以积分后信号仅是 ω 的函数,记作 $X(\omega)$,即

$$X(\omega) = \int_{-\infty}^{\infty} x(t) e^{-j\omega t} dt \tag{6-28}$$

于是

$$x(t) = \frac{1}{2\pi} \int_{-\infty}^{\infty} X(\omega) e^{j\omega t} d\omega \tag{6-29}$$

其中,称式(6-28)中的 $X(\omega)$ 为 $x(t)$ 的傅里叶变换,表示为 $F[x(t)] = X(\omega)$;称式(6-29)中的 $x(t)$ 为 $X(\omega)$ 的傅里叶逆变换,表示为 $F^{-1}[X(\omega)] = x(t)$。$x(t)$ 和 $X(\omega)$ 称为傅里叶变换对,表示为

$$x(t) \leftrightarrow X(\omega) \tag{6-30}$$

把 $\omega = 2\pi f$ 代入式(6-27)式(6-28),有

$$X(f) = \int_{-\infty}^{\infty} x(t) e^{-j2\pi ft} dt \tag{6-31}$$

$$x(t) = \int_{-\infty}^{\infty} X(f) \, e^{j2\pi ft} \, df \tag{6-32}$$

一般情况下，$X(f)$是实变量 f 的复函数，可以写成

$$X(f) = X_R(f) + j \, X_I(f) \tag{6-33}$$

$$\text{或 } X(f) = |X(f)| e^{j\varphi(f)} \tag{6-34}$$

式中，$|X(f)|$ 为幅值谱；$\varphi(f)$ 为相位谱。它们都是连续的。$|X(f)|$ 的量纲是单位频宽上的幅值，也称作幅值密度或谱密度。而周期信号的幅值谱 $|c_n|$ 是离散的，且量纲与信号幅值的量纲相同，这是瞬变信号与周期信号频谱的主要区别。

【例 6.3】 矩形窗函数 $W_R(t)$ 时域表达式如式(6-35)所示，其时域图如图 6-7 所示，求其频谱并作频谱图。

$$W_R(t) = \begin{cases} 1, & |t| \leqslant T/2 \\ 0, & |t| > T/2 \end{cases} \tag{6-35}$$

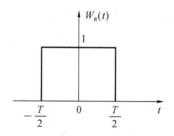

图 6-7 矩形窗函数时域图

【解】 利用傅里叶变换求其频谱为

$$
\begin{aligned}
W_R(jf) &= \int_{-\infty}^{\infty} W_R(t) e^{-j2\pi ft} \, dt \\
&= \int_{\frac{T}{2}}^{\frac{T}{2}} 1 \cdot e^{-j2\pi ft} \, dt = \frac{1}{-j2\pi ft} e^{-j2\pi ft} \Big|_{\frac{T}{2}}^{\frac{T}{2}} \\
&= \frac{1}{-j\pi ft} (e^{-j\pi fT} - e^{-j\pi fT}) = T \frac{\sin(\pi fT)}{\pi fT} \\
&= T \mathrm{sinc}(\pi fT)
\end{aligned}
$$

这里定义函数 $\mathrm{sinc}(x) = \dfrac{\sin x}{x}$。

其幅值谱为

$$|W_R(jf)| = T |\mathrm{sinc}(\pi fT)|$$

其相位谱为

$$
\varphi(f) = \begin{cases}
\pi, & \dfrac{2n-2}{T} < f \leqslant \dfrac{2n-1}{T}, n = 0, -1, -2, \cdots \\[2mm]
0, & \dfrac{2n-1}{T} < f \leqslant \dfrac{2n}{T}, n = 0, -1, -2, \cdots \\[2mm]
0, & \dfrac{2n}{T} < f \leqslant \dfrac{2n+1}{T}, n = 0, -1, -2, \cdots \\[2mm]
-\pi, & \dfrac{2n+1}{T} < f \leqslant \dfrac{2n+2}{T}, n = 0, -1, -2, \cdots
\end{cases}
$$

矩形窗函数的幅值谱图如图 6-8(a)所示,相位谱图如图 6-8(b)所示。

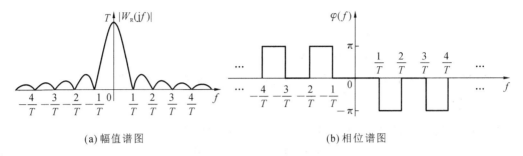

(a) 幅值谱图　　　　　　　　　　　　(b) 相位谱图

图 6-8　矩形窗函数的频谱图

可见该信号随时间做以 2π 为周期的衰减振荡,函数在 $\pi f T = \pi n\,(n = \pm 1, \pm 2, \pm 3, \cdots)$ 时,幅值为零。

6.3.3　傅里叶变换的主要性质

傅里叶变换是信号分析与处理中,时域与频域之间转换的基本数学工具。掌握傅里叶变换的主要性质,有助于了解信号在某一域中变化时,在另一域中相应的变化规律,从而使复杂信号的计算分析得以简化。表 6-3 中列出的傅里叶变换各项性质均可用定义公式推导证明,以下对其主要性质进行必要证明和解释。

表 6-3　傅里叶变换各项性质

性质	时域	频域	性质	时域	频域
奇偶虚实(性)	实偶函数	实偶函数	频移	$x(t)\mathrm{e}^{\mp 2\pi f_0 t}$	$X(f \pm f_0)$
	实奇函数	虚奇函数	翻转	$x(-t)$	$X(-f)$
	虚偶函数	虚偶函数	共轭	$x*(t)$	$X*(-f)$
	虚奇函数	实奇函数	时域卷积	$x_1(t)*x_2(t)$	$X_1(f)X_2(f)$
线性叠加	$ax(t)+by(t)$	$aX(\mathrm{j}f)+By(\mathrm{j}f)$	频域卷积	$x_1(t)x_2(t)$	$X_1(f)*X_2(f)$
对称	$X(t)$	$x(-f)$	时域微分	$\dfrac{\mathrm{d}^n x(t)}{\mathrm{d}t^n}$	$(\mathrm{j}2\pi f)^n X(f)$
时间尺度改变	$x(kt)$	$\dfrac{1}{\lvert k\rvert}X\left(\dfrac{f}{k}\right)$	频域微分	$(-\mathrm{j}2\pi f)^n x(t)$	$\dfrac{\mathrm{d}^n X(f)}{\mathrm{d}f^n}$
时移	$x(t-t_0)$	$X(f)\mathrm{e}^{-\mathrm{j}2\pi f t_0}$	积分	$\displaystyle\int_{-\infty}^{t} x(t)\,\mathrm{d}t$	$\dfrac{1}{\mathrm{j}2\pi f}x(\mathrm{j}f)$

1. 奇偶虚实性质

一般 $X(f)$ 是实变量 f 的复变函数。由欧拉公式,有

$$X(f) = \int_{-\infty}^{\infty} x(t)\, e^{-j2\pi ft}\, dt$$

$$= \int_{-\infty}^{\infty} x(t)\cos(2\pi ft)\, dt - j\int_{-\infty}^{\infty} x(t)\sin(2\pi ft)\, dt$$

$$= X_R(f) - j\, X_I(f) \tag{6-36}$$

显然,根据时域函数的奇偶性,容易判断其实频谱和虚频谱的奇偶性。

2. 线性叠加性质

由傅里叶变换的定义容易证明,若 $x(t) \leftrightarrow X(f)$,$y(t) \leftrightarrow Y(f)$,有

$$ax(t) + by(t) \leftrightarrow aX(f) + bY(f) \tag{6-37}$$

式中,a,b 为常数。

3. 对称性质

若 $x(t) \leftrightarrow X(f)$,则有

$$X(t) \leftrightarrow x(-f) \tag{6-38}$$

证明:已知

$$x(t) = \int_{-\infty}^{\infty} X(f)\, e^{j2\pi ft}\, df$$

以 $-t$ 替代 t,有

$$x(-t) = \int_{-\infty}^{\infty} X(f)\, e^{-j2\pi ft}\, df$$

将 t 与 f 互换,得 $X(t)$ 的傅里叶变化:

$$x(-f) = \int_{-\infty}^{\infty} X(t)\, e^{-j2\pi ft}\, dt$$

即

$$X(t) \leftrightarrow x(-f)$$

该性质表明傅里叶变换与傅里叶逆变换之间存在对称关系,即信号的波形与信号频谱函数的波形有互相置换的关系。利用这个性质,可以根据已知的傅里叶变换得出相应的变换对。

4. 时间尺度改变性质

若 $x(t) \leftrightarrow X(f)$,则有

$$x(kt) \leftrightarrow \frac{1}{k} X\left(\frac{f}{k}\right) \qquad (k > 0) \tag{6-39}$$

证明:当信号 $x(t)$ 的时间尺度变为 kt 时,有

$$\int_{-\infty}^{\infty} x(kt)\, e^{-j2\pi ft}\, dt = \frac{1}{k}\int_{-\infty}^{\infty} x(kt)\, e^{-j2\pi \frac{f}{k}(kt)}\, d(kt) = \frac{1}{k} X\left(\frac{f}{k}\right)$$

5. 时移和频移性质

设 $x(t) \leftrightarrow X(f)$,若把信号在时域中沿时间轴平移一常值 t_0,则在其频域中引起相应的相移 $2\pi ft_0$,即

$$x(t \pm t_0) \leftrightarrow X(f)\, e^{\pm j2\pi ft_0} \tag{6-40}$$

证明:$\displaystyle\int_{-\infty}^{\infty} x(t \pm t_0)\, e^{-j2\pi ft}\, dt = \int_{-\infty}^{\infty} x(t \pm t_0)\, e^{-j2\pi f(t \pm t_0)}\, e^{\pm 2\pi ft_0}\, d(t \pm t_0) = x(f)\, e^{\pm j2\pi ft_0}$

同理,在频域中将频谱沿频率轴向右平移常值 f_0,则相当于在对应时域中将信号乘以因子 $e^{j2\pi f_0 t}$,即

$$x(t)\,e^{\pm j2\pi f_0 t} \leftrightarrow X(f \mp f_0)$$

6. 微分和积分特性

若 $x(t) \leftrightarrow X(f)$,则对式(6-32)两边取时间微分,可得

$$\frac{\mathrm{d}x(t)}{\mathrm{d}t} \leftrightarrow j2\pi f X(f) \tag{6-41}$$

这说明一个函数求导后取傅里叶变换等于其乘以因子 $j2\pi f$。一般有

$$\frac{\mathrm{d}^n x(t)}{\mathrm{d}t^n} \leftrightarrow (j2\pi f)^n X(f) \tag{6-42}$$

同样,将式(6-31)对频率 f 微分,可得频域微分特性表达式为

$$\frac{\mathrm{d}^n X(f)}{\mathrm{d}f^n} \leftrightarrow (-j2\pi f)^n x(t) \tag{6-43}$$

说明一个函数积分后取傅里叶变换等于其傅里叶变换除以 $j2\pi f$。

证明:因为

$$\frac{\mathrm{d}}{\mathrm{d}t}\int_{-\infty}^{t} x(t)\mathrm{d}t = x(t) \tag{6-44}$$

又根据式(6-43)的频域微分特性,有

$$F\left[\frac{\mathrm{d}}{\mathrm{d}t}\int_{-\infty}^{t} x(t)\mathrm{d}t\right] = j2\pi f F\left[\int_{-\infty}^{t} x(t)\mathrm{d}t\right] \tag{6-45}$$

所以

$$\int_{-\infty}^{t} x(t)\mathrm{d}t \leftrightarrow \frac{1}{j2\pi f}X(f) \tag{6-46}$$

以上微分与积分特性在信号处理中很有用。在振动测试中,如果测得位移、速度或加速度中任一参数,便可用傅里叶变换的微分或积分特性求其他参数的频谱。

7. 卷积性质

定义 $\int_{-\infty}^{\infty} x_1(t)\,x_2(t-\tau)\mathrm{d}t$ 为函数 $x_1(t)$ 与 $x_2(t)$ 的卷积,记作 $x_1(t) * x_2(t)$。

若 $x_1(t) \leftrightarrow X_1(f)$,$x_2(t) \leftrightarrow X_2(f)$,则有

$$x_1(t) * x_2(t) \leftrightarrow X_1(f)\,X_2(f) \tag{6-47}$$

由此说明两个时间函数卷积的傅里叶变换等于它们各自傅里叶变换的乘积。

证明:

$$F[x_1(t) * x_2(t)] = \int_{-\infty}^{\infty}\left[\int_{-\infty}^{\infty} x_1(\tau)\,x_2(t-\tau)\mathrm{d}\tau\right]e^{-j2\pi ft}\mathrm{d}t$$

$$= \int_{-\infty}^{\infty} x_1(\tau)\,e^{-j2\pi f\tau}\left[\int_{-\infty}^{\infty} x_2(t-\tau)\,e^{-j2\pi f(t-\tau)}\mathrm{d}(t-\tau)\right]\mathrm{d}\tau$$

$$= \int_{-\infty}^{\infty} x_1(\tau)\,e^{-j2\pi f\tau}\,X_2(f)\mathrm{d}\tau$$

$$= X_2(f)\int_{-\infty}^{\infty} x_1(\tau)\,e^{-j2\pi f\tau}\mathrm{d}\tau$$

$$= X_1(f) \, X_2(f)$$

即

$$x_1(t) * x_2(t) \leftrightarrow X_1(f) \, X_2(f)$$

同理可证两个时间函数乘积的傅里叶变换等于它们各自傅里叶变换的卷积。

6.4 几种典型信号的频谱

非周期信号的连续频谱可采用傅里叶变换的方法求得。周期信号的离散频谱,既可利用傅里叶级数法求得(幅值谱),又可采用傅里叶变换法间接求得(谱密度)。下面以几个典型信号为例加以说明。

6.4.1 单位脉冲函数信号及其频谱

1. 单位脉冲函数的定义

在 τ 时间内激发一个宽度为 τ、高度为 $1/\tau$ 的矩形脉冲 $S_\tau(t)$。定义单位脉冲函数为

$$\delta(t) = \lim_{\tau \to 0} S_\tau(t) \tag{6-48}$$

也可写成

$$\delta(t) = \begin{cases} \infty, & t = 0 \\ 0, & t \neq 0 \end{cases}$$

若延迟到 t_0 时刻,有

$$\delta(t - t_0) = \begin{cases} \infty, & t = t_0 \\ 0, & t \neq t_0 \end{cases} \tag{6-49}$$

单位脉冲函数又称为 δ 函数,用一个单位长的箭头表示,如图 6-9 所示。δ 函数下的面积为

$$\int_{-\infty}^{\infty} \delta(t)\mathrm{d}t = \lim_{\tau \to 0} \int_{-\infty}^{\infty} s_\tau(t)\mathrm{d}t = 1 \tag{6-50}$$

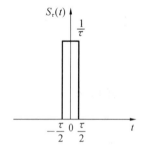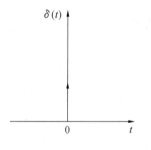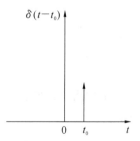

图 6-9　矩形脉冲与 δ-函数

2. δ-函数的采样性质

如果 δ 函数与一个连续函数 $x(t)$ 相乘,其乘积仅在 $t=0$ 处有 $x(0)\delta(t)$,其余各点处乘积

均为零,可得

$$\int_{-\infty}^{\infty} \delta(t)x(t)dt = \int_{-\infty}^{\infty} \delta(t)x(0)dt = x(\tau)\int_{-\infty}^{\infty} \delta(t)dt = x(0) \tag{6-51}$$

同理,有

$$\int_{-\infty}^{\infty} \delta(t-t_0)x(t)dt = \int_{-\infty}^{\infty} \delta(t-t_0)x(t_0)dt = x(t_0) \tag{6-52}$$

3. δ-函数与其他函数的卷积

函数 $\delta(t)$ 与任意函数 $x(t)$ 的卷积是一种最简单的卷积运算,即

$$\begin{aligned} x(t) * \delta(t) &= \int_{-\infty}^{\infty} x(\tau)\delta(t-\tau)d\tau \\ &= \int_{-\infty}^{\infty} x(\tau)\delta(\tau-t)d\tau = x(t) \end{aligned} \tag{6-53}$$

同理,有

$$x(t) * \delta(t \pm t_0) = \int_{-\infty}^{\infty} x(\tau)\delta(t \pm t_0 - \tau)d\tau = x(t \pm t_0) \tag{6-54}$$

由式(6-53)和式(6-54)可知:函数 $x(t)$ 与 $\delta(t)$ 卷积的结果相当于把函数 $x(t)$ 平移到脉冲函数发生的坐标位置,如图 6-10 所示。

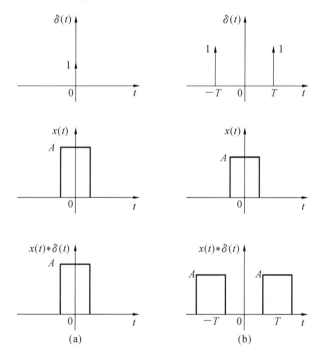

图 6-10　δ-函数与其他函数的卷积

4. δ-函数的频谱

对 δ-函数取傅里叶变换,得其频谱

$$\Delta(f) = \int_{-\infty}^{\infty} \delta(t)\,\mathrm{e}^{-\mathrm{j}2\pi ft}dt = \mathrm{e}^0 = 1 \tag{6-55}$$

δ 函数及其频谱图如图 6-11 所示,其傅里叶逆变换为

$$\delta(t) = \int_{-\infty}^{\infty} 1 \cdot \mathrm{e}^{\mathrm{j}2\pi ft} \, \mathrm{d}f \tag{6-56}$$

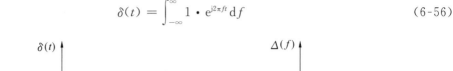

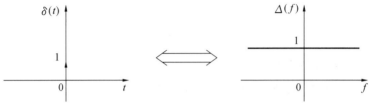

图 6-11 δ-函数及其频谱图

由此可知,时域脉冲函数具有无限宽广的频谱,且在所有的频段上都是等强度的。这种频谱常常称为"均匀谱"或"白色谱"。$\delta(t)$ 是理想的白噪声信号。

根据傅里叶变换的对称性质及时移和频移性质,可得表 6-4 所示的常用傅里叶变换对。

表 6-4　常用傅里叶变换对

时域	频域
$\delta(t)$	1
1	$\delta(f)$
$\delta(t-t_0)$	$\mathrm{e}^{-\mathrm{j}2\pi ft_0}$
$\mathrm{e}^{\mathrm{j}2\pi ft_0}$	$\delta(f-f_0)$

6.4.2　单边指数函数信号的频谱

单边指数函数的表达式为

$$x(t) = \begin{cases} \mathrm{e}^{-at}, & t \geqslant 0, a > 0 \\ 0, & t < 0 \end{cases} \tag{6-57}$$

由式(6-57),其傅里叶变换为

$$X(f) = \int_{-\infty}^{\infty} x(t) \, \mathrm{e}^{-\mathrm{j}2\pi ft} \, \mathrm{d}t = \int_{0}^{\infty} \mathrm{e}^{-at} \, \mathrm{e}^{-\mathrm{j}2\pi ft} \, \mathrm{d}t = \int_{0}^{\infty} \mathrm{e}^{-(a+\mathrm{j}2\pi f)t} \, \mathrm{d}t$$

$$= \frac{1}{a+\mathrm{j}2\pi f} = \frac{a}{a^2 + (2\pi f)^2} - \mathrm{j}\frac{2\pi f}{a^2 + (2\pi f)^2} \tag{6-58}$$

于是,有

$$|X(f)| = \frac{1}{\sqrt{a^2 + (2\pi f)^2}} \tag{6-59}$$

$$\varphi(f) = -\arctan\left(\frac{2\pi f}{a}\right) \tag{6-60}$$

如图 6-12 所示,图 6-12(a)为单边指数函数的时域图,图 6-12(b)为其幅值谱图,图 6-12(c)为其相位谱图。

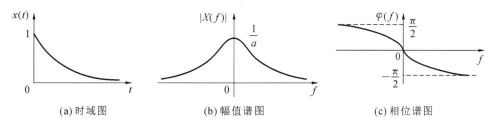

(a) 时域图　　　　　　(b) 幅值谱图　　　　　　(c) 相位谱图

图 6-12 单边指数函数及其频谱图

6.4.3 正、余弦函数信号的频谱

由于周期函数不满足绝对可积的条件,不能直接用式(6-28)或式(6-31)进行傅里叶变换,进行傅里叶变换时可引用 $\delta(t)$。用傅里叶级数法求得周期函数的频谱是离散的,用傅里叶变换法求得的频谱(密度)亦是离散的。

根据欧拉公式,正、余弦函数可写成

$$\sin(2\pi f_0 t) = j\frac{1}{2}(e^{-j2\pi f_0 t} - e^{j2\pi f_0 t}) \tag{6-61}$$

$$\cos(2\pi f_0 t) = \frac{1}{2}(e^{-j2\pi f_0 t} + e^{j2\pi f_0 t}) \tag{6-62}$$

利用表 6-4 可得正、余弦函数的傅里叶变换为

$$\sin(2\pi f_0 t) \leftrightarrow j\frac{1}{2}[\delta(f+f_0) - \delta(f-f_0)] \tag{6-63}$$

$$\cos(2\pi f_0 t) \leftrightarrow \frac{1}{2}[\delta(f+f_0) + \delta(f-f_0)] \tag{6-64}$$

正、余弦函数及其频谱图如图 6-13 所示。

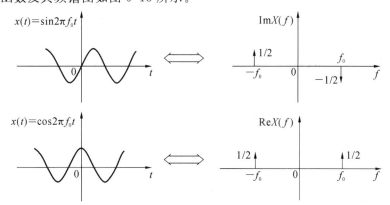

图 6-13 正、余弦函数及其频谱图

6.4.4 周期性矩形脉冲函数信号的频谱

周期性矩形脉冲函数如图 6-14 所示,其中周期性矩形脉冲的周期为 T,脉冲宽度为 τ,其在一个周期内函数表达式为

$$x(t) = \begin{cases} 0, & -\dfrac{T}{2} \leqslant t < -\dfrac{\tau}{2} \\[2mm] 1, & -\dfrac{\tau}{2} \leqslant t < \dfrac{\tau}{2} \\[2mm] 0, & \dfrac{\tau}{2} \leqslant t < \dfrac{T}{2} \end{cases} \tag{6-65}$$

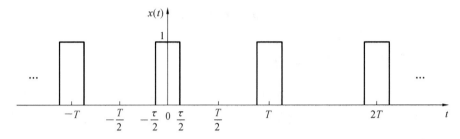

图 6-14　周期性矩形脉冲函数

根据式(6-65),有

$$c_n = \frac{1}{T} \int_{-T/2}^{T/2} x(t) \, \mathrm{e}^{-jn\omega_0 t} \, \mathrm{d}t$$

$$= \frac{1}{T} \int_{-T/2}^{T/2} \mathrm{e}^{-jn\omega_0} \, \mathrm{d}t$$

$$= \frac{1}{T} \left. \frac{\mathrm{e}^{-jn\omega_0 t}}{-jn\omega_0} \right|_{-\tau/2}^{\tau/2}$$

$$= \frac{2}{T} \frac{\sin\left(\dfrac{n\omega_0 \tau}{2}\right)}{n\omega_0}$$

$$= \frac{\tau}{T} \operatorname{sinc}\left(\frac{n\omega_0 \tau}{2}\right) \qquad n = 0, \pm 1, \pm 2, \cdots \tag{6-66}$$

将 $\omega_0 = \dfrac{2\pi}{T}$ 代入式(6-66),得

$$c_n = \frac{\tau}{T} \operatorname{sinc}\left(\frac{n\pi\tau}{T}\right) \qquad n = 0, \pm 1, \pm 2, \cdots \tag{6-67}$$

周期性矩形脉冲函数的傅里叶级数展开式为

$$x(t) = \sum_{n=-\infty}^{\infty} c_n \, \mathrm{e}^{jn\omega_0 t}$$

$$= \frac{\tau}{T} \sum_{n=-\infty}^{\infty} \operatorname{sinc}\left(\frac{n\pi\tau}{T}\right) \mathrm{e}^{jn\omega_0 t} \qquad n = 0, \pm 1, \pm 2, \cdots \tag{6-68}$$

若设 $T = 4\tau$,周期性矩形脉冲函数的频谱图如图 6-15 所示。与一般的周期信号频谱特点相同,其信号的频谱也是离散的,它仅含 $\omega = n\omega_0$ 的主频率分量。显然,当周期 T 变大时,谱线间隔 ω_0 变小,频谱变得稠密,反之则变稀疏。但不管谱线变密还是变疏,频谱的形状以及其包络不随 T 的变化而变化。

如图 6-16 所示,由于信号的周期相同,因而信号的谱线间隔相同。当信号的周期不变而脉冲宽度变小时,由式(6-68)可知,信号的频谱幅值也将变小。

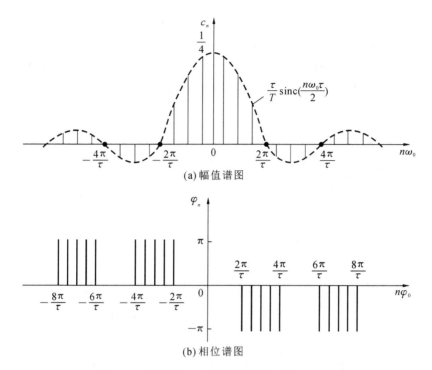

(a) 幅值谱图

(b) 相位谱图

图 6-15　周期性矩形脉冲函数的频谱图（$T=4\tau$）

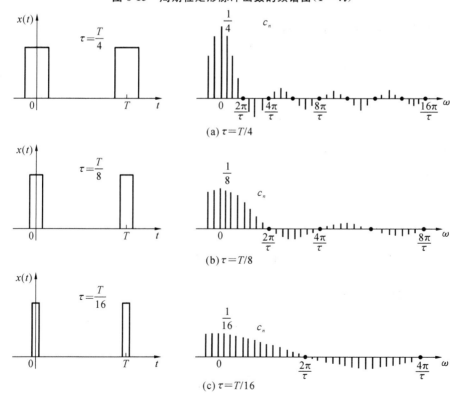

(a) $\tau=T/4$

(b) $\tau=T/8$

(c) $\tau=T/16$

图 6-16　周期性矩形脉冲信号脉冲宽度与幅值谱的关系

由于脉冲宽度相同,因而信号的带宽也相同。如图 6-17 所示,当周期变大时,信号谱线的间隔便减小。若周期无限增大,即当 $T \to \infty$ 时,原来的周期信号便变成非周期信号,此时,谱线变得越来越密集,最终谱线间隔趋近于零,整个谱线便成为一条连续的频谱。同样,由式(6-68)可知,当周期增大而脉冲宽度不变时,各频率分量幅值相应变小。

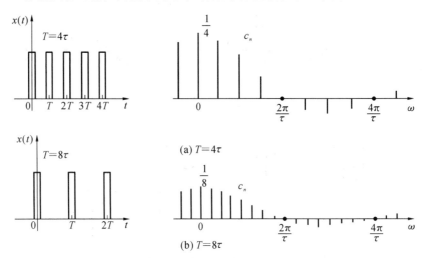

图 6-17　周期性矩形脉冲信号周期与幅值谱的关系

6.4.5　符号函数信号的频谱

根据符号函数的数学表达式,有

$$x(t) = \operatorname{sgn}(t) = \begin{cases} -1, & t < 0 \\ 0, & t = 0 \\ 1, & t > 0 \end{cases} \qquad (6-69)$$

求 $\operatorname{sgn}(t)$ 的频谱时,可利用傅里叶变换的微分性质。

如果 $x(t) \leftrightarrow X(f)$,则

$$\frac{\mathrm{d}x(t)}{\mathrm{d}t} \leftrightarrow \mathrm{j}2\pi f X(f)$$

对符号函数微分,有

$$\frac{\mathrm{d}}{\mathrm{d}t}\operatorname{sgn}(t) = 2\delta(t) \qquad (6-70)$$

对 $\frac{\mathrm{d}}{\mathrm{d}t}\operatorname{sgn}(t)$ 的傅里叶变换为

$$\frac{\mathrm{d}}{\mathrm{d}t}\operatorname{sgn}(t) \leftrightarrow F\big[2\delta(t)\big] = 2 \qquad (6-71)$$

而

$$F\left[\frac{\mathrm{d}}{\mathrm{d}t}\operatorname{sgn}(t)\right] = \mathrm{j}2\pi f F\big[\operatorname{sgn}(t)\big]$$

$$F\left[\operatorname{sgn}(t)\right] = \frac{F\left[\dfrac{\mathrm{d}}{\mathrm{d}t}\operatorname{sgn}(t)\right]}{\mathrm{j}2\pi f} = \frac{F\left[2\delta(t)\right]}{\mathrm{j}2\pi f} = \frac{2}{\mathrm{j}2\pi f} = \frac{1}{\mathrm{j}\pi f} \tag{6-72}$$

所以

$$\operatorname{sgn}(t) \leftrightarrow \frac{2}{\mathrm{j}\omega} = \frac{1}{\mathrm{j}\pi f}$$

单位符号函数及其频谱图如图 6-18 所示。

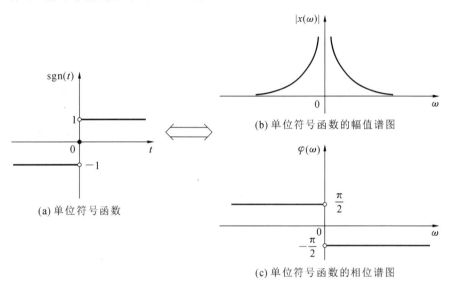

(b) 单位符号函数的幅值谱图

(a) 单位符号函数

(c) 单位符号函数的相位谱图

图 6-18　单位符号函数及其频谱图

6.4.6　阶跃函数信号的频谱

阶跃函数的数学表达式为

$$x(t) = u(t) = \begin{cases} 1, & t \geqslant 0 \\ 0, & t < 0 \end{cases} \tag{6-73}$$

任意阶跃函数的表达式均可写成

$$\begin{aligned}
x(t) &= \left(\frac{1}{2}\right)\left[x(t) + x(-t) - x(-t) + x(t)\right] \\
&= \left(\frac{1}{2}\right)\left[x(t) + x(-t)\right] + \left[x(t) - x(-t)\right] \\
&= x_{\mathrm{e}}(t) + x_{\mathrm{o}}(t) \tag{6-74}
\end{aligned}$$

式中，$x_{\mathrm{e}}(t) = \left(\dfrac{1}{2}\right)\left[x(t)+x(-t)\right]$，表示偶信号（即 $x(t)$ 与 $x(-t)$ 之和）；$x_{\mathrm{o}}(t) = \left(\dfrac{1}{2}\right)\left[x(t)-x(-t)\right]$，表示奇信号（即 $x(t)$ 与 $-x(-t)$ 之和）。

任何阶跃函数信号都可以按上式分解为偶信号与奇信号之和。根据式(6-71)，单位阶跃函数可分解为

$$x_e(t) = \frac{1}{2}\big[u(t) + u(-t)\big] = \frac{1}{2}$$

$$x_o(t) = \frac{1}{2}\big[u(t) - u(-t)\big] = \frac{1}{2}\,\mathrm{sgn}(t) \tag{6-75}$$

所以

$$u(t) = x_e(t) + x_o(t) = \frac{1}{2}\big[1 + \mathrm{sgn}(t)\big] \tag{6-76}$$

$$F\big[u(t)\big] = \frac{1}{2}\Big[\delta(f) + \frac{1}{\mathrm{j}\pi f}\Big] \tag{6-77}$$

$$x(t) = u(t) \leftrightarrow \frac{1}{2}\Big[\delta(f) + \frac{1}{\mathrm{j}\pi f}\Big] \tag{6-78}$$

单位阶跃函数及其频谱图如图 6-19 所示。单位阶跃函数的幅频特性在 $f=0$ 时有冲击,说明其主要成分为直流。另外,由于 $t=0$ 时有突跳,所以在 $f\neq0$ 时还存在其他频率成分(随着频率的增加而较快地衰减)。其相频特性:当 $f>0$ 时,$\varphi(f)=-\pi/2$;当 $f<0$ 时,$\varphi(f)=\pi/2$。

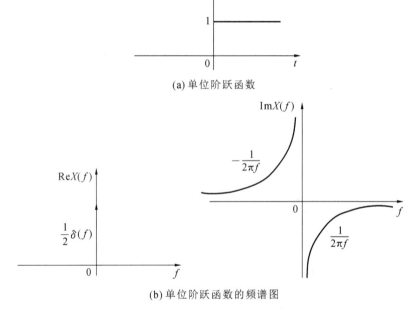

(a) 单位阶跃函数

(b) 单位阶跃函数的频谱图

图 6-19 单位阶跃函数及其频谱图

6.5 随机信号的概念及分类

6.5.1 随机信号的概念

随机信号是工程中经常遇到的一种信号,其特点如下:

(1) 时间函数不能用精确的数学关系式来描述;

（2）不能预测随机信号未来任何时刻的准确值；

（3）每次对这种随机信号的观测结果都不同，但通过大量的重复试验可以看到它具有统计规律，因而可用概率统计的方法来描述和研究。

在工程实际中，随机信号随处可见，如气温的变化、机器振动的变化等，即使是同一机床同一工人加工的相同零部件，其尺寸也不尽相同。产生随机信号的物理现象称为随机现象，随机信号的单个时间历程 $x_i(t)$ 称为样本函数，随机现象可能产生的全部样本函数的集合 $\{x(t)\}$ 称为随机过程。在有限时间区间上观测得到的样本函数称为样本记录。

6.5.2　随机信号的分类

如果对于任意的 $t_i \in T$，随机过程 $\{x(t_i)\}$ 都是连续随机变量，我们就称此随机过程为连续随机过程，其中 T 为 t 的变化范围。与之相反，如果对于任意的 $t_i \in T$，随机过程 $\{x(t_i)\}$ 都是离散随机变量，我们就称此随机过程为离散随机过程。

随机过程可分为平稳过程和非平稳过程。平稳过程又分为各态历经过程和非各态历经过程。

随机过程在任意时刻 t_k 的各统计特性采用集合平均的方法来描述。所谓集合平均就是对全部样本函数在某时刻之值 $x_i(t)$ 求平均。例如，图 6-20 中时刻 t_1 的均值为

$$\mu_x(t_1) = \lim_{N \to \infty} \frac{1}{N} \sum_{k=1}^{N} x_k(t_1) \tag{6-79}$$

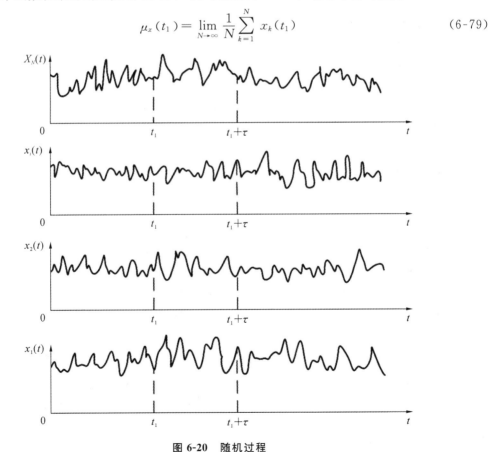

图 6-20　随机过程

随机过程在 t_1 和 $t_1+\tau$ 两个不同时刻的相关性可用相关函数表示为

$$R_x(t_1,t_1+\tau)=\lim_{N\to\infty}\frac{1}{N}x_k(t_1)\,x_k(t_1+\tau) \tag{6-80}$$

一般情况下,$\mu_x(t_1)$ 和 $R_x(t_1,t_1+\tau)$ 都随 t_1 的改变而变化,这种随机过程为非平稳过程。若随机过程的统计特征不随时间变化,则称为平稳过程。如果平稳过程的每个时间历程的平均统计特征均相同,且等于总体统计特征,则该过程称为各态历经过程。例如,图 6-20 中第 i 个样本的时间平均为

$$\mu_{x_i}=\lim_{T\to\infty}\frac{1}{T}\int_0^T x_i(t)\mathrm{d}t=\mu_x \tag{6-81}$$

$$R_{x_i}(\tau)=\lim_{T\to\infty}\frac{1}{T}\int_0^T x_i(t)\,x_i(t+\tau)\mathrm{d}t=R_x(\tau) \tag{6-82}$$

在工程中所遇到的多数随机信号具有各态历经性,有的虽不算严格的各态历经过程,但也可当作各态历经过程来处理。从理论上来说,求随机过程的统计参数需要无限多个样本,这是难以办到的,而实际测试工作常把随机信号按各态历经过程来处理,以测得的有限个函数的时间平均来估计整个随机过程的集合平均值。

习　题

一、单选题

1. 不能用确定的数学公式来表达的信号是(　　)信号。

A. 复杂周期　　　　　　　　　　　　B. 非周期

C. 瞬变　　　　　　　　　　　　　　D. 随机

2. 周期信号各次谐波的频率只能是基波频率的(　　)倍。

A. 奇数　　　　　　　　　　　　　　B. 偶数

C. 复数　　　　　　　　　　　　　　D. 整数

3. 工程中常见的周期信号,其谐波的幅值随谐波频率增大而(　　)。

A. 不确定　　　　　　　　　　　　　B. 增大

C. 不变　　　　　　　　　　　　　　D. 减小

4. 一种非周期信号在频域上的表达却是离散频谱,这种信号称为(　　)信号。

A. 准周期　　　　　　　　　　　　　B. 非周期

C. 瞬变非周期　　　　　　　　　　　D. 随机

5. 各频谱分量的幅值输出与输入反映在幅频特性曲线上应该是(　　)。

A. 直线　　　　　　　　　　　　　　B. 圆

C. 双曲线　　　　　　　　　　　　　D. 抛物线

6. (　　)是信号分析处理中进行时间域和频率域之间变换的一种基本数学工具。

A. 拉氏变换　　　　　　　　　　　　B. 傅里叶变换

C. 拉氏反变换　　　　　　　　　　　D. 傅里叶逆变换

7. $x(t)$ 的频谱是 $X(f)$,$y(t)$ 的频谱是 $Y(f)$,若在频域内将 $X(f)$ 和 $Y(f)$ 相乘运算,则对应在时域内的 $x(t)$ 和 $y(t)$ 应做(　　)运算。

A. 卷积　　　　　　　　　　　　B. 加减

C. 微分　　　　　　　　　　　　D. 积分

8. 若信号分析设备可分析的频率低于磁带记录仪所记录信号的频率,可将磁带(　　),也可达到分析的目的。

A. 重放速度放快　　　　　　　　B. 重放速度放慢

C. 重放速度不变　　　　　　　　D. 不存在

9. 时域信号的时移,其频谱变化为(　　)。

A. 压缩　　　　　　　　　　　　B. 扩展

C. 不变　　　　　　　　　　　　D. 相移

10. 周期信号截断后的频谱肯定是(　　)频谱。

A. 连续　　　　　　　　　　　　B. 连续非周期

C. 离散　　　　　　　　　　　　D. 离散周期

11. 矩形窗函数在时域变窄,则其频域对应的频带(　　)。

A. 缩小　　　　　　　　　　　　B. 不确定

C. 不变　　　　　　　　　　　　D. 加宽

12. 一个正弦函数的频谱(　　)。

A. 与纵轴对称　　　　　　　　　B. 只有虚频谱

C. 由虚实频谱组成　　　　　　　D. 只有实频谱

13. 从时域上看,系统的输出是输入与该系统(　　)响应的卷积。

A. 斜坡　　　　　　　　　　　　B. 阶跃

C. 脉冲　　　　　　　　　　　　D. 正弦

14. 周期性单位脉冲函数在数学上具有(　　)功能,因此又称(　　)函数。

A. 采样;等间隔周期　　　　　　B. 采样;等间隔

C. 采样;采样　　　　　　　　　D. 提取周期;间隔

15. 脉冲函数的频谱是(　　)。

A. 均匀谱　　　　　　　　　　　B. 逐渐增高的频谱

C. 逐渐降低的频谱　　　　　　　D. 非均匀谱

16. 任意函数与单位脉冲函数卷积的结果在频域中幅值(　　)。

A. 不变　　　　　　　　　　　　B. 为零

C. 减半　　　　　　　　　　　　D. 变为原来的 2 倍

17. 单位脉冲函数实际上是一个宽度为(　　),幅值为(　　),面积为(　　)的脉冲。

A. 0;∞;1　　　　　　　　　　　B. ∞;∞;∞

C. 1;1;1　　　　　　　　　　　D. ∞;0;1

18. 单位阶跃函数可由单位脉冲函数经(　　)而得到。

A. 积分　　　　　　　　　　　　B. 傅里叶变换

C. 微分　　　　　　　　　　　　D. 傅里叶逆变换

19. 平稳过程具有(　　)的特点。

A. 连续　　　　　　　　　　　　B. 统计特性与时间无关

C. 各态历经 　　　　　　　　　　　 D. 统计特征等于时间平均

20. 下列统计参数用以描述随机信号的强度或平均功率的是（　　　）。

A. 概率密度函数 　　　　　　　　　 B. 均值

C. 均方值 　　　　　　　　　　　　 D. 方差

二、分析题

1. 求图 6-21 中双边指数函数的傅里叶变换，双边指数函数的数学表达式为

$$x(t) = \begin{cases} e^{at}, & -\infty < t < 0 \\ e^{-at}, & 0 \leqslant t < \infty \end{cases} \quad (a > 0)$$

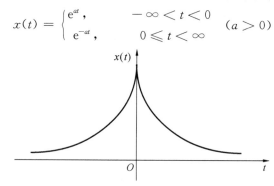

图 6-21　双边指数函数

2. 求正弦函数 $x(t) = A\sin(\omega t + \varphi)$ 的绝对值 $|\mu_x|$、均方根值 x_{rms} 及概率密度函数 $P(x)$。

3. 求被时宽为 T 的矩形窗函数截断的余弦函数 $\cos \omega_0 t$（见图 6-22）的频谱，并作其频谱图。

$$x(t) = \begin{cases} \cos \omega_0 t, & |t| \leqslant T \\ 0, & |t| > T \end{cases}$$

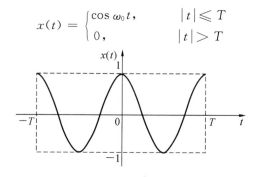

图 6-22　余弦函数

4. 某时间函数 $f(t)$ 及其频谱图如图 6-23 所示，现乘以余弦函数 $\cos\omega_0 t(\omega_0 > \omega_n)$。在这个关系中，函数 $f(t)$ 叫作调制信号，余弦函数 $\cos\omega_0 t$ 叫作载波。试求调幅信号 $f(t)\cos\omega_0 t$ 的傅里叶变换，并画出调幅信号及其频谱。又问：若 $\omega_0 < \omega_n$，将会出现什么情况？

图 6-23　某时间函数及其频谱图

第7章 信号的调理与转换

【知识目标】

(1) 掌握电桥电路的输出特性。

(2) 了解常用中间变换电路的特点、应用。

(3) 了解实际滤波器的特性参数。

【能力目标】

(1) 能够分析直流电桥和交流电桥平衡的条件。

(2) 能够结合生活实际理解调制与解调的意义及过程。

【素质目标】

(1) 培养学生严谨求实的科学态度,提高学生的探究意识和探究能力。

(2) 培养学生温故知新的能力。

(3) 强调实践和应用,使学生更加深入地了解电桥、调制与解调等在现代工业和社会发展中的重要性和作用。

【知识图谱】

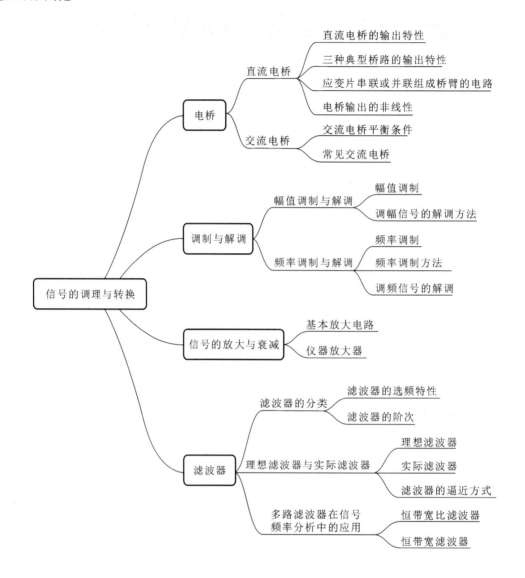

信号的调理与转换是系统不可缺少的重要环节。被测量经传感器后的输出信号通常是很微弱的或者是非电压信号,如电阻、电容、电感或电荷、电流等电参量,这些微弱信号或非电压信号难以直接被显示或通过 A/D 转换器送入仪器进行数据采集,而且有些信号本身还携带有一些干扰信息或噪声。因此,经传感后的信号仍需要经过调理、放大、滤波等一系列的加工处理,以将微弱的信号放大、将非电压信号转换为电压信号,抑制干扰噪声,提高信噪比,便于后续环节的处理。信号的调理与转换涉及的范围很广,本章主要讨论一些常用的环节,如电桥、调制与解调、滤波和放大等,并对常用信号显示与记录仪器进行简要介绍。

7.1　电桥

当传感器把被测量转换为电路或磁路参数的变化后,电桥可以把这种参数变化转换为电桥的输出电压或电流的变化,分别称为电压桥和电流桥。电压桥按其激励电压的种类不同可以分为直流电桥和交流电桥;电流桥也称为功率桥,输出的阻抗要与内电阻匹配。

7.1.1　直流电桥

采用直流电源的电桥称为直流电桥,直流电桥的桥臂只能为电阻。如图 7-1 所示,电阻 R_1、R_2、R_3、R_4 作为 4 个桥臂,在 C、D 端(称为输入端或电源端)接入直流电源 E,A、B 端(称为输出端或测量端)的输出电压为 U_{AB}。

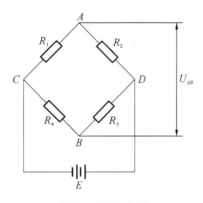

图 7-1　直流电桥

测量时常用等臂电桥,即 $R_1=R_2=R_3=R_4$,或电源端对称电桥,即 $R_1=R_2$,$R_3=R_4$。

贴在试件上的应变计称为工作应变片。常用的三种设置工作应变片的方式分别为单臂工作(选桥臂 1 为工作应变片)、双臂工作(选桥臂 1、2 为工作应变片)和四臂工作。

电桥的 4 个桥臂均由应变片组成时,称为全桥;桥臂 1、2 由应变片组成,而桥臂 3、4 为标准电阻时,称为半桥。

当电桥输出端接入的仪表或放大器的输入阻抗足够大时,可认为其负载阻抗为无穷大,这时把电桥称为电压桥;当其输出阻抗与内电阻匹配时,满足最大功率传输条件,这时电桥被称为功率桥或电流桥。

1. 直流电桥的输出特性

由图 7-1 可知电压桥的输出电压为

$$U_{AB} = U_{AC} - U_{BC} = \frac{E R_1}{R_1 + R_2} - \frac{E R_4}{R_3 + R_4} = \frac{R_1 R_3 - R_2 R_4}{(R_1 + R_2)(R_3 + R_4)} E \qquad (7\text{-}1)$$

显然,当

$$R_1 R_3 = R_2 R_4 \left(\text{即} \frac{R_1}{R_4} = \frac{R_2}{R_3} \right) \qquad (7\text{-}2)$$

时,电桥的输出为"零",所以式(7-2)为电桥平衡条件式。

设电桥四臂电阻R_1、R_2、R_3、R_4的增量分别为ΔR_1、ΔR_2、ΔR_3、ΔR_4,则电桥的输出为

$$U_{AB} = \frac{(R_1+\Delta R_1)(R_3+\Delta R_3)-(R_2+\Delta R_2)(R_4+\Delta R_4)}{(R_1+\Delta R_1+R_2+\Delta R_2)(R_3+\Delta R_3+R_4+\Delta R_4)}E \tag{7-3}$$

考虑到$\Delta R_i \ll R_i$,$i=1,2,3,4$,忽略式(7-3)右边分子中的二阶微小增量$\Delta R_i \Delta R_j$和分母中的微小增量ΔR_i,同时代入电桥平衡条件式(7-2),有

$$U_{AB} = \frac{R_3 \Delta R_1 - R_4 \Delta R_2 + R_1 \Delta R_3 - R_2 \Delta R_4}{(R_1+R_2)(R_3+R_4)}E \tag{7-4}$$

再次利用电桥的平衡条件式(7-2)进行整理,有

$$U_{AB} = \frac{R_2/R_1}{(1+R_2/R_1)^2}E\left(\frac{\Delta R_1}{R_1} - \frac{\Delta R_2}{R_2} + \frac{\Delta R_3}{R_3} - \frac{\Delta R_4}{R_4}\right) \tag{7-5}$$

因为在等臂电桥和电源端对称电桥中,$R_2=R_1$,所以有

$$U_{AB} = \frac{1}{4}E\left(\frac{\Delta R_1}{R_1} - \frac{\Delta R_2}{R_2} + \frac{\Delta R_3}{R_3} - \frac{\Delta R_4}{R_4}\right) \tag{7-6}$$

式中,括号内为4个桥臂电阻变化率的代数和,各桥臂的运算规则是相对桥臂相加(同号),相邻桥臂相减(异号)。这一特性简称为加减特性,该式是非常重要的电桥输出特性公式。

利用全桥做应变测量时,应变计的灵敏度系数K必须一致,式(7-6)又可写为

$$U_{AB} = \frac{1}{4}EK(\varepsilon_1 - \varepsilon_2 + \varepsilon_3 - \varepsilon_4) \tag{7-7}$$

如果采用输出端对称电桥,则$R_2/R_1 \neq 1$,在式(7-6)中显然有$\frac{R_2/R_1}{(1+R_2/R_1)^2} < \frac{1}{4}$,所以其输出小于电源端对称电桥的输出。

2. 三种典型桥路的输出特性

1)单臂工作

桥臂R_1为工作应变片,R_2、R_3、R_4为固定电阻的桥路称为惠斯通电桥。工作时,只有R_1的电阻值发生变化,此时的输出电压为

$$U_{AB} \approx \frac{E}{4R}\Delta R_1 \tag{7-8}$$

令$\Delta R_1 = \Delta R$,则

$$U_{AB} \approx \frac{E}{4R}\Delta R \tag{7-9}$$

2)半桥工作

当两个桥臂R_1、R_2为工作应变片,其增量$\Delta R_1 = \Delta R_2 = \Delta R$,而另两个桥臂$R_3$、$R_4$为固定电阻时,则

$$U_{AB} \approx \frac{E}{2R}\Delta R \tag{7-10}$$

3)全桥工作

4个桥臂均为工作应变片,且其增量$\Delta R_1 = \Delta R$、$\Delta R_2 = -\Delta R$、$\Delta R_3 = \Delta R$、$\Delta R_4 = -\Delta R$,则

$$U_{AB} \approx \frac{E}{R}\Delta R \tag{7-11}$$

3. 应变片串联或并联组成桥臂的电路

电桥串并联的主要目的：

（1）在传感器设计时，减少偏心载荷；

（2）在测量转轴转矩时，为了减少集流器的电阻变化，以便减少误差，常将应变计串联或使用大阻值应变计；

（3）串联时，桥臂的电流减小，可适当提高供桥电压，从而提高输出灵敏度；

（4）并联时，当供桥电压不变时，输出电流增大，这对后续的电流驱动设备非常重要。

应变片串联或并联组成的桥臂如图 7-2 所示。

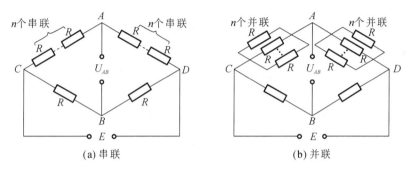

图 7-2　应变片串联或并联组成的桥臂

1）桥臂串联的情况

如图 7-2(a)所示，以单臂工作为例，设桥臂阻值 R_1、R_2 由 n 个应变片 R 串联组成，$R_3 = R_4 = R$，当 R_1 桥臂的 n 个应变片 R 都有增量 $\Delta R_i (i = 1, 2, \cdots, n)$ 时，电桥输出为

$$U_{AB} = \frac{E}{4} \frac{\sum\limits_{i=1}^{n}\Delta R_i}{nR} = \frac{E}{4n}\sum\limits_{i=1}^{n}\frac{\Delta R_i}{R} \tag{7-12}$$

只有当任意 ΔR_i 均等于 ΔR 时，电桥的输出才为

$$U_{AB} = \frac{E}{4}\frac{\Delta R}{R} \tag{7-13}$$

由于这种电桥在一个桥臂上有加减特性，故可将应变片的电阻变化取均值后输出，这在应力测量中对消除偏心载荷的影响是很有用的。

2）桥臂并联的情况

如图 7-2(b)所示，R_1、R_2 桥臂由 n 个应变片并联组成，其中 $R_3 = R_4 = R$，R_1 桥臂的各电阻应变片阻值为 $R_{1i} = R (i = 1, 2, \cdots, n)$，有

$$\frac{1}{R_1} = \sum\limits_{i=1}^{n}\frac{1}{R_{1i}} \tag{7-14}$$

对两边求导数，有

$$\frac{\mathrm{d}R_1}{R_1^2} = \sum\limits_{i=1}^{n}\frac{\mathrm{d}R_{1i}}{R_{1i}^2} \tag{7-15}$$

用增量代替微分并代入应变计阻值,有

$$\frac{\Delta R_1}{R_1} = \frac{1}{n} \sum_{i=1}^{n} \frac{\Delta R_{1i}}{R} \tag{7-16}$$

只有 R_1 桥臂的 n 个 R 都有相同增量 ΔR 时,电桥输出才与式(7-9)相同。

由式(7-13)和式(7-16)可知,采用桥臂串、并联方法并不能增加输出,但是可以在一个桥臂得到加减特性。提高电桥输出可以采用以下措施。

(1)增加电桥工作臂数。当电桥相邻桥臂有异号、相对桥臂有同号的电阻变化时,电桥输出可提高 2~4 倍。

(2)提高供桥电压。提高供桥电压可增加电桥输出,但输出会受到应变计额定功率的限制,使用中可选用串联方法增加桥臂阻值,以提高供桥电压。在桥臂并联情况下,并联电阻越多,供桥电源负担越重,所以使用应适量。

(3)使用不等臂电桥时,采用电源端对称电桥。

4. 电桥输出的非线性

前文在推导电桥输出特性公式时做了线性化处理,现在具体考察一下非线性误差的情况。

1)单臂工作

设有一单臂工作的电桥,由式(7-3)分析,其实际输出电压为

$$U'_{AB} = \frac{(R_1 + \Delta R_1) R_3}{(R_1 + \Delta R_1 + R_2)(R_3 + R_4)} E \tag{7-17}$$

线性化表达式为

$$U_{AB} = \frac{(R_1 + \Delta R_1) R_3}{(R_1 + R_2)(R_3 + R_4)} E \tag{7-18}$$

于是,非线性误差

$$\delta = \frac{U'_{AB} - U_{AB}}{U_{AB}} = \frac{U'_{AB}}{U_{AB}} - 1 = \frac{R_1 + R_2}{R_1 + \Delta R_1 + R_2} - 1 \approx \frac{-\Delta R_1}{R_1 + R_2} = -\frac{\Delta R_1}{2 R_1} \tag{7-19}$$

特别地,当应变计灵敏度系数 $K = 2$ 时,有

$$\delta = -\frac{K\varepsilon}{2} = -\varepsilon \tag{7-20}$$

可见其非线性误差与灵敏度系数有关,并且绝对值随被测应变的绝对值增加而增加。

2)双臂或四臂工作

由式(7-3)分析,双臂工作时电桥的实际输出电压为

$$U'_{AB} = \frac{R_3 \Delta R_1 - R_4 \Delta R_2}{(R_1 + \Delta R_1 + R_2 + \Delta R_2)(R_3 + R_4)} E \tag{7-21}$$

同样可求得非线性误差

$$\delta = -\frac{\Delta R_1 + \Delta R_2}{R_1 + R_2} = -\frac{1}{2}\left(\frac{\Delta R_1}{R_1} + \frac{\Delta R_2}{R_2}\right) \tag{7-22}$$

显然,若使 $\frac{\Delta R_1}{R_1} = -\frac{\Delta R_2}{R_2}$,则可消除非线性误差并且使灵敏度增加为原来的 2 倍。同理,如果采用全桥则有可能消除非线性误差并且使灵敏度增加为原来的 4 倍。

7.1.2　交流电桥

为了克服零点漂移(零漂)，正弦交流电压常作为电桥的电源，这样的电桥为交流电桥。交流电桥的电源必须具有良好的电压波形和频率稳定度，为了避免工频信号干扰，一般采用5～10 kHz变频交流电源作为激励电压。交流电桥不仅能测量动态信号，也能测量静态信号。交流电桥的4个桥臂可以是电感、电容、电阻或其组合，常用于电抗型传感器，如电容或电感传感器，此时电容或电感一般做成差动接电桥的相邻臂。

1. 交流电桥平衡条件

如图7-3所示，在交流电桥中，电桥平衡条件式可改写为阻抗的形式：

$$\vec{Z_1}\vec{Z_3} = \vec{Z_2}\vec{Z_4} \tag{7-23}$$

图7-3(b)所示为由电阻和电容组成的交流电桥，电桥平衡条件式可改写成

$$\frac{R_3}{\dfrac{1}{R_1}+\mathrm{j}\omega C_1} = \frac{R_4}{\dfrac{1}{R_2}+\mathrm{j}\omega C_2} \tag{7-24}$$

使其两边实部与虚部分别相等，有

$$\begin{cases} R_1 R_3 = R_2 R_4 \\[2mm] \dfrac{R_3}{R_4} = \dfrac{C_1}{C_2} \end{cases} \tag{7-25}$$

可见，交流电桥除了要满足电阻平衡条件，还必须满足电容平衡的要求。

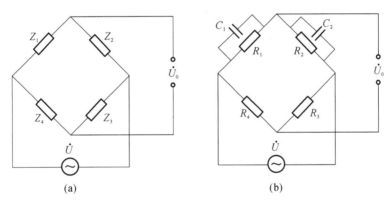

图 7-3　交流电桥

实测中，应尽量减少分布电容，利用仪器上的电阻、电容平衡装置调好初始平衡，并避免导线移动、温度变化、吸潮等造成桥臂电容变化，以减少零漂及相移。

2. 常见交流电桥

图7-4所示为一种常用的电感电桥，两相邻桥臂分别为电感L_1、L_4与电阻R_2、R_3，电桥平衡条件应为

$$\begin{cases} R_1 R_3 = R_2 R_4 \\[2mm] L_1 R_3 = L_4 R_2 \end{cases} \tag{7-26}$$

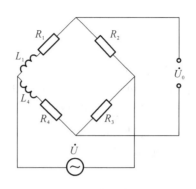

图 7-4 电感电桥

纯电阻交流电桥即使各桥臂均为电阻,但其导线间仍存在分布电容,相当于在各桥臂上并联了一个电容。为此,除了有电阻平衡外,还需要有电容平衡。图 7-5 所示为一种用于动态应变仪的具有电阻、电容平衡调节环节的交流电阻电桥。其中电阻R_1、R_2 和电位器R_3 组成电阻平衡调节部分,通过开关 S 实现电阻平衡粗调与微调的切换,电容 C 是一个差动可变电容器,当旋转电容平衡旋钮时,电容器左右两部分的电容一边增大,另一边减小,使并联到相邻两桥臂的电容值改变,以实现电容平衡。

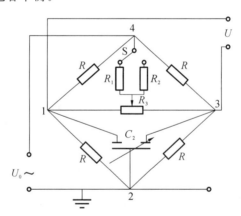

图 7-5 动态应变仪中的交流电阻电桥

在一般情况下,交流电桥的供桥电源必须具有良好的电压波形与频率稳定度。例如电源电压波形畸变(即包含了高次谐波),对基波而言电桥达到平衡,而对于高次谐波,电桥不一定能平衡,因此将有高次谐波的电压输出。

一般采用 5～10 kHz 变频交流电源作为交流电桥电源。这样,电桥输出将为调制波,外界工频干扰不易从线路中引入,并且后接交流放大电路简单而无零漂。

采用交流电桥时,必须注意到影响测量误差的一些因素,例如,电桥中元件之间的互感影响、无感电阻的残余电抗、邻近交流电路对电桥的感应作用、泄漏电阻,以及元件之间、元件与地之间的分布电容等。

油量表的工作原理

油量表如图 7-6 所示,当油箱中无油时,电容传感器的电容量为 C_{X0},调节匹配电容使 $C_0 = C_{X0}$,并使电位器 R_P 的滑动臂位于零点,即 R_P 的电阻值为 0。此时,电桥满足 $C_{X0}/C_0 = R_4/R_3$ 的平衡条件,电桥输出为 0。伺服电动机不转动,油量表指针偏转角 $\theta = 0°$。

当油箱中注满油时,液位上升至 h 处,$C_X = C_{X0} + \Delta C_X$,而 ΔC_X 与 h 成正比,此时,电桥失去平衡,电桥的输出电压 U_X 放大后驱动伺服电动机,经减速后带动指针偏转,同时带动 R_P 的滑动臂移动,从而使 R_P 阻值增大。当 R_P 阻值大到一定值时,电桥又达到新的平衡状态,此时 $U_X = 0$,于是,伺服电动机停转,指针停留在零点。

由于指针及可变电阻的滑动臂同时为伺服电动机所带动,因此,R_P 的阻值与电桥输出值之间存在着确定的对应关系,即电桥输出值正比于 R_P 的阻值。而 R_P 的阻值又正比于液位的高度 h,因此,可直接从刻度盘上读得液位高度 h。该装置采用了零位式测量方法,所以放大器的非线性及温漂对测量精度影响不大。

图 7-6　油量表

7.2　调制与解调

为了传输传感器输出的微弱信号,可以采用直流放大的方式,也可以采用调制与解调的方式。调制是使信息载体的某些特征随信息变化的过程,作用是把被测量信号植入载体使之便于传输和处理。载体被称为载波,是受被测量控制的高频信号。被测量称为调制信号,也称为原信号,一般为直流或较低频率的信号,调制的原理是将原信号调制到高频区后进行交流放大,使信号频率落在放大器带宽内,避免失真并且增强抗干扰能力。解调是调制的逆过程,作用是从载波中恢复所传送的信息。

根据载波受控参数的不同,调制可分为幅值调制、频率调制和相位调制,对应的波形分别称为调幅波、调频波和调相波。

调制与解调在工程上有着广泛的应用。为了改善某些测量系统的性能,在系统中常使用调制与解调技术。比如,力、位移等一些变化缓慢的量,经传感器变换后所得信号也是一种低频信号(缓变信号)。如果直接采用直流放大,就会带来零漂和级间耦合等问题,引起信号失真。但如果先将低频信号通过调制手段变为高频信号,再通过简单的交流放大器进行放大,就可以避免直流放大中的问题。对该放大的已调制信号再采用解调的手段即可获得原来的缓变信号。在无线电技术中,为了防止所发射信号间的相互干扰,研究人员常将发送的声频信号的频率移到各自被分配的高频、超高频频段上进行传输与接收,这也用到了调制技术与解调技术。

7.2.1 幅值调制与解调

幅值调制不仅仅能将信息嵌入能有效传输的信道中去,而且还能够把频谱重叠的多个信号通过一种复用技术在同一信道上同时传输。在电话电缆、有线电视电缆中,由于不同的信号被调制到不同的频段,因此,在一根导线中可以传输多路信号。幅值调制就是将载波信号与调制信号相乘,使载波的幅值随被测量信号变化。解调就是为了恢复被调制信号。幅值调制与解调过程如图 7-7 所示。

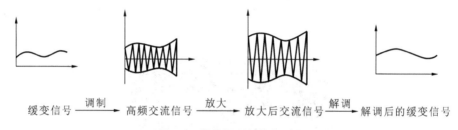

缓变信号 $\xrightarrow{\text{调制}}$ 高频交流信号 $\xrightarrow{\text{放大}}$ 放大后交流信号 $\xrightarrow{\text{解调}}$ 解调后的缓变信号

图 7-7　幅值调制与解调过程

1. 幅值调制

幅值调制是将一个高频载波信号(此处采用余弦波)与被测量信号相乘,使高频载波的幅值随被测量信号的变化而变化。

如图 7-8 所示,现以频率为 f_0 的余弦信号 $y(t)$ 作为载波进行讨论。高频载波信号为
$$y(t) = \cos 2\pi f_0 t$$
则调制器输出的已调制信号 $x_m(t)$ 为
$$x_m(t) = x(t)\cos 2\pi f_0 t \tag{7-27}$$

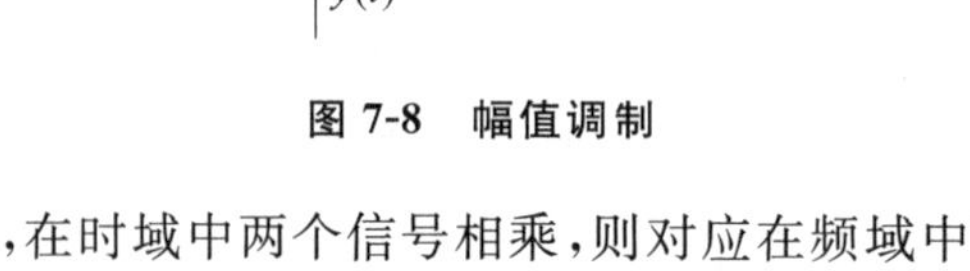

$x(t)$ → 调制器 → $x_m(t)=x(t)\cos 2\pi f_0 t$
$y(t)$

图 7-8　幅值调制

由傅里叶变换性质知,在时域中两个信号相乘,则对应在频域中两个信号卷积,即
$$x(t)y(t) \leftrightarrow X(f) * Y(f) \tag{7-28}$$
余弦函数的频谱图形是一对脉冲谱线,即

$$\cos 2\pi f_0 t \leftrightarrow \frac{1}{2}\delta(f-f_0)+\frac{1}{2}\delta(f+f_0) \tag{7-29}$$

一个函数与单位脉冲函数卷积的结果,就是将其图形由坐标原点平移至该脉冲函数处。因此,若以高频余弦信号作为载波,把调制信号 $x(t)$ 和载波信号 $y(t)$ 相乘,其结果就相当于把原信号频谱图形由原点平移至载波频率 f_0 处,其幅值减半,如图 7-9 所示,即

$$x(t)\cos 2\pi f_0 t \leftrightarrow \frac{1}{2}X(f)*\delta(f-f_0)+\frac{1}{2}X(f)*\delta(f+f_0) \tag{7-30}$$

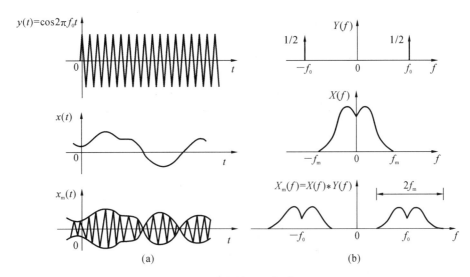

图 7-9　幅值调制频谱

显然,幅值调制过程就相当于频率"搬移"的过程,调制器起乘法器的作用。为避免调幅波 $x_m(t)$ 的重叠失真,要求载波频率 f_0 必须大于被测量信号 $x(t)$ 中的最高频率,即 $f_0 > f_m$。实际应用中,往往选择载波频率至少数倍甚至数十倍于被测量信号中的最高频率。

2. 调幅信号的解调方法

幅值调制的解调有多种方法,常用的有同步解调、包络检波和相敏检波。

1) 同步解调

若把调幅波再次与原载波信号相乘,则对应频域的频谱图形将再一次进行"搬移",其结果是使原信号的频谱图形平移到 0 和 $\pm 2f_0$ 的频率处。若用一个低通滤波器滤取中心频率为 $2f_0$ 的高频成分,便可以复现原信号的频谱(只是其幅值减小为一半,这可用放大处理来补偿)。这一过程称为同步解调,其框图如图 7-10 所示。"同步"是指在解调过程中所用的载波信号与调制时的载波信号具有相同的频率和相位。

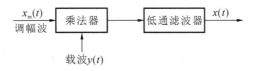

图 7-10　同步解调框图

在时域分析中可以看到

$$x(t)\cos2\pi f_0 t\cos2\pi f_0 t = \frac{x(t)}{2} + \frac{1}{2}x(t)\cos4\pi f_0 t$$

则频域图形将再一次进行"搬移",即 $x_m(t)$ 与 $y(t)$ 相乘积的傅里叶变换为

$$F[x_m(t)y(t)] = \frac{1}{2}X_m(f) + \frac{1}{4}X_m(f+2f_0) + \frac{1}{4}X_m(f-2f_0) \tag{7-31}$$

调幅波的同步解调过程如图 7-11 所示,用低通滤波器将式(7-31)右端频率为 $2f_0$ 的后一项高频信号滤去,则可得到 $\frac{1}{2}x(t)$。

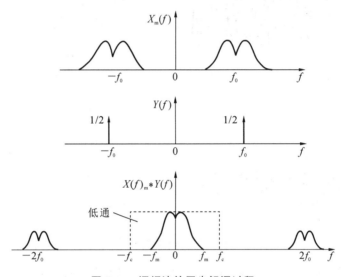

图 7-11　调幅波的同步解调过程

上述的调制方法,是将调制信号 $x(t)$ 直接与载波信号 $y(t)$ 相乘。值得注意的是,同步解调要求有性能良好的线性乘法器件,否则将引起信号失真。

2）包络检波

包络检波亦称整流检波,其原理是先对调制信号进行直流偏置,叠加一个直流分量 A,使偏置后的信号都具有正电压值,那么用该调制信号进行调幅后得到的调幅波 $x_m(t)$ 将具有原调制信号的形状,即

$$x'(t) = A + x(t) \tag{7-32}$$

此时调幅波如图 7-12 所示,其表达式为

$$x_m(t) = x'(t)\cos2\pi f t = [A + x(t)]\cos2\pi f t \tag{7-33}$$

这种调制方法称为非抑制调幅,其调幅波的包络线具有原信号的形状,如图 7-12(a)所示。一般采用整流、滤波以后,该调幅波就可以恢复为原信号。

在非抑制调幅中,如果所加偏置电压不足以使信号电压全部处于零线的一边,则不能采用包络检波的解调方法,如图 7-12(b)所示。这时需要使用相敏检波器(与滤波器配合)进行解调。

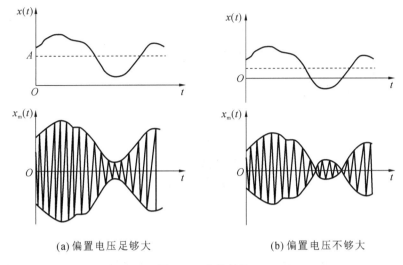

(a) 偏置电压足够大　　　　　　(b) 偏置电压不够大

图 7-12　包络检波

3）相敏检波

相敏检波的特点是可以鉴别调制信号的极性,所以采用相敏检波时,调制信号不必再加直流偏置。相敏检波利用交变信号在过零位时正、负极性发生突变,使调幅波的相位(与载波相比)也相应地产生 $180°$ 的相位跳变,这样便既能反映出调制信号的幅值,又能反映其极性。

图 7-13(a)所示为一种典型的二极管相敏检波电路,4 个特性相同的二极管 $VD_1 \sim VD_4$ 连接成电桥的形式,两对对角点分别接到变压器 T_1 和 T_2 的二次侧线圈上。调幅波 $x_m(t)$ 输入到变压器 T_1 的一次侧,变压器 T_2 接参考信号,该参考信号应与载波信号 $y(t)$ 的相位和频率相同,作为极性识别的标准。R_f 为负载电阻。电路设计时应使变压器 T_2 的二次侧输出电压大于变压器 T_1 的二次侧输出电压。

相敏检波器解调的波形转换示意图如图 7-13(b)所示,具体过程如下。

当调制信号 $x(t)$ 为正时,调幅波 $x_m(t)$ 与载波 $y(t)$ 同相。这时,当载波电压为正时,VD_1 导通,电流的流向是 $d-1-VD_1-2-5-R_f-$地$-d$;当载波电压为负时,变压器 T_1 和 T_2 的极性同时改变,VD_3 导通,电流的流向是 $d-3-VD_3-4-5-R_f-$地$-d$。可见在 $0 \sim t_1$ 区间,流经负载R_f 的电流方向始终是由上到下,输出电压$u_o(t)$为正值。

当调制信号 $x(t)$ 为负时,调幅波 $x_m(t)$ 与载波 $y(t)$ 的极性相差$180°$。这时,当载波电压为正时,VD_2 导通,电流的流向是 $5-2-VD_2-3-d-$地$-R_f-5$;当载波电压为负时,VD_4 导通,电流的流向是 $5-4-VD_4-1-d-$地$-R_f-5$。可见在 $t_1 \sim t_2$ 区间,流经负载R_f 的电流方向始终是由下向上,输出电压$u_o(t)$为负值。

综上所述,相敏检波是利用二极管的单向导通作用将电路输出极性换向的。简单地说,这种电路相当于在 $0 \sim t_1$ 段把 $x_m(t)$ 的负部翻上去,而在 $t_1 \sim t_2$ 段把 $x_m(t)$ 的正部翻下来。若将 $u_o(t)$ 经低通滤波器滤波,则所得到的信号就是 $x_m(t)$ 经过"翻转"后的包络。

由以上分析可知,调幅波通过相敏检波可得到一个幅值与极性均随调制信号变化的信号,从而使被测量信号得到重现。换言之,对于具有极性或方向性的被测量,经调制以后要想正确地恢复原有的信号波形,必须采用相敏检波的方法。

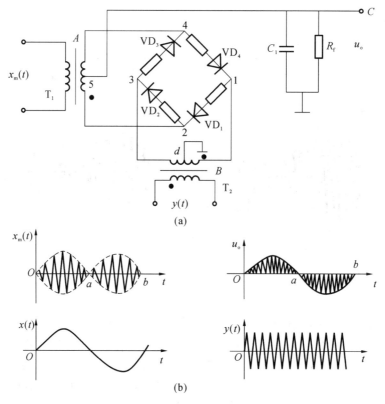

图 7-13 典型的二极管相敏检波电路及其波形转换示意图

7.2.2 频率调制与解调

实现信号频率调制和解调的方法甚多,这里只介绍常用的方法。

1. 频率调制

频率调制(调频)是用调制信号去控制高频载波信号的频率变化的过程。在频率调制中,载波幅值保持不变,仅载波的频率随调制信号的幅值成比例变化。

设载波 $y(t)=A\cos(\omega_0 t+\theta_0)$,这里角频率 ω_0 为一常量。如果保持振幅 A 为常数,让载波瞬时角频率 $\omega(t)$ 随调制信号 $x(t)$ 做线性变化,则有

$$\omega(t) = \omega_0 + kx(t) \tag{7-34}$$

式中,k 为比例因子。

此时调频信号可以表示为

$$x_f(t) = A\cos\left[\omega_0 t + k\int x(t)\,\mathrm{d}t + \theta_0\right] \tag{7-35}$$

图 7-14 所示为三角波的调频信号波形。由图可见,在 $0\sim t_1$ 区间,调制信号 $x(t)=0$,调频信号的频率保持原始的中心频率 ω_0 不变;在 $t_1\sim t_2$ 区间,调频波 $x_f(t)$ 的瞬时频率随调制信号 $x(t)$ 的增大而逐渐增高;在 $t_2\sim t_3$ 区间,调频波 $x_f(t)$ 的瞬时频率随调制信号 $x(t)$ 的减小而逐渐降低;在 $t\geqslant t_3$ 后,调制信号 $x(t)=0$,调频信号的频率又恢复为原始的中心频率 ω_0。

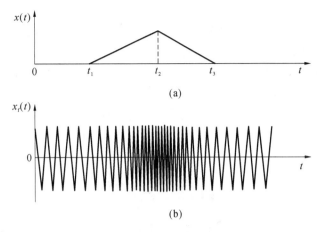

(a)

(b)

图 7-14 三角波的调频信号波形

2. 频率调制方法

1）电参数调频法

电参数调频法是用被测参数的变化控制振荡回路的参数电感 L、电容 C 或电阻 R，使振荡频率得到调制的方法。

如图 7-15 所示，在测量系统中，常利用电抗元件组成调谐振荡器，以电抗元件的电感或电容感受被测量的变化，作为调制信号的输入，以振荡器原有的振荡信号作为载波。当有调制信号输入时，调谐振荡器输出的即为调频波。当电容 C 和电感 L 并联组成振荡器的谐振回路时，电路的谐振频率为

$$f = \frac{1}{2\pi\sqrt{LC}} \tag{7-36}$$

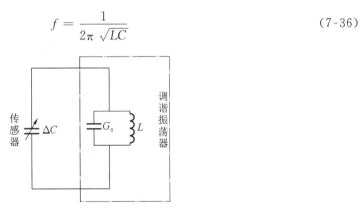

图 7-15 调谐振荡器

若在电路中以电容为调谐参数，对式(7-36)进行微分，有

$$\frac{\partial f}{\partial C} = \left(-\frac{1}{2}\right)\left(\frac{1}{2\pi\sqrt{LC}}\right)\frac{1}{C} = -\frac{f}{2C} \tag{7-37}$$

因为在 f_0 附近有 $C = C_0$，故频率偏移

$$\Delta f = kx = -\frac{f_0 \Delta C}{2C} \tag{7-38}$$

2）电压调频法

电压调频法利用信号电压的幅值控制振荡回路的参数电感 L、电容 C 或电阻 R，从而控制振荡频率。振荡器输出的是等幅波，但其振荡频率偏移量和信号电压成正比。信号电压为正值时调频波的频率升高，为负值时则降低；信号电压为零时，调频波的频率就等于中心频率。压控输出瞬时频率与输入控制电压存在线性关系。这种受电压控制的振荡器称为压控振荡器，如图 7-16 所示。压控振荡器技术发展很快，目前已有单片式压控振荡器芯片，振荡器的中心频率和频率范围由生产厂预置，频率范围与控制电压相对应。

- 型　　号：M5800
- 频　　段：5700～5900 MHz
- 功　　率：0 dBm
- 供电电压/电流：5 V/10 mA
- 调谐电压范围：0～5 V

图 7-16　压控振荡器

3.调频信号的解调

调频波的解调器又称为鉴频器，是将频率变化恢复成调制信号幅值变化的器件。

一般采用鉴频器和锁相环解调器。前者结构简单，在测试技术中常被使用，而后者解调性能优良，但结构复杂，一般用于要求较高的场合，如通信机等。

图 7-17 为鉴频器示意图，该电路实际上由一个高通滤波器（R_1、C_1）及一个包络检波器（VD、C_2）构成。从高通滤波器幅频特性的过渡带可以看出，随输入信号频率的不同，输出信号的幅值便不同。通常在幅频特性的过渡带上选择一段线性好的区域来实现频率-电压的转换，并使调频信号的载频位于这段线性区的中点。由于调频信号的瞬时频率正比于调制信号 $x(t)$，它经过高通滤波后，使原来等幅的调频信号的幅值变为随调制信号 $x(t)$ 变化的"调幅"信号，即包络形状正比于调制信号 $x(t)$，但频率仍与调频信号保持一致。该信号经后续包络检波检出包络，即可恢复成反映被测量变化的调制信号 $x(t)$。

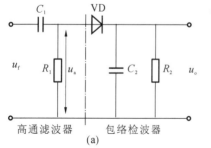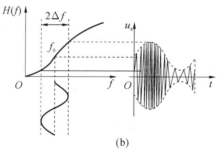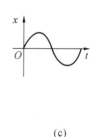

图 7-17　鉴频器示意图

7.3　信号的放大与衰减

通常情况下,传感器的输出信号都很微弱,必须用放大电路放大后才便于后续处理。为了保证满足测量精度的要求,放大电路应具有如下性能:

(1) 足够的放大倍数;

(2) 高输入阻抗、低输出阻抗;

(3) 高共模抑制能力;

(4) 低温漂、低噪声、低失调电压和电流。

运算放大器具有上述特点,因而传感器输出信号的放大电路都由运算放大器组成,本节介绍几种常用的运算放大器电路。

1. 基本放大电路

图 7-18 所示为反向放大器、同向放大器和差分放大器三种基本放大电路。反向放大器的输入阻抗低,容易对传感器形成负载效应;同向放大器的输入阻抗高,但易引入共模干扰;而差分放大器也不能提供足够的输入阻抗和共模抑制比。因此,由单个运算放大器构成的放大电路在传感器的信号放大器中很少直接采用。

一般提高输入阻抗的办法是在基本放大电路之前串接一级射极跟随器。串接射极跟随器后,电路的输入阻抗可提高到 10^9 Ω 以上,所以射极跟随器也常被称为阻抗变换器。

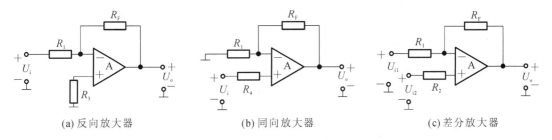

(a) 反向放大器　　　　　(b) 同向放大器　　　　　(c) 差分放大器

图 7-18　基本放大电路

2. 仪器放大器

基本放大器可以满足一些使用要求,然而对于许多仪器的应用却不是最好的,例如,环境的电磁场可能在连接输入信号的导线中产生噪声。专用的仪器放大器通常采用两个或者更多的运算放大器,它有两个不接地的信号源装置(平衡差动输入),能在两个输入线中产生同样幅值和相位的电气噪声,即共模信号。正确设计和制作的仪器放大器有着很大的共模抑制比,因此它的输出能很大程度地避免输入的共模噪声。图 7-19 所示为德州仪器线性芯片放大器。

完整的无源的高质量仪器放大器可由一个 IC 芯片构成。完整的有源的并可调节增益和零点漂移的仪器放大器现在也可以买到了。仪器放大器与其他仪表器件一样会产生误差。它们可能有非线性误差、滞后误差和热稳定误差。如果实际的增益与预测的增益不同,将有增益(灵敏度)误差。

图 7-19   德州仪器线性芯片放大器

7.4   滤波器

在许多测量环境中,时变信号电压可以看成许多不同频率、不同振幅的简谐波的合成。滤波器是一种选频装置,它只允许一定频带范围的信号通过,同时极大地衰减其他频率成分。滤波器的这种衰减功能在测试技术中可以起到消除噪声和消除干扰信号等作用。滤波器在信号检测、自动控制、信号处理等领域得到广泛的应用。

7.4.1   滤波器的分类

1. 滤波器的选频特性

滤波器按选频特性可分为 4 种类型:低通滤波器、高通滤波器、带通滤波器和带阻滤波器。它们的频率特性如图 7-20 所示。低通滤波器允许低频信号通过而不衰减,在频率 $f=0$ 与截止频率 f_{c2} 之间的增益 G 近似于常数的频带被称为通带,显著衰减的频率范围被称为阻带;在 f_{c2} 和阻带之间的区域被称为过渡带;并且从截止频率 f_{c2} 开始,信号的高频成分被衰减。高通滤波器允许高频信号通过并使低频成分衰减。带通滤波器在高频和低频对信号进行衰减,使中间的一段频率通过。与带通滤波器相反,带阻滤波器允许高频和低频通过但对中间一段频率衰减,若阻带范围非常窄,则称为陷波滤波器。

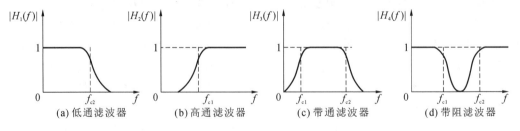

图 7-20   滤波器的频率特性

在测试系统中,常用 RC 滤波器。RC 滤波器具有电路简单、抗干扰能力强等优点,有较好的低频性能。

1）RC 低通滤波器

RC 低通滤波器的典型电路如图 7-21(a)所示。设滤波器的输入电压为 u_i,输出电压为 u_o,其微分方程为

$$RC \frac{\mathrm{d}u_o}{\mathrm{d}t} + u_o = u_i \tag{7-39}$$

令 $\tau = RC$,τ 为时间常数。经拉普拉斯变换得到频响函数:

$$H(f) = \frac{1}{\mathrm{j}2\pi f\tau + 1} \tag{7-40}$$

这是典型的一阶系统,其截止频率取决于 RC 值。截止频率为

$$f_c = \frac{1}{2\pi RC} \tag{7-41}$$

式中:当 $f \ll \frac{1}{2\pi RC}$ 时,其幅频特性 $A(f) = 1$,信号不受衰减地通过;当 $f = \frac{1}{2\pi RC}$ 时,$A(f) = \frac{1}{\sqrt{2}}$,即幅值比稳定幅值降了 -3 dB;当 $f \gg \frac{1}{2\pi RC}$ 时,输出 u_o 与输入 u_i 的积分成正比,即

$$u_o = \frac{1}{RC} \int u_i \mathrm{d}t \tag{7-42}$$

其对高频成分的衰减率为 -20 dB/10 倍频程。

2）RC 高通滤波器

RC 高通滤波器的典型电路如图 7-21(b)所示。设该滤波器的输入电压为 u_i,输出电压为 u_o,其微分方程为

$$u_o + \frac{1}{RC} \int u_o \mathrm{d}t = u_i \tag{7-43}$$

同理,令 $\tau = RC$,其频响函数为

$$H(f) = \frac{\mathrm{j}2\pi f\tau}{\mathrm{j}2\pi f\tau + 1} \tag{7-44}$$

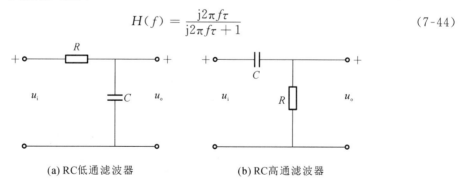

(a) RC低通滤波器　　　　　　(b) RC高通滤波器

图 7-21　常用滤波器的典型电路

3）带通滤波器

带通滤波器可以看成是低通和高通滤波器串联组成的。如图 7-22 所示,串联所得的带通滤波器以原高通滤波器的截止频率为下截止频率,以原低通滤波器的截止频率为上截止频率。但要注意,当多级滤波器串联时,因为后一级成为前一级的"负载",而前一级又是后一级的信号源内阻,所以两级间常采用运算放大器等进行隔离,实际的带通滤波器通常是有源的。

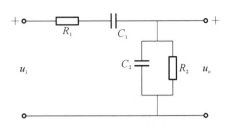

图 7-22　带通滤波器电路

一阶 RC 滤波器在过渡带内的衰减速率非常慢,每个倍频程只有 6 dB,通带和阻带之间没有陡峭的界限,故这种滤波器的性能较差,因此常常要使用更复杂的滤波器。

电感和电容一起使用可以使滤波器的谐振特性相对于一阶 RC 电路产生较为陡峭的滤波器边缘。图 7-23 中给出了一些 LC 滤波器的构成方法。采用多个 RC 环节或 LC 环节级联的方式,可以使滤波器的性能有显著的提高,使过渡带陡峭曲线的陡峭度得到改善。这是因为多个中心频率相同的滤波器级联后,其总幅频特性为各滤波器幅频特性的乘积,所以通带外的频率成分将会有更大的衰减。但必须注意到,虽然多个简单滤波器的级联能改善滤波器的过渡带性能,但是又不可避免地带来了明显的负载效应和相移增大等问题。为避免这些问题,最常用的方法就是采用有源滤波器。

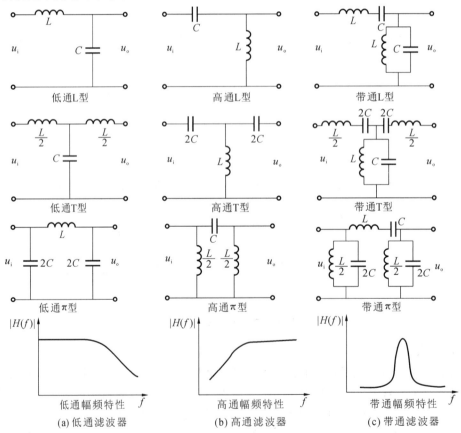

图 7-23　LC 滤波器的构成方法

将滤波网络与运算放大器结合是构成有源滤波器的基本方法。通常的有源滤波器具有 80 dB/倍频程下降带,以及在阻带中有高于 60 dB 的衰减。

2. 滤波器的阶次

实际滤波器的传递函数是一个有理函数,即

$$H(s) = \frac{b_m s^m + b_{m-1} s^{m-1} + \cdots + b_1 s + b_0}{a_n s^n + a_{n-1} s^{n-1} + \cdots + a_1 s + a_0} \tag{7-45}$$

式中,n 为滤波器的阶数。

滤波器可按其阶次分成一阶、二阶、$\cdots$、n 阶滤波器。对特定类型的滤波器而言,其阶数越大,阻频带对信号的衰减能力也越大。因为高阶传递函数可以写成若干一阶、二阶传递函数的乘积,所以可以把高阶滤波器的设计归结为一阶、二阶滤波器的设计。高阶滤波器电路如图 7-24 所示。

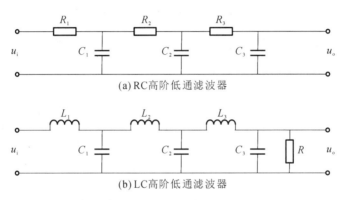

(a) RC高阶低通滤波器

(b) LC高阶低通滤波器

图 7-24 高阶滤波器电路

7.4.2 理想滤波器与实际滤波器

1. 理想滤波器

从图 7-20 所示,4 种滤波器在同频带与阻频带之间都存在一个过渡带,在此频带内,信号受到不同程度的衰减。这个过渡带对滤波器是不理想的。

理想滤波器是物理上不能实现的理想化的模型,用于深入了解滤波器的特性。根据线性系统的不失真测试条件,理想滤波器的频率响应函数应为

$$H(f) = \begin{cases} A_0 e^{-j2\pi f t_0}, & |f| < f_c \\ 0, & \text{其他} \end{cases} \tag{7-46}$$

这种在频域中为矩形窗函数的理想低通滤波器的时域脉冲响应函数为

$$h(t) = 2A_0 f_c \frac{\sin[2\pi f_c(t - t_0)]}{2\pi f_c(t - t_0)} \tag{7-47}$$

若给滤波器一单位阶跃输入

$$x(t) = u(t) = \begin{cases} 1, & t \geqslant 0 \\ 0, & t < 0 \end{cases}$$

则滤波器的输出为

$$y(t) = h(t) * x(t) = \int_{-\infty}^{\infty} x(\tau)h(t-\tau)\mathrm{d}\tau \qquad (7\text{-}48)$$

理想低通滤波器对单位阶跃输入的响应如图 7-25 所示。

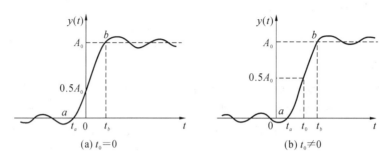

图 7-25　理想低通滤波器对单位阶跃输入的响应

从图 7-25 可见,输出响应从零值(a 点)到稳定值 A_0(b 点)需要一定的建立时间($t_b - t_a$)。计算积分式(7-48),有

$$T_e = t_b - t_a = \frac{0.61}{f_c} \qquad (7\text{-}49)$$

式中,f_c 为低通滤波器的截止频率,也称为滤波器的通带。f_c 越大,响应的建立时间 T_e 越小,即图 7-25 中的图形越陡峭。如果按理论响应值的 $10\%\sim90\%$ 作为计算建立时间的标准,则

$$T_e = t_b' - t_a' = \frac{0.45}{f_c} \qquad (7\text{-}50)$$

因此,理想低通滤波器对单位阶跃响应的建立时间 T_e 和带宽 B(即通频带的宽度)成反比,即

$$BT_e = 常数 \qquad (7\text{-}51)$$

这一结论对其他滤波器(高通、带通、带阻)也适用。

滤波器的带宽也表示频率分辨率,通频带越窄则分辨率越高。因此,滤波器的高分辨能力和测量时快速响应的要求是相互矛盾的。当采用滤波器从信号中选取某一频率成分时,就需要有足够的建立时间。如果建立时间不够,就会产生虚假的结果,而过长的测量时间也是没有必要的。一般采用 $BT_e = 5\sim10$。

2. 实际滤波器

实际滤波器的性能与理想滤波器的性能有差距,以下介绍实际滤波器的几个特征参数,其特征参数示意图如图 7-26 所示。

1)截止频率

截止频率是幅频特性值等于 $A_0/\sqrt{2}$ 所对应的频率。以 A_0 为参考值,$A_0/\sqrt{2}$ 对应于 $-3\ \mathrm{dB}$ 点,即相对 A_0 衰减 3 dB。若以信号的幅值平方表示信号功率,该频率对应的点为半功率点。

2)带宽 B

滤波器带宽为上下两截止频率之间的频率范围:$B = f_{c2} - f_{c1}$,又称 $-3\ \mathrm{dB}$ 带宽,单位为 Hz。带宽代表滤波器的频率分辨能力,即滤波器分离信号中相邻频率成分的能力。

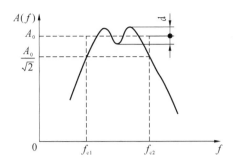

图 7-26　实际滤波器的特征参数示意图

3）品质因子 Q

对带通滤波器来说,品质因子 Q 为中心频率 f_n 和带宽 B 之比,即

$$Q = \frac{f_n}{B} \tag{7-52}$$

式中,f_n 为上、下截止频率的比例中项,即中心频率,$f_n = \sqrt{f_{c1} f_{c2}}$。

4）纹波幅度 d

实际滤波器在通带内可能出现纹波变化。其纹波幅度 d 与幅频特性的稳定值 A_0 相比,越小越好,一般应远小于 -3 dB,即 $d \ll A_0 / \sqrt{2}$。

5）倍频程选择性

从阻带到通带或从通带到阻带,实际滤波器有一个过渡带,过渡带的曲线倾斜度代表着幅频特性衰减的快慢程度,通常用倍频程选择性来表示。倍频程选择性是指上截止频率 f_{c2} 与 $2f_{c2}$ 之间或下截止频率 f_{c1} 与 $f_{c1}/2$ 之间幅频特性的衰减值,即频率变化一个倍频程的衰减量,以 dB 为单位表示。显然,衰减越快,选择性越好。

6）滤波器因数(矩形系数)λ

滤波器因数是滤波器选择性的另一种表示方法,用滤波器幅频特性的 -60 dB 带宽与 -3 dB 带宽的比值来表示,即理想滤波器 $\lambda = 1$,一般要求 $1 < \lambda < 5$。如果带阻衰减量达不到 -60 dB,则以标明衰减量(例如 -40 dB)的带宽与 -3 dB 带宽之比来表示其选择性。滤波器因数 λ 表示为

$$\lambda = \frac{B_{-60\text{ dB}}}{B_{-3\text{ dB}}} \tag{7-53}$$

3. 滤波器的逼近方式

理想滤波器的性能只能用实际滤波器逼近,为了描述衰减特性与频率的相关性,通常用数学多项式来逼近滤波器特性。最平坦型用巴特沃思(Butterworth)多项式,等波纹型用切比雪夫(Chebeshev)多项式,陡峭型用椭圆函数(elliptic function),等延时型用高斯(Gauss)多项式。等波纹型切比雪夫滤波器的设计比较简单,应用比较广泛。

7.4.3　多路滤波器在信号频率分析中的应用

在实际测试中,为了能够获得需要的信息或某些特殊频率成分,可以将信号通过放大倍数

相同而中心频率各不相同的多个带通滤波器,各个带通滤波器的输出主要反映信号在该通带频率范围内的量值。这时有两种做法:一种是使用一组各自中心频率固定,但又按一定规律相隔的滤波器组;另一种是使用中心频率可调的带通滤波器,通过改变滤波器的参数使其中心频率跟随所需测量的信号频带。

图 7-27 所示为频谱分析装置所用的滤波器组,其通带是相互连接的,以覆盖整个感兴趣的频率范围,保证不丢失信号中的频率成分。通常前一个滤波器的 $-3\ \mathrm{dB}$ 上截止频率(高端)就是后一个滤波器的 $-3\ \mathrm{dB}$ 下截止频率(低端)。滤波器组应具有同样的放大倍数。

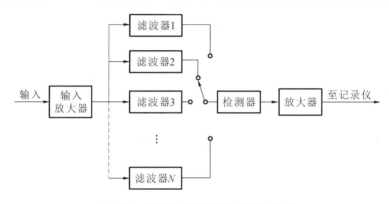

图 7-27 频谱分析装置所用的滤波器组

1. 恒带宽比滤波器

因为品质因子 Q 为中心频率 f_n 和带宽 B 之比。若采用具有相同 Q 值的调谐滤波器做成邻接式滤波器,则该滤波器组是由一些恒带宽比的滤波器构成的。因此中心频率 f_n 越大,带宽 B 越大,频率分辨率越低。

恒带宽比滤波器的上、下截止频率 f_{c1} 和 f_{c2} 之间满足以下关系,即

$$f_{c2} = 2^n f_{c1} \tag{7-54}$$

式中,n 称为倍频程数。若 $n=1$,则滤波器称为倍频程滤波器,若 $n=1/3$,则滤波器称为 $1/3$ 倍频程滤波器。滤波器的中心频率与上、下截止频率之间的关系为

$$f_n = \sqrt{f_{c1} f_{c2}} \tag{7-55}$$

可得截止频率与中心频率的关系为

$$\begin{cases} f_{c1} = 2^{-\frac{n}{2}} f_n \\ f_{c2} = 2^{\frac{n}{2}} f_n \end{cases} \tag{7-56}$$

对于邻接的一组滤波器,后一个滤波器的中心频率 f_{n2} 与前一个滤波器的中心频率 f_{n1} 之间的关系为

$$f_{n2} = 2^n f_{n1} \tag{7-57}$$

因此,只要选定 n 值就可以设计覆盖给定频率范围的邻接式滤波器组。

2. 恒带宽滤波器

恒带宽比滤波器的通频带在低频段内很窄,而在高频段内则较宽。因此滤波器组的频率

分辨率在低频段内较好,在高频段内很差。为了使滤波器组在所有频段都具有同样良好的频率分辨率,可以采用恒带宽滤波器(Q 为常数)。恒带宽比和恒带宽滤波器的特性如图 7-28 所示。

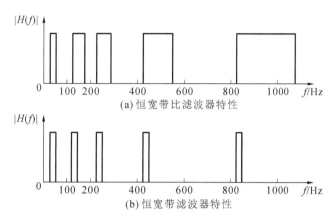

(a) 恒宽带比滤波器特性

(b) 恒宽带滤波器特性

图 7-28　恒带宽比和恒带宽滤波器的特性

　　为了提高滤波器的分辨率,其带宽应窄一些,同时,为了覆盖整个频率范围,所需要的滤波器数量就要更多。因此恒带宽滤波器一般不用固定中心频率与带宽的并联滤波器,而是通过中心频率可调的扫描式带通滤波器来实现。

　　扫描式频率分析仪采用一个中心频率可调的带通滤波器,通过改变中心频率,该滤波器的通带能跟随所要分析的信号频率范围要求来变化。调节方式可以是手动调节或者外信号调节,用于调节中心频率的信号可由一个锯齿波发生器来产生,用一个线性升高的电压来控制中心频率的连续变化。由于滤波器的建立需要一定的时间,尤其是在滤波器带宽很窄的情况下,建立时间较长,所以扫频速度不能过快。

　　采用中心频率可调的带通滤波器时,由于在调节中心频率过程中总希望不改变或不影响滤波器的增益及品质因子 Q 等参数,因此这种滤波器中心频率的调节范围是有限的。

 **拓展阅读**

频谱分析仪的来龙去脉

　　频谱分析仪是射频微波应用领域常用的测试仪表,通过频谱仪的测试,我们可以得到信号的很多重要性能参数,如信号频率、信号功率、信号带宽、杂散性能等。

　　频谱分析仪简写为 SA(spectrum analyzer),现在随着技术的发展,SA 又指信号分析仪(signal analyzer),这其实意味着仪表功能的一个巨大提升!无论其内涵如何变化,SA 的基本功能就是测试信号的频谱,而频谱测试的技术是如何变化的呢?

　　第一代频谱分析仪完全采用模拟电路的处理方式,典型的代表就是 HP/Agilent 公司的 E8563A 频谱分析仪。它采用模拟扫频的技术来完成频谱测试,形象的比喻就是像一台老式的收音机:收音机通过旋钮调谐来对准广播的信号频率,从而可以收听到对应电台的声音;频谱分析仪也是通过一个能自动扫频的振荡器在设置的频率范围内进行扫描,当扫频的频率和被测信号频率一样时,仪表就显示一条线来表示这个信号,这个线的高度代表信号的幅度,就像收音机输出的音量一样。当然频谱分析仪能扫描的范围比收音机宽得多,扫描的速度也快得多,能在毫秒级时间内扫频 26 GHz 频率的范围。

扫频测试是频谱分析仪最早采用的技术,现在频谱分析仪在进行宽带频谱测试时还是采用这种方法。扫频测试的最大缺点就是对瞬变信号没有测试能力,就像收音机在收听交通台的时候不知道音乐台在播放什么节目,扫频频谱分析仪只能定量测试稳定或周期出现的信号。

矢量信号分析仪(vector signal analyzer,VSA)也是常用的一种测试仪表,其实 VSA 是随着数字信号处理技术发展而出现的信号测试新技术,在频谱测试中,其采用 FFT(快速傅里叶变换)来完成频谱测试。FFT 测试频谱就像照相机拍照片,一下子就能获得整个图形,FFT 能获得分析带宽内整个的频谱信息,而不需要通过扫描一点一点得到,大大提高了频谱测试的速度。其还能大大提高频谱测试时的性能,比如由于采用数字滤波来完成 RBW(中频滤波器 3 dB带宽)的分辨滤波器,滤波器的矩形系数能大大降低,从而提高了频谱分析仪测试的动态范围和分辨率。

VSA 的技术核心是对信号进行数字化处理,所以很容易对信号数据进行更多功能的分析,其中最重要的就是信号解调,通过对信号的相位、频率、幅度参数的提取和分析,提供信号的调制星座图,给出 EVM(误差矢量幅度)、相位误差、频率误差等调制特性参数都是 VSA 的重要功能。照相机两次快门按下的中间间隙是无法拍照的,VSA 在进行连续两次 FFT 的中间也无法进行信号测试,这样就会丢失出现在这个间隙中的信号,从而无法捕捉到信号进行分析。

实时信号分析仪(real time signal analyzer,RTSA)的出现就解决了上述问题,RTSA 通过硬件来完成数字信号处理,大大提高了信号处理的速度,就像把照相机升级为高速的摄像机,对目标每个时刻的变化都能及时捕捉。当然这个能力也是有限度的,现在先进的 RTSA 能对出现超过 3 ns 的信号进行发现和捕捉。Keysight 公司的 N9040B 就是其中的典型代表,其测试的频率范围也由之前的 26 GHz 扩展到 110 GHz 或者更高的太赫兹频段。

那你会问,什么是瞬变信号?瞬变信号就是信号的频率、功率等参数是变化的,而且是无规律的变化,最典型的瞬变信号就是常见的无线宽带 Wi-Fi 信号,Wi-Fi 设备发射的信号是一会儿有、一会儿没有的突发信号,信号的频率也是在频段内几个频点切换跳变。若你将任何一台普通的频谱分析仪设置到 2.4 GHz 的频率位置,就能看到这个不断在跳舞的 Wi-Fi 信号了。

习 题

一、单选题

1. 直流电桥的同一桥臂增加应变片时,电桥灵敏度将(　　)。

A. 增大 　　　　　　　　　　　　　　B. 减小

C. 不变 　　　　　　　　　　　　　　D. 不确定

2. 为提高电桥的灵敏度,可采用的方法有(　　)。

A. 半桥双臂各串联一片应变片　　　　　B. 半桥双臂各并联一片应变片

C. 适当提高电源电压　　　　　　　　　D. 增大应变片的初始电阻

3. 在动态测试中,电桥的输出通常采用(　　　)。

A. 电阻量　　　　　　　　　　　　　　B. 电压量

C. 电流量　　　　　　　　　　　　　　D. 电感量

4. 交流电桥的供电电桥频率是 f_0,输入信号的最高频率为 f_m,它们之间的关系式为(　　　)。

A. $f_0 = f_m$　　　　　　　　　　　　B. $f_0 \gg f_m$

C. $f_0 < f_m$　　　　　　　　　　　　D. 不确定

5. 下列描述中错误的是(　　　)。

A. 倍频程滤波器 $f_{c2} = \sqrt{2} f_{c1}$

B. $f_0 = \sqrt{f_{c2} f_{c1}}$

C. 滤波器的截止频率就是此通频带的幅值 -3 dB 处的频率

D. 下限频率相同时,倍频程滤波器的中心频率是 $1/3$ 倍频程滤波器的中心频率的 $\sqrt[3]{2}$

6. 在调幅信号的解调过程中,相敏检波的作用是(　　　)。

A. 恢复载波信号　　　　　　　　　　　B. 恢复调制信号的幅值和极性

C. 恢复已调制波　　　　　　　　　　　D. 恢复调制信号的幅值

7. 在一定条件下,RC 带通滤波器实际上是低通滤波器和高通滤波器相(　　　)而成的。

A. 串联　　　　　　　　　　　　　　　B. 并联

C. 串并联　　　　　　　　　　　　　　D. 叠加

8. 一选频装置,其幅频特性在 $f_2 \to \infty$ 趋于近似水平,在 $f_2 \to 0$ 区间急剧衰减。该装置属于(　　　)滤波器。

A. 高通　　　　　　　　　　　　　　　B. 低通

C. 带通　　　　　　　　　　　　　　　D. 带阻

9. 以下说法正确的是(　　　)。

A. 恒带宽比滤波器带宽为上截止频率与下截止频率之差

B. 纹波幅度 d 越大越好

C. 滤波器倍频程选择性衰减越快,说明该滤波器选择性越好

D. 品质因子 Q 越大,则相对带宽越小,滤波器的选择性越差

10. 将两个中心频率相同的滤波器串联,可以达到(　　　)的效果。

A. 扩大分析频带

B. 滤波器选择性变好,但相移增加

C. 幅频和相频特性都得到改善

二、分析题

1. 有人在使用电阻应变仪时,发现其灵敏度不够,于是试图在工作电桥上增加电阻应变片数以提高灵敏度。试问,下列条件是否可以提高灵敏度?说明原因。

(1) 半桥双臂各串联一片应变片;

（2）半桥双臂各并联一片应变片。

2. 为什么在动态应变仪上除了设有电阻平衡旋钮,还设有电容平衡旋钮?

3. 用电阻应变片接成全桥,测量某一构件的应变,已知其变化规律为

$$\varepsilon(t) = A\cos 10t + B\cos 100t$$

如果电桥激励电压 $u_0 = E\sin 10000t$,试求此电桥的输出信号频谱。

4. 已知调幅波 $x_m(t) = (100 + 30\cos\omega_1 t + 20\cos 3\omega_1 t) \cdot \cos\omega_c t$,其中 $f_c = 10$ kHz, $f_1 = 500$ Hz,试求:

（1）$x_m(t)$ 所包含的各分量的频率及幅值;

（2）绘出调制信号与调幅波的频谱。

5. 调幅波是否可以看作是载波与调制信号的叠加? 为什么?

6. 试从调幅原理说明,为什么某动态应变仪的电桥激励电压频率为 10 kHz,而工作频率为 0～1500 Hz。

7. 什么是滤波器的分辨率? 其与哪些因素有关?

8. 已知某 RC 低通滤波器, $R = 1$ kΩ, $C = 1$ μF,试:

（1）确定各函数式 $H(s)$、$H(\omega)$、$A(\omega)$、$\varphi(\omega)$;

（2）当输入信号 $u_i = 10\sin 1000t$ 时,求输出信号 u_o,并比较其幅值及相位关系。

9. 已知低通滤波器的频率响应函数为

$$H(\omega) = \frac{1}{1 + j\omega\tau}$$

式中, $\tau = 0.05$ s。当输入信号 $x(t) = 0.5\cos 10t + 0.2\cos(100t - 45°)$ 时,求输出 $y(t)$,并比较 $x(t)$ 与 $y(t)$ 的幅值与相位有何区别。

10. 若将高、低通网络直接串联,是否能组成带通滤波器? 请写出网络的传递函数,并分析其幅频、相频特性。

第8章 信号的分析与处理

【知识目标】

(1) 了解信号处理的目的和分类,以及数字信号处理的基本步骤。
(2) 掌握模拟信号数字化出现的问题、原因和措施。
(3) 掌握信号的相关分析及其应用。
(4) 掌握信号的功率谱分析及其应用。

【能力目标】

能够利用信号分析方法解决实际工程问题。

【素质目标】

(1) 培养学生严谨求实的科学态度,提高学生的探究意识和探究能力。
(2) 培养学生从数学概念、物理概念及工程概念去分析问题、解决问题的能力。

【知识图谱】

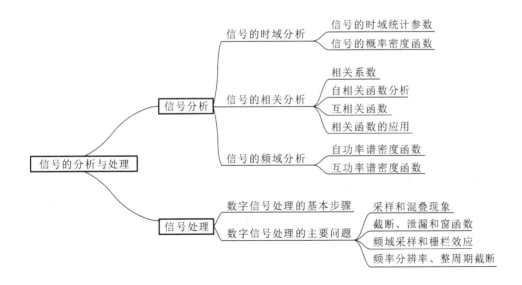

测试工作的目的是获取反映被测对象的状态和特征的信息,但是有用的信号总是和各种噪声混杂在一起,有时本身也不明显,难以直接识别和利用。只有分离信号与噪声,并经过必要的处理和分析,清除和修正系统误差之后,才能比较准确地提取信号中所含的有用信息。

信号分析和处理是测试工作的重要组成部分,其目的:① 分离信、噪,提高信噪比;② 从信号中提取有用的特征信号;③ 修正测试系统的某些误差,如传感器的线性误差、温度影响;④ 将信号加工、处理、变换,以便更容易识别和分析信号的特征,解释被测对象所表现的各种物理现象等。

信号分析与信号处理是密切相关的,两者并没有明确的界限。通常,把能够简单、直观、迅速地研究信号的构成和特征分析的过程称为信号分析,如信号的时域分析、频域分析、相关分析等;把经过必要的加工、处理、变换才能获得有用信息的过程称为信号处理,如对信号的功率谱分析、系统响应分析、相干分析、倒谱分析及时频分析等。

8.1 信号分析

对于各态历经随机信号和确定性信号,主要统计参数有均值、方差、均方值、概率密度函数、相关函数和功率谱密度函数等。

8.1.1 信号的时域分析

1. 信号的时域统计参数

1) 连续信号的主要统计参数的计算

(1) 均值。各态历经随机信号 $x(t)$ 的均值 μ_x 反映信号的稳态分量,即常值分量。

$$\mu_x = \lim_{T \to \infty} \frac{1}{T} \int_0^T x(t) \mathrm{d}t \tag{8-1}$$

式中,T 为样本长度;t 为观测时间。

(2) 均方值。各态历经随机信号的均方值 ψ_x^2 反映信号的能量或强度,表示为

$$\psi_x^2 = \lim_{T \to \infty} \frac{1}{T} \int_0^T x^2(t) \mathrm{d}t \tag{8-2}$$

(3) 方均根值。方均根值为均方值 ψ_x^2 的正二次方根 x_{rms},又称为有效值,即

$$x_{\mathrm{rms}} = \sqrt{\psi_x^2} \tag{8-3}$$

它也是信号平均能量的一种表达方式。

可以将随机信号的均值、均方值和方均根植的概念推广至周期信号,只要将公式中的 T 仅取为一个周期的长度进行计算,就可以反映周期信号的有关信息。

(4) 方差。方差 σ_x^2 描述随机信号的动态分量,反映 $x(t)$ 偏离均值的波动情况,表示为

$$\sigma_x^2 = \lim_{T \to \infty} \frac{1}{T} \int_0^T \left[x(t) - \mu_x \right]^2 \mathrm{d}t = \psi_x^2 - \mu_x^2 \tag{8-4}$$

(5) 标准差。标准差 σ_x 为方差的正二次方根,即

$$\sigma_x = \sqrt{\sigma_x^2} = \sqrt{\psi_x^2 - \mu_x^2} \tag{8-5}$$

2）离散时间序列的主要统计参数的计算

计算机进行数据处理时,首先需要将测试得到的模拟信号经过 A/D 转换,变为离散时间序列。因此,对于离散时间序列(离散信号)的特征值统计是很有必要的。

（1）离散信号的均值 μ_x。对于离散信号,若 $x(t)$ 在 $0 \sim T$ 时间内,离散点数为 N,离散值为 x_n,则均值 μ_x 表示为

$$\mu_x = \lim_{N \to \infty} \frac{1}{N} \sum_{n=1}^{N} x_n \tag{8-6}$$

（2）离散信号的绝对平均值 $|\mu_x|$。其表达式为

$$|\mu_x| = \lim_{N \to \infty} \frac{1}{N} \sum_{n=1}^{N} |x_n| \tag{8-7}$$

（3）离散信号的均方值 ψ_x^2。其表达式为

$$\psi_x^2 = \lim_{N \to \infty} \frac{1}{N} \sum_{n=1}^{N} (x_n)^2 \tag{8-8}$$

信号的方均根值 x_{rms} 即为有效值,其表达式为

$$x_{\text{rms}} = \sqrt{\psi_x^2}$$

（4）离散信号的方差 σ_x^2。其表达式为

$$\sigma_x^2 = \lim_{N \to \infty} \frac{1}{N} \sum_{n=1}^{N} (x_n - \mu_x)^2 \tag{8-9}$$

方差 σ_x^2 的正二次方根称为标准差,其表达式为

$$\sigma_x = \sqrt{\psi_x^2 - \mu_x^2}$$

3）时域统计参数的应用

（1）方均根值诊断法。

利用系统上某些特征点振动响应的方均根值作为判断故障的依据,是最简单、最常用的一种方法。例如,我国汽轮发电机组以前规定轴承座上垂直方向振动位移振幅不得超过 0.05 mm,如果超过就应该停机检修。

方均根值诊断法适用于做简谐振动的设备、做周期振动的设备,也可用于做随机振动的设备。测量的参数选取如下:低频(几十赫兹)时宜测量位移;中频(1000 Hz 左右)时宜测量速度;高频时宜测量加速度。

（2）振幅-时间图诊断法。

方均根值诊断法多适用于机器做稳态振动的情况,如果机器振动不平稳,振动参量随时间变化,则可用振幅-时间图诊断法。

振幅-时间图诊断法多用于测量和记录机器在开机和停机过程中振幅随时间变化的过程,根据振幅-时间曲线判断机器是否产生故障。以离心式空气压缩机或其他旋转机械的开机过程为例,记录其振幅 A 随时间 t 变化的几种情况,如图 8-1 所示。

图 8-1(a)显示振幅不随时间变化,表明振动可能是从别的设备或地基振动传递到被测设备的,也可能是流体压力脉动或阀门振动引起的。

图 8-1(b)显示振幅随时间而增大,表明可能是转子动平衡不好或者是轴承座的刚度小,也可能是推力轴承损坏等。

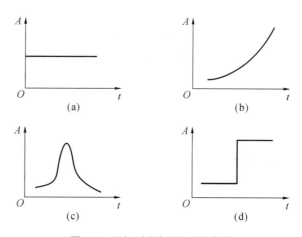

图 8-1　开机过程振幅-时间曲线

图 8-1(c)显示开机过程中振幅出现峰值,这多半是共振引起的,其中包括轴系临界转速低于工作转速的所谓柔性转子的情况,也包括箱体、支座的共振情况。

图 8-1(d)显示开机过程中振幅突然增大,这可能是油膜振动引起的,也可能是间隙过小或过盈不足引起的。

需要说明的是:大型旋转机械用一定压力的油膜支撑转子,当这层油膜的尺寸、压力、黏度、温度等参数一定时,转子达到某一转速后振幅就可能突然增大,当转速再上升时,振幅也不下降,这就是油膜振动。

若间隙过小,当温度或离心力等引起的变形达到一定值时会引起碰撞,振幅会突然增大。又如裂叶片机械的叶轮和转轴外套过盈不足时,则离心力达到某一值时会引起松动,也会使振幅突然增大。

2. 信号的概率密度函数

1) 概率密度函数分析

概率密度函数是概率相对于振幅的变化率。所以,对概率密度函数积分可以得到概率,即

$$P(x) = \int_{x_1}^{x_2} p(x)\mathrm{d}x \tag{8-10}$$

式中,$P(x)$为概率分布函数,它表示信号振幅在x_1到x_2范围内出现的概率。显然,对于任意随机信号,均有

$$P(x) = \int_{-\infty}^{\infty} p(x)\mathrm{d}x = 1 \tag{8-11}$$

$$P(x < x_1) = \int_{-\infty}^{x_1} p(x)\mathrm{d}x \tag{8-12}$$

$$P(x > x_1) = \int_{x_1}^{\infty} p(x)\mathrm{d}x = 1 - P(x < x_1) \tag{8-13}$$

$$p(x) = \frac{\mathrm{d}P(x)}{\mathrm{d}x} \tag{8-14}$$

式中,$P(x<x_1)$、$P(x>x_1)$分别为幅值小于x_1和大于x_1的概率。

式(8-10)亦表明概率密度函数是概率分布函数的导数。概率密度函数$p(x)$恒为实值非

负函数。它给出了随机信号沿幅值域分布的统计规律。不同的随机信号有不同的概率密度函数图形,可以据此判别信号的性质。图 8-2 所示为几种常见的均值为零的随机信号的概率密度函数图形。

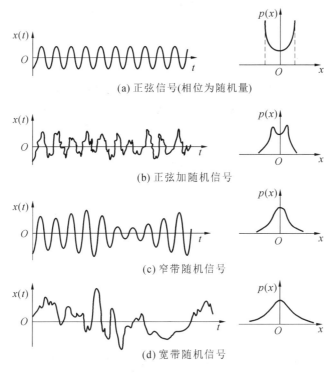

图 8-2　几种常见的均值为零的随机信号的概率密度函数图形

时域信号的均值、方均根植、标准差等特征值与概率密度函数有着密切的关系,这里不加推导,直接给出:

$$\mu_x = \int_{-\infty}^{\infty} x p(x) \mathrm{d}x \tag{8-15}$$

$$x_{\mathrm{rms}} = \sqrt{\int_{-\infty}^{\infty} x^2 p(x) \mathrm{d}x} \tag{8-16}$$

$$\sigma_x = \sqrt{\int_{-\infty}^{\infty} (x - \mu_x)^2 p(x) \mathrm{d}x} \tag{8-17}$$

2)典型信号的概率密度函数

(1)正弦信号。

若正弦信号的表达式为 $x = A\sin\omega t$,则有 $\mathrm{d}x = A\omega\cos\omega t \mathrm{d}t$,于是

$$\mathrm{d}t = \frac{\mathrm{d}x}{A\omega\cos\omega t} = \frac{\mathrm{d}x}{A\omega \sqrt{1 - (x/A)^2}} \tag{8-18}$$

则

$$p(x)\mathrm{d}x \approx \frac{2\mathrm{d}t}{T} = \frac{2\mathrm{d}x}{(2\pi/\omega)A\omega \sqrt{1 - (x/A)^2}} = \frac{\mathrm{d}x}{\pi \sqrt{A^2 - x^2}} \tag{8-19}$$

所以

$$p(x) = \frac{1}{\pi \sqrt{A^2 - x^2}} \tag{8-20}$$

由图 8-2(a)可以看出,与高斯噪声的概率密度函数不同的是:在信号的均值μ_x处,$p(x)$最小;在信号的最大、最小幅值处,$p(x)$最大。

(2)正态分布随机信号。

正态分布又叫高斯分布,是概率密度函数中最重要的一种分布,应用十分广泛。大多数随机现象是由许多随机事件组成的,它们的概率密度函数均是近似或完全符合正态分布的,如窄带随机信号完全符合正态分布,又称正态高斯噪声。正态分布随机信号的概率密度函数表示为

$$p(x) = \frac{1}{\sigma_x \sqrt{2\pi}} \exp\left[-\frac{(x - \mu_x)^2}{4\sigma_x^2}\right] \tag{8-21}$$

式中,μ_x为随机信号的均值;σ_x为随机信号的标准差。

8.1.2 信号的相关分析

在测试领域中,无论分析两个随机变量之间的关系,还是分析两个信号或一个信号在一定时移前后之间的关系,都需要应用相关分析。例如在振动测试分析、雷达测距、声发射探伤中都用到了相关分析。

1. 相关系数

相关代表的是客观事物或过程中某两种特征量之间联系的紧密性。

通常两个变量之间若存在一一对应的确定关系,则称两者存在着函数关系。当两个随机变量之间具有某种关系时,随着某一变量数值的确定,另一变量却可能取很多不同值,但取值有一定的概率统计规律,这时称两个随机变量存在着相关关系。

如图 8-3 所示为两个随机变量 x 和 y 组成的数据点的分布情况。图 8-3(a)中各点分布很散,可以说变量 x 和变量 y 之间是无关的;从总体看,图 8-3(b)中变量 x 和 y 之间是有确定关系的,具有某种程度的相似关系,因此说它们之间有着相关关系。变量 x 和 y 之间的相关程度常用相关系数 ρ_{xy} 表示:

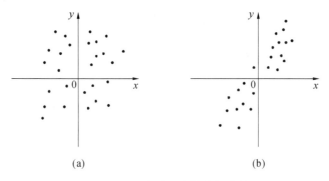

图 8-3 两个随机变量的相关性

$$\rho_{xy} = \frac{E[(x-\mu_x)(y-\mu_y)]}{\sigma_x \sigma_y} \tag{8-22}$$

式中，E 为数学期望；μ_x 为随机变量 x 的均值，$\mu_x = E(x)$；μ_y 为随机变量 y 的均值，$\mu_y = E(y)$；σ_x、σ_y 为随机变量 x、y 的标准差。即

$$\sigma_x^2 = E[(x-\mu_x)^2] \tag{8-23}$$

$$\sigma_y^2 = E[(y-\mu_y)^2] \tag{8-24}$$

利用柯西-施瓦茨不等式

$$E[(x-\mu_x)(y-\mu_y)]^2 \leqslant E[(x-\mu_x)^2]E[(y-\mu_y)^2] \tag{8-25}$$

知 $|\rho_{xy}| \leqslant 1$。当数据点分布越接近于一条直线时，ρ_{xy} 的绝对值越接近于 1，变量 x 和 y 的线性相关程度越好，将这样的数据回归成直线才有意义。ρ_{xy} 的正负号则表示一变量随另一变量的增加而增或减，当 ρ_{xy} 接近于零，则可认为 x、y 两变量之间无关，但仍可能存在着某种非线性的相关关系，甚至是函数关系。

2. 自相关函数分析

$x(t)$ 是各态历经随机信号，$x(t+\tau)$ 是信号 $x(t)$ 时移 τ 后的样本，如图 8-4 所示，两个样本的相关程度可以用相关系数来表示。若把相关系数 $\rho_{x(t)x(t+\tau)}$ 简写为 $\rho_x(\tau)$，则有

$$\rho_x(\tau) = \frac{E\{[x(t)-\mu_x][x(t+\tau)-\mu_x]\}}{\sigma_x^2} = \frac{E[x(t)x(t+\tau)]-\mu_x^2}{\sigma_x^2}$$

$$= \frac{\lim\limits_{T\to\infty} \dfrac{1}{T} \displaystyle\int_0^T x(t)x(t+\tau)\mathrm{d}t - \mu_x^2}{\sigma_x^2} \tag{8-26}$$

定义自相关函数为

$$R_x(\tau) = E[x(t)x(t+\tau)] = \lim_{T\to\infty} \frac{1}{T} \int_0^T x(t)x(t+\tau)\mathrm{d}t \tag{8-27}$$

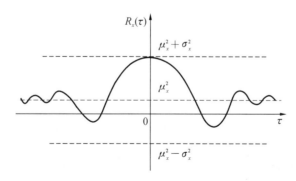

图 8-4　自相关函数的性质

则有

$$\rho_x(\tau) = \frac{R_x(\tau)-\mu_x^2}{\sigma_x^2} \tag{8-28}$$

应当说明，信号的性质不同，自相关函数亦有不同的表达形式。

对于周期信号（功率信号），有

$$R_x(\tau) = \frac{1}{T}\int_0^T x(t)x(t+\tau)\mathrm{d}t \tag{8-29}$$

对于非周期信号(能量信号),有

$$R_x(\tau) = \int_{-\infty}^{\infty} x(t)x(t+\tau)\mathrm{d}t \tag{8-30}$$

自相关函数具有下列性质:

(1) 自相关函数为实偶函数,即 $R_x(\tau) = R_x(-\tau)$。

因为

$$R_x(-\tau) = \lim_{T\to\infty}\frac{1}{T}\int_0^T x(t)x(t-\tau)\mathrm{d}t$$

$$= \lim_{T\to\infty}\frac{1}{T}\int_0^T x(t+\tau)x(t+\tau-\tau)\mathrm{d}(t+\tau) = R_x(\tau)$$

即

$$R_x(\tau) = R_x(-\tau)$$

又因为 $x(t)$ 是实函数,所以自相关函数是 τ 的实偶函数。

(2) τ 值不同,$R_x(\tau)$ 不同,当 $\tau = 0$ 时,$R_x(\tau)$ 的值最大,并且等于信号的均方值 ψ_x^2。

因为

$$R_x(\tau) = \lim_{T\to\infty}\frac{1}{T}\int_0^T x^2(t)\mathrm{d}t = \psi_x^2 = \sigma_x^2 + \mu_x^2$$

而

$$\rho_x(\tau) = \frac{R_x(\tau)}{\sigma_x^2} = 1 \tag{8-31}$$

所以由式(8-31)可知,当 $\tau = 0$ 时,两信号完全相关。

(3) $R_x(\tau)$ 值的限制范围为 $\mu_x^2 - \sigma_x^2 \leqslant R_x(\tau) \leqslant \sigma_x^2 + \mu_x^2$。

由式(8-28),有

$$R_x(\tau) = \rho_x(\tau)\sigma_x^2 + \mu_x^2 \tag{8-32}$$

又因为 $|\rho_{xy}| \leqslant 1$,所以

$$\mu_x^2 - \sigma_x^2 \leqslant R_x(\tau) \leqslant \sigma_x^2 + \mu_x^2 \tag{8-33}$$

(4) 当 $\tau \to \infty$ 时,$x(t)$ 和 $x(t+\tau)$ 之间不存在内在联系,彼此无关,即 $\rho_x(\tau\to\infty) \to 0$,$R_x(\tau\to\infty) \to \mu_x^2$,如图 8-4 所示。若 $\mu_x = 0$,则 $R_x(\tau\to\infty) \to 0$。

(5) 周期函数的自相关函数仍为同频率的周期函数,其幅值与原周期信号的幅值有关,而丢失了原周期信号的相位信息。

【例 8.1】 求正弦函数 $x(t) = x_0\sin(\omega t + \varphi)$ 的自相关函数,初始相角 φ 为一随机变量。

【解】 此正弦函数是一个零均值的各态历经随机过程,其各种平均值可以用一个周期内的平均值表示。该正弦函数的自相关函数为

$$R_x(\tau) = \lim_{T\to\infty}\frac{1}{T}\int_0^T x(t)x(t+\tau)\mathrm{d}t = \frac{1}{t_0}\int_0^{T_0} x_0^2\sin(\omega t+\varphi)\sin[\omega(t+\tau)+\varphi]\mathrm{d}t$$

式中,T_0 为正弦函数的周期,$T_0 = \dfrac{2\pi}{\omega}$。

令 $\omega t + \varphi = \theta$,则 $\mathrm{d}t = \dfrac{\mathrm{d}\theta}{\omega}$。于是

$$R_x(\tau) = \frac{x_0^2}{2\pi}\int_0^{2\pi}\sin\theta\sin(\theta+\omega\tau)\mathrm{d}\theta = \frac{x_0^2}{2}\cos\omega\tau$$

可见正弦函数的自相关函数是一个余弦函数,在 $\tau=0$ 时具有最大值,但它不随 τ 的增加而衰减至零。它保留了原正弦信号的幅值和频率信息,而丢失了初始相位信息。

表 8-1 所示为四种典型信号的自相关函数图,稍加对比就可以看出自相关函数是区别信号类型的一个非常有效的手段。只要信号中含有周期成分,其自相关函数在 τ 很大时都不衰减,并且有明显的周期性,而不包含周期成分的随机信号;当 τ 稍大时,其自相关函数就趋近于零。宽带随机信号的自相关函数很快衰减到零,窄带随机信号的自相关函数则具有较慢的衰减特性。

表 8-1　四种典型信号的自相关函数图

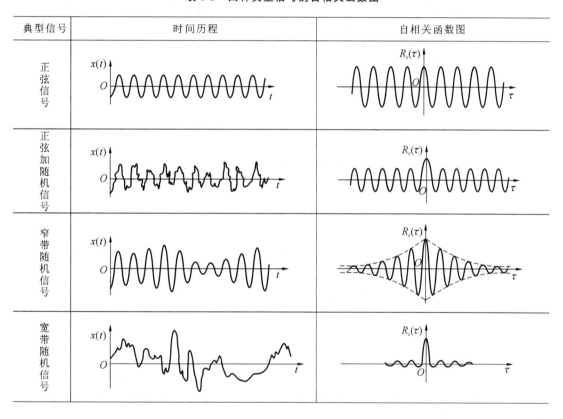

3. 互相关函数

两个各态历经随机信号 $x(t)$ 和 $y(t)$ 的互相关函数 $R_{xy}(\tau)$ 定义为

$$R_{xy}(\tau) = \lim_{T\to\infty}\frac{1}{T}\int_0^T x(t)y(t+\tau)\mathrm{d}t \tag{8-34}$$

时移为 τ 的两随机信号 $x(t)$ 和 $y(t)$ 的互相关系数为

$$\rho_{xy}(\tau) = \frac{E\{[x(t)-\mu_x][y(t+\tau)-\mu_y]\}}{\sigma_x\sigma_y}$$

$$= \frac{E[x(t)y(t+\tau)]-\mu_x\mu_y}{\sigma_x\sigma_y}$$

235

$$= \frac{\lim\limits_{T \to \infty} \frac{1}{T} \int_0^T x(t) y(t+\tau) \mathrm{d}t - \mu_x \mu_y}{\sigma_x \sigma_y}$$

$$= \frac{R_{xy}(\tau) - \mu_x \mu_y}{\sigma_x \sigma_y} \tag{8-35}$$

互相关函数的性质：

(1) 互相关函数是可正、可负的实函数。

若 $x(t)$ 和 $y(t)$ 均为实函数，$R_{xy}(\tau)$ 也应当为实函数。当 $\tau=0$ 时，由于 $x(t)$ 和 $y(t)$ 值可正可负，故 $R_{xy}(\tau)$ 的值也应当可正可负。

(2) 互相关函数是非偶、非奇函数，并且有 $R_{xy}(\tau) = R_{yx}(-\tau)$。

因为所讨论的随机过程是平稳的，在 t 时刻从样本采样计算的互相关函数应和 $t-\tau$ 时刻从样本采样计算的互相关函数是一致的。

$$R_{xy}(\tau) = \lim_{T \to \infty} \frac{1}{T} \int_0^T x(t) y(t+\tau) \mathrm{d}t = \lim_{T \to \infty} \frac{1}{T} \int_0^T x(t-\tau) y(t) \mathrm{d}t$$

$$= \lim_{T \to \infty} \frac{1}{T} \int_0^T y(t) x(t-\tau) \mathrm{d}t = R_{yx}(-\tau)$$

即

$$R_{xy}(\tau) = R_{yx}(-\tau) \tag{8-36}$$

式(8-36)表明互相关函数不是偶函数，也不是奇函数，$R_{xy}(\tau)$ 和 $R_{yx}(-\tau)$ 在图形上对称于坐标纵轴，此处只展示 $R_{xy}(\tau)$ 图形，如图 8-5 所示。

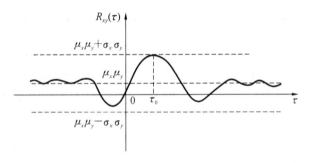

图 8-5　互相关函数的性质

(3) $R_{xy}(\tau)$ 的峰值不在 $\tau=0$ 处，其峰值偏离原点的位置 τ_0 反映了两随机信号时移的大小，相关程度最高，如图 8-5 所示。

(4) 互相关函数的限制范围为 $R_{xy}(\tau) = \mu_x \mu_y + \rho_{xy}(\tau) \sigma_x \sigma_y$。

因为 $|\rho_{xy}(\tau)| \leqslant 1$，故知

$$(\mu_x \mu_y - \sigma_x \sigma_y) \leqslant R_{xy}(\tau) \leqslant (\mu_x \mu_y + \sigma_x \sigma_y)$$

图 8-5 表示了互相关函数的取值范围。

(5) 两个统计独立的随机信号，当均值为零时，则 $R_{xy}(\tau) = 0$。

将随机信号 $x(t)$ 和 $y(t)$ 表示为其均值和波动部分之和的形式，即

$$\begin{cases} x(t) = \mu_x + x'(t) \\ y(t) = \mu_y + y'(t) \end{cases} \tag{8-37}$$

则有

$$R_{xy}(\tau) = \lim_{T \to \infty} \frac{1}{T} \int_0^T x(t) y(t + \tau) \mathrm{d}t$$

$$= \lim_{T \to \infty} \frac{1}{T} \int_0^T \left[(\mu_x + x'(t)) \right] \left[\mu_y + y'(t + \tau) \right] \mathrm{d}t = R_{x'y'}(\tau) + \mu_x \mu_y$$

其中,当 $\tau \to \infty$ 时,$R_{x'y'}(\tau) \to 0$,则 $R_{xy}(\tau) = \mu_x \mu_y$;当 $\mu_x = \mu_y = 0$ 时,$R_{xy}(\tau) = 0$。

(6) 两个不同频率周期信号的互相关函数值恒为零。

若两个不同频率的周期信号表达式为

$$x(t) = x_0 \sin(\omega_1 t + \theta)$$
$$y(t) = y_0 \sin(\omega_2 t + \theta - \varphi)$$

则

$$R_{xy}(\tau) = \lim_{T \to \infty} \frac{1}{T} \int_0^T x(t) y(t + \tau) \mathrm{d}t$$

$$= \lim_{T \to \infty} \frac{1}{T} \int_0^T x_0 \sin(\omega_1 t + \theta) y_0 \sin[\omega_2 (t + \tau) + \theta - \varphi] \mathrm{d}t$$

根据正(余)弦函数的正交性,可知

$$R_{xy}(\tau) = 0 \tag{8-38}$$

由此可见,两个不同频率的周期信号是不相关的。

(7) 周期信号与随机信号的互相关函数值恒为零。

由于随机信号 $y(t + \tau)$ 在 t 至 $t + \tau$ 时间内并无确定的关系,它的取值显然与任何周期函数 $x(t)$ 无关,因此

$$R_{xy}(\tau) = 0$$

【例 8.2】　设有两个周期信号 $x(t)$ 和 $y(t)$,其表达式为

$$x(t) = x_0 \sin(\omega t + \theta)$$
$$y(t) = y_0 \sin(\omega t + \theta - \varphi)$$

式中,θ 为 $x(t)$ 在 $t = 0$ 时刻的相位角;φ 为 $x(t)$ 与 $y(t)$ 的相位差。

试求其互相关函数 $R_{xy}(\tau)$。

【解】　因为是周期信号,可以用一个共同周期内的平均值代替其整个历程的平均值,故

$$R_{xy}(\tau) = \lim_{T \to \infty} \frac{1}{T} \int_0^T x(t) y(t + \tau) \mathrm{d}t$$

$$= \frac{1}{T_0} \int_0^{T_0} x_0 \sin(\omega t + \theta) y_0 \sin[\omega(t + \tau) + \theta - \varphi] \mathrm{d}t$$

$$= \frac{1}{2} x_0 y_0 \cos(\omega \tau - \varphi)$$

由此例可见,两个均值为零且具有相同频率的周期信号,其互相关函数中保留了这两个信号的原频率 ω、对应的幅值 x_0 和 y_0 以及相位差值 φ 的信息。

4. 相关函数的应用

1) 自相关函数的应用

自相关函数分析主要用来检测混淆在随机信号中的确定性信号。正如前面自相关函数的

性质所表明的,这是因为周期信号或任何确定性信号在所有时移 τ 值上都有自相关函数,而随机信号在 τ 值足够大以后其自相关函数值趋于零(假定为零均值随机信号)。

在机械等工程应用中,自相关函数分析有一定的使用价值。但一般来说,用它的傅里叶变换(自谱)来解释混在噪声中的周期信号可能更好些。另外,由于自相关函数中丢失了相位信息,其应用受到限制。

图 8-6 所示为某一机械加工表面粗糙度的波形,其经自相关函数分析后所得到的自相关图呈现出周期性。这表明造成表面粗糙度的原因中包含某种周期因素。从自相关图能确定该周期因素的频率,从而可以进一步分析其原因。

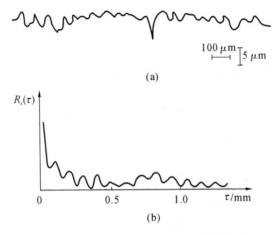

图 8-6　某一机械加工表面粗糙度的波形

2)互相关函数的应用

互相关函数的特性使它在工程应用中有重要的价值。它是在噪声背景下提取有用信息的一个非常有效的手段。如果我们对一个线性系统(例如某个部件、结构或某台机床)进行激振,所测得的振动信号中常常含有大量的噪声干扰。根据线性系统的频率保持性,只有和激振频率相同的成分才可能是由激振引起的响应,其他成分均是干扰。因此,只要将激振信号和所测的响应信号进行互相关(不必用时移,$\tau=0$)分析,就可以得到由激振引起的响应信号的幅值和相位差,消除了噪声干扰的影响。这种应用互相关函数分析原理来消除信号中噪声干扰、提取有用信息的处理方法称为相关滤波。它是利用互相关函数同频相关、不同频不相关的性质来达到滤波效果的。

在测试系统中,互相关技术也得到了广泛的应用。下面是应用互相关技术进行测试的几个典型例子。

(1)相关测速。

工程中常用两个间隔一定距离的传感器来不接触地测量运动物体的速度。

图 8-7 是非接触测定热轧钢带运动速度的示意图。钢带反射表面的反射光经透镜聚焦在相距为 d 的两个光电池上,反射光强度的波动经过光电池转换为电信号,再进行相关处理。当可调延时 τ 等于钢带上某点在两个测试点之间经过所需的时间 τ_d 时,互相关函数值最大。该钢带的运动速度 $v=d/\tau_d$。

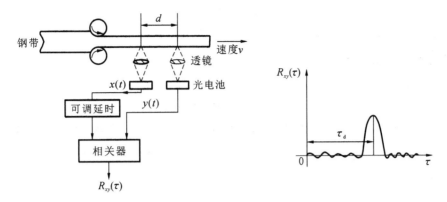

图 8-7　非接触测定热轧钢带运动速度的示意图

（2）在故障诊断中的应用。

图 8-8 是确定输油管裂损位置示意图。漏损处 K 视为向两侧传播声响的声源，在两侧管道上分别放置传感器 1 和 2，因为放置传感器的两点距漏损处不等距，则漏油的音响传至两传感器就有时差，在互相关图的 $\tau=\tau_m$ 处 $R_{x_1x_2}(\tau)$ 有最大值，其中 τ_m 就是时差，由 τ_m 就可确定漏损处的位置：

$$s = \frac{1}{2}v\tau_m$$

式中，s 为两传感器的中点（中心线）至漏损处的距离；v 为声响通过管道的传播速度。

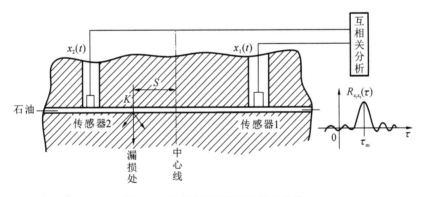

图 8-8　确定输油管裂损位置示意图

8.1.3　信号的频域分析

信号的时域分析反映了信号幅值随时间变化的特征，而频域分析是指把时间域的各种动态信号通过傅里叶变换转换到频域进行分析描述，反映信号的频率结构和各频率成分的幅值大小。

频域分析一般泛指：频谱分析，包括幅值谱和相位谱；功率谱分析，包括自谱和互谱；频率响应函数分析，系统输出信号频谱与输入信号频谱之比；相干函数分析，系统输入信号与输出信号之间频谱的相关程度。由于自相关函数与自谱、互相关函数与互谱分别构成了傅里叶变换对,所以谱分析与相关分析有机地联系在一起。

功率谱密度函数、相干函数从频域为研究平稳随机过程提供了重要方法。

1. 自功率谱密度函数

1) 定义与物理意义

假定 $x(t)$ 是零均值的随机信号,即 $\mu_x=0$(如果原随机信号是非零均值的,可以进行适当处理使其均值为零),又假定 $x(t)$ 中没有周期成分,那么当 $\tau \to \infty$,则 $R_x(\tau) \to 0$。这样自相关函数 $R_x(\tau)$ 可满足傅里叶变换的条件 $\int_{-\infty}^{\infty} |R_x(\tau)| d\tau < \infty$,利用式(6-31)和式(6-32),可得到 $R_x(\tau)$ 的傅里叶变换 $S_x(f)$,即

$$S_x(f) = \int_{-\infty}^{\infty} R_x(\tau) e^{-j2\pi f\tau} d\tau \tag{8-39}$$

其逆变换为

$$R_x(\tau) = \int_{-\infty}^{\infty} S_x(f) e^{j2\pi f\tau} df \tag{8-40}$$

定义 $S_x(f)$ 为 $x(t)$ 的自功率谱密度函数,简称自功率谱或自谱。由于 $S_x(f)$ 和 $R_x(\tau)$ 之间是傅里叶变换对的关系,两者是唯一对应的,$S_x(f)$ 中包含着 $R_x(\tau)$ 的全部信息。因为 $R_x(\tau)$ 是实偶函数,所以 $S_x(f)$ 亦为实偶函数。因此常用 f 在 $(0,+\infty)$ 范围内的 $G_x(f)=2S_x(f)$ 来表示信号的全部功率谱,并把 $G_x(f)$ 称为信号 $x(t)$ 的单边功率谱,如图8-9所示。

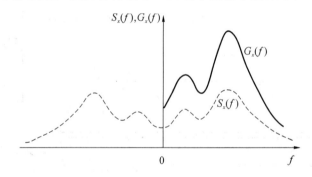

图 8-9 单边谱和双边谱

若 $\tau=0$,根据自相关函数 $R_x(\tau)$ 和自功率谱密度函数 $S_x(f)$ 的定义,可得

$$R_x(\tau) = \lim_{T \to \infty} \frac{1}{T} \int_0^T x^2(t) dt = \int_{-\infty}^{\infty} S_x(f) df \tag{8-41}$$

由此可见,$S_x(f)$ 曲线下和频率轴所包围的面积就是信号的平均功率,故自功率谱 $S_x(f)$ 就是信号的功率谱沿频率的分布。

2) 帕什瓦定理

在时域中计算的信号总能量,等于在频域中计算的信号总能量,这就是帕什瓦定理,即

$$\int_{-\infty}^{\infty} x^2(t) dt = \int_{-\infty}^{\infty} |X(f)^2| df \tag{8-42}$$

式(8-42)又叫能量等式。这个定理可以用傅里叶变换的卷积导出。

设 $x_1(t) \leftrightarrow X_1(f)$,$x_2(t) \leftrightarrow X_2(f)$,按照频域卷积定理有

$$x_1(t)\,x_2(t) \leftrightarrow X_1(f) \,*\, X_2(f)$$

即

$$\int_{-\infty}^{\infty} x_1(t)\,x_2(t)\,\mathrm{e}^{-\mathrm{j}2\pi f_0 t}\mathrm{d}t = \int_{-\infty}^{\infty} X_1(f)\,X_2(f_0 - f)\,\mathrm{d}f$$

令 $f_0 = 0$，得

$$\int_{-\infty}^{\infty} x_1(t)\,x_2(t)\mathrm{d}t = \int_{-\infty}^{\infty} X_1(f)\,X_2(-f)\,\mathrm{d}f$$

又因 $x_1(t) = x_2(t) = x(t)$，得

$$\int_{-\infty}^{\infty} x^2(t)\mathrm{d}t = \int_{-\infty}^{\infty} X(f)X(-f)\,\mathrm{d}f$$

因为 $x(t)$ 是实函数，所以 $X(-f) = X*(f)$。于是有

$$\int_{-\infty}^{\infty} x^2(t)\mathrm{d}t = \int_{-\infty}^{\infty} X(f)\,X*(f)\mathrm{d}f = \int_{-\infty}^{\infty} \mid X(f) \mid^2 \mathrm{d}f$$

其中 $\mid X(f) \mid^2$ 称为能谱，它是沿频率轴的能量分布密度。

在整个时间轴上，信号平均功率为

$$P_{\mathrm{av}} = \lim_{T \to \infty} \frac{1}{T} \int_0^T x^2(t)\mathrm{d}t = \int_{-\infty}^{\infty} \lim_{T \to \infty} \frac{1}{T} \mid X(f)^2 \mid \mathrm{d}f$$

因此，根据式(8-41)，自功率谱密度函数和幅值谱的关系为

$$S_x(f) = \lim_{T \to \infty} \frac{1}{T} \mid X(f) \mid^2 \tag{8-43}$$

利用这一关系，就可以直接对时域信号做傅里叶变换，以计算自功率谱密度函数。

3）自功率谱密度函数的应用

自功率谱密度函数 $S_x(f)$ 为自相关函数 $R_x(\tau)$ 的傅里叶变换，故 $S_x(f)$ 中包含 $R_x(\tau)$ 中函数的全部信息。

自功率谱密度函数 $S_x(f)$ 反映信号的频域结构，这一点和幅值谱 $\mid X(f) \mid$ 一致，但是自功率谱密度函数所反映的是信号幅值的平方，因此其频域结构特征更为明显，如图 8-10 所示。

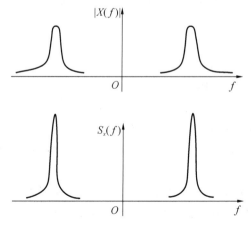

图 8-10　幅值谱与自功率谱密度函数

如图 8-11 所示,对于一个线性系统,若其输入为 $x(t)$,输出为 $y(t)$,系统的频率响应函数为 $H(f)$,且 $x(t) \leftrightarrow X(f)$,$y(t) \leftrightarrow Y(f)$,则

$$Y(f) = H(f)X(f) \tag{8-44}$$

不难证明,输入、输出的自功率谱密度函数与系统频率响应函数的关系如下:

$$S_y(f) = |H(f)|^2 S_x(f) \tag{8-45}$$

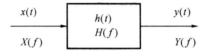

图 8-11　线性系统框图

通过对输入、输出自谱的分析,就能得出系统的幅频特性。但是在这样的计算中丢失了相位信息,因此不能得出系统的相频特性。

自相关分析可以有效地检测出信号中有无周期成分。自功率谱密度函数也能用来检测信号中的周期成分。周期信号的频谱是脉冲函数,在特定频率上的能量是无限的。但是在实际处理时,常用矩形窗函数对信号进行截断,这相当于在频域用矩形窗函数的频谱 sinc 函数和周期信号的频谱 δ 函数实行卷积,因此截断后的周期信号的频谱已不再是脉冲函数,原来为无限大的谱线高度变成有限高,谱线宽度由无限小变成了有一定宽度。所以周期成分在实测的功率谱密度函数图形中以陡峭有限峰值的形态出现。

2. 互功率谱密度函数

如果互相关函数 $R_{xy}(\tau)$ 满足傅里叶变换的条件 $\int_{-\infty}^{\infty} |R_{xy}(\tau)| \, \mathrm{d}\tau < \infty$,则定义

$$S_{xy}(f) = \int_{-\infty}^{\infty} R_{xy}(\tau) \, \mathrm{e}^{-\mathrm{j}2\pi f \tau} \, \mathrm{d}\tau \tag{8-46}$$

式中,$S_{xy}(f)$ 称为信号 $x(t)$ 和 $y(t)$ 的互功率谱密度函数,简称互谱。根据傅里叶逆变换,有

$$R_{xy}(\tau) = \int_{-\infty}^{\infty} S_{xy}(f) \, \mathrm{e}^{\mathrm{j}2\pi f \tau} \, \mathrm{d}f \tag{8-47}$$

互相关函数 $R_{xy}(\tau)$ 并非偶函数,因此 $S_{xy}(f)$ 具有虚、实两部分。同样 $S_{xy}(f)$ 保留了 $R_{xy}(\tau)$ 中的全部信息。

1)频率响应函数

互功率谱密度函数的常见应用如下。

对图 8-12 所示的受外界干扰的线性系统,可证明有

$$S_{xy}(f) = H(f)S_x(f) \tag{8-48}$$

故从输入的自谱和输入输出的互谱就可以直接得到系统的频率响应函数。式(8-48)与式(8-45)不同,因为互相关函数中包含有相位信息,所以得到的 $H(f)$ 不仅含有幅频特性而且含有相频特性。

如果一个测试系统受到外界干扰,如图 8-12 所示,$z_1(t)$ 为输入噪声,$z_2(t)$ 为加于系统中间环节的噪声,$z_3(t)$ 为加在输出端的噪声。显然该系统的输出 $y(t)$ 将为

$$y(t) = x'(t) + z_1'(t) + z_2'(t) + z_3'(t) \tag{8-49}$$

式中,$x'(t)$、$z_1'(t)$、$z_2'(t)$ 分别为系统对 $x(t)$、$z_1(t)$、$z_2(t)$ 和 $z_3(t)$ 的响应。

输入 $x(t)$ 与输出 $y(t)$ 的互相关函数为

$$R_{xy}(\tau) = R_{xx}{}'(\tau) + R_{xz_1}{}'(\tau) + R_{xz_2}{}'(\tau) + R_{xz_3}{}'(\tau) \tag{8-50}$$

由于输入 $x(t)$ 和噪声 $z_1(t)$、$z_2(t)$ 和 $z_3(t)$ 是独立无关的,故互相关函数 $R_{xz_1}{}'(\tau)$、$R_{xz_2}{}'(\tau)$ 和 $R_{xz_3}{}'(\tau)$ 均为零。则

$$R_{xy}(\tau) = R_{xx}{}'(\tau) \tag{8-51}$$

故

$$S_{xy}(f) = S_{xx}{}'(f) = H(f)S_x(f) \tag{8-52}$$

式中,$H(f) = h_1(f)h_2(f)$,为所测试系统的频率响应函数。

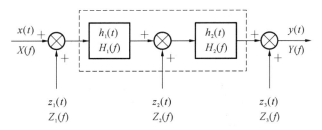

图 8-12　受外界干扰的线性系统

由此可见,利用互谱进行分析即可排除噪声的影响。这是这种分析方法的突出优点。应当注意到,利用式(8-52)求线性系统 $H(f)$ 时,尽管其中的互谱 $S_{xy}(f)$ 可不受噪声的影响,但是输入信号的自谱 $S_x(f)$ 仍然无法排除输入端测量噪声的影响,从而形成测量的误差。

为了测试系统的动态特性,有时人们故意给正在运行的系统输入特定的已知扰动——$r(t)$。只要 $r(t)$ 和其他各输入量无关,在测量 $S_{xy}(f)$ 和 $S_r(f)$ 后就可以计算得到 $H(f)$。这种在被测系统正常运行的同时对它进行测试的方式,称为"在线测试"。

2) 相干函数

评价系统的输入信号和输出信号之间的因果性,即输出信号的功率谱中有多少是输入信号所引起的响应,在许多场合中是十分重要的。如图 8-13 所示,通常用相干函数 $\gamma_{xy}^2(f)$ 来描述这种因果性,其定义为

$$\gamma_{xy}^2(f) = \frac{|S_{xy}(f)|^2}{S_x(f)S_y(f)} \qquad 0 \leqslant \gamma_{xy}^2(f) \leqslant 1 \tag{8-53}$$

实际上,利用式(8-53)计算相干函数时,只能使用 $S_y(f)$、$S_x(f)$ 和 $S_{xy}(f)$ 的估计值,所得相干函数也只是一种估计值,并且唯有采用经多段平滑处理后的估计值来计算,所得到的相干函数才是较好的估计值。

如果相干函数值为零,就表示输出信号与输入信号不相干。当相干函数值为 1 时,则表示输出信号与输入信号完全相干,系统不受干扰而且系统是线性的。若相干函数值在 $0 \sim 1$ 之间,表明有如下三种可能:① 测试中有外界噪声干扰;② 输出的 $y(t)$ 是输入 $x(t)$ 和其他输入的综合输出;③ 联系 $x(t)$ 和 $y(t)$ 的系统是非线性的。

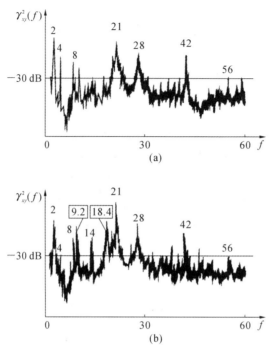

图 8-13　相干函数波形图

8.2　信号处理

8.2.1　数字信号处理的基本步骤

数字信号处理的基本步骤如图 8-14 所示。

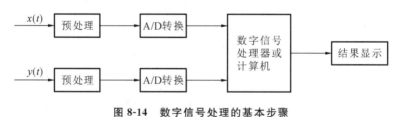

图 8-14　数字信号处理的基本步骤

信号的预处理是把信号变成适于数字处理的形式,以减轻数字处理的困难。预处理涉及以下内容。

（1）信号幅值调理,以便适用于采样,保证电压峰值足够大,以便充分利用 A/D 转换器的精确度。例如 12 位的 A/D 转换器,其参考电压为 ±5 V。由于 $2^{12}=4096$,故其末位数字的当量电压为 2.5 mV。若信号电平较低,其转换后二进制的高位都为 0,仅在低位有值,性噪比将很差。若信号电平绝对值超过 5 V,则转换中又将发生溢出,这是不允许的。所以进行 A/D 转换的信号的电平应适当调整。

（2）必要的滤波，以提高信噪比，并滤取信号中的高频噪声。

（3）如果所测信号中不应有直流分量，则隔离信号中的直流分量。

（4）若原信号经过调制，则先进行解调。

预处理环节还应根据测试对象、信号特点和数字处理设备的能力来妥善安排。A/D 转换是将模拟信号进行采样、量化并转换成二进制的过程。

数字信号处理器或计算机对离散的时间序列进行运算处理。因为计算机只能处理有限长度的序列，所以我们首先要把长时间的序列截断，有时还要对截断的数字序列进行人为的加权（乘以窗函数），使其成为新的有限长度的序列。数据中的奇异点（强干扰或信号丢失引起的数据突变）应予以剔除。温漂、湿漂等系统性干扰所引起的趋势项（周期大于记录长度的频率成分）也应予以分离。如有必要，还可以设计专门的程序来进行数字滤波，然后再把数据按给定的程序进行运算，完成各种分析。

8.2.2　数字信号处理的主要问题

数字信号处理首先会把一个连续变化的模拟信号转化成数字信号，然后由计算机处理，从中提取有关的信息。信号数字化过程包含一系列步骤，每一步骤都可以引起信号和其蕴含信息的失真。数字信号处理的主要问题如图 8-15 所示。

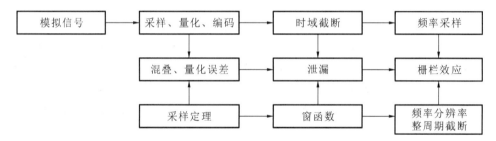

图 8-15　数字信号处理的主要问题

1. 采样和混叠现象

模拟信号转换成数字信号（A/D 转换）需要经过三个步骤：采样、量化和编码。在 A/D 转换过程中，模拟信号将按同一时间间隔采样，为了实现转换过程，需要将采样值保持一段时间。保持中的采样值还是连续的模拟量，而数字量只能是离散值，所以需要用量化单位对模拟量做整型量化，从而得到与模拟量对应的数字量。量化后的数字信号以编码形式表示。模拟信号数字化过程如图 8-16 所示。

采样是把连续时间信号变成离散时间序列的过程。这一过程相当于在连续时间信号上"摘取"许多离散时刻上的信号瞬时值。在数学处理上，可看作以等时距的单位脉冲序列（称其为采样信号）去乘连续时间信号，各采样点的瞬时值就变成脉冲序列的强度值。以后这些强度值将被量化成为相应的数值。

用数学来描述就是用等间隔的脉冲序列

$$s(t) = \sum_{n=-\infty}^{\infty} \delta(t - nT_s) \qquad n = 0, \pm 1, \pm 2, \cdots \tag{8-54}$$

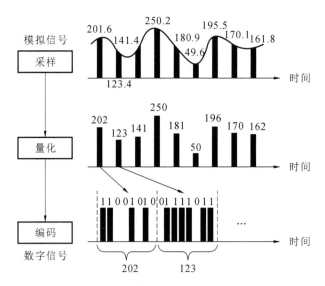

图 8-16 模拟信号数字化过程

去乘模拟信号 $x(t)$。由脉冲函数的性质可知

$$\int_{-\infty}^{\infty} x(t)\delta(t - nT_s)\mathrm{d}t = x(nT_s) \tag{8-55}$$

式(8-55)说明经时域采样后,各采样点的信号幅值为 $x(nT_s)$,其中 T_s 为采样间隔。函数 $s(t)$ 称为采样函数。采样结果 $x(t)s(t)$ 必须能唯一地确定原信号 $x(t)$,所以采样间隔的选择是一个重要的问题。若采样间隔太小(采样频率高),对定长的时间记录来说其数字序列就很长,导致计算工作量增大;如果数字序列长度一定,则只能处理很短的时间历程,可能产生较大的误差。若采样间隔太大(采样频率低),则可能丢掉有用的信息,例如当采样频率低于信号频率,则不能复现原信号。如图 8-17(a)所示,如果按图中所示的 T_s 采样,将得到点 1、2、3 处的采样值,无法分清曲线 A、B 和 C 的差别,并容易把 B、C 误认为 A。图 8-17(b)所示为用过大的采样间隔 T_s 对两个不同频率的正弦信号采样的结果,由于采样值相同,无法辨识两者的差别,因此容易将其中的高频信号误认为某种相应的低频信号,出现了混叠现象。

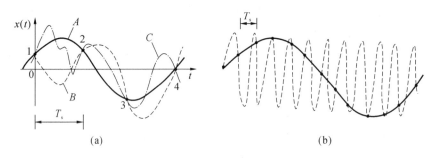

(a)   (b)

图 8-17 采样结果

1) 采样函数的频谱

采样函数为一周期信号,即

$$s(t) = \delta(t - nT_s) \qquad n = 0, \pm 1, \pm 2, \cdots$$

将其写成复指数形式,有

$$s(t) = \sum_{n=-\infty}^{\infty} F(2\pi n f_s) e^{j2\pi n f_s t} \tag{8-56}$$

式中,f_s 为采样频率,$f_s = \dfrac{1}{T_s}$。

因为

$$F(2\pi n f_s) = \frac{1}{T_s} \int_{-T_s/2}^{T_s/2} s(\tau) e^{-j2\pi n f_s \tau} d\tau = \frac{1}{T_s} \tag{8-57}$$

所以

$$s(t) = \frac{1}{T} \sum_{n=-\infty}^{\infty} e^{j2\pi n f_s t} \tag{8-58}$$

取傅里叶变换,有

$$S(f) = \frac{1}{T_s} \sum_{n=-\infty}^{\infty} \delta(f - n f_s) = \frac{1}{T_s} \sum_{n=-\infty}^{\infty} \delta\left(f - \frac{n}{T_s}\right) \tag{8-59}$$

由此可见,间距为 T_s 的采样脉冲序列的傅里叶变换也是脉冲序列,其间距为 $1/T_s$。

令

$$x_s(t) = x(t) s(t) \tag{8-60}$$

由卷积定理,有

$$F[x_s(t)] = F[x(t) s(t)] = \frac{1}{2\pi} X(\omega) * S(\omega) = X(f) * S(f) \tag{8-61}$$

考虑到脉冲函数与其他函数卷积的特性,有

$$X(f) * S(f) = X(f) * \frac{1}{T_s} \sum_{n=-\infty}^{\infty} \delta\left(f - \frac{n}{T_s}\right) = \frac{1}{T_s} \sum_{n=-\infty}^{\infty} X\left(f - \frac{n}{T_s}\right) \tag{8-62}$$

式(8-62)为信号 $x(t)$ 经过间隔为 T_s 的采样之后所形成的采样信号的频谱。它是将原信号的频谱 $X(f)$ 以一次平移 $1/T_s$ 的方式平移至各采样脉冲对应的频域序列点上,并乘以系数 $1/T_s$,然后全部叠加而成的,如图 8-18 所示。

2)采样定理

如果采样间隔 T_s 太大,即采样频率 f_s 太低,那么由于平移距离 $1/T_s$ 过小,移至各采样脉冲对应的频域序列点的频谱 $X(f)/T_s$ 就会有一部分相互交叠,新合成的 $X(f) * S(f)$ 图形与 $X(f)/T_s$ 不一致。由在时域上不恰当地选择采样的时间间隔而引起高低频之间彼此混淆的现象称为混叠。发生混叠后,原来频谱的部分幅值改变,难以准确地从离散的采样信号 $x(t)s(t)$ 中恢复原信号 $x(t)$。

如果 $x(t)$ 是一个带限信号(最高频率 f_h 为有限值),采样频率 $f_s > 2f_h$,那么采样后的频谱 $X(f) * S(f)$ 就不会发生混叠,如图 8-19 所示。

采样定理:为了避免混叠以便采样后仍能准确地恢复原信号,采样频率 f_s 必须大于原信号最高频率 f_h 的两倍,即 $f_s > 2f_h$。在实际工作中,如果确知原信号中的高频部分是由噪声干扰引起的,为了满足采样定理又不使数字序列过长,可以先把信号做低通滤波处理。这种滤波器也称为抗混滤波器,在信号预处理过程中是非常必要的。在设备状态监测过程中,如果只对某一个频带感兴趣,那么可以用低通滤波器或带通滤波器滤掉其他频率成分,这样可以避免

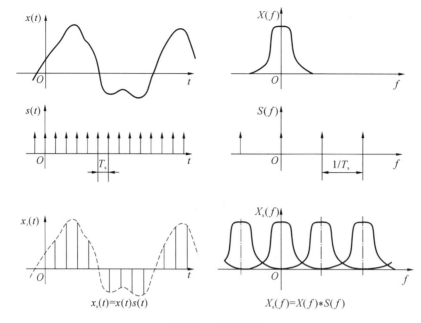

图 8-18 采样过程

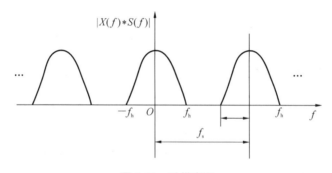

图 8-19 采样定理

混叠并减少信号中其他成分的干扰。考虑到实际滤波器不可能有理想的截止特性,在其截止频率 f_c 之后总有一定的过渡带,故采样频率常选为 $3\sim4$ 倍的 f_c。此外,从理论上讲,任何低通滤波器都不可能把高频噪声完全衰减干净,因此也不可能彻底消除混叠现象。

3) 量化和量化误差

将采样所得的离散信号的电压幅值用二进制数码组来表示,就使离散信号变成数字信号,这一过程称为量化。量化是从一组有限个离散电平中取一个来近似代表采样点信号的实际幅值。这些离散电平称为量化电平,每个量化电平对应一个二进制数码。

A/D 转换器的位数是一定的。一个 b 位(又称数据字长)的二进制数,共有 $L=2^b$ 个数码。如果 A/D 转换器允许的动态工作范围为 D(例如 ±5 V 或 $0\sim10$ V),则两个相邻量化电平之间的差为

$$\Delta x = D/2^{b-1} \tag{8-63}$$

式中采用 2^{b-1} 而不用 2^b,是因为实际上字长的第一位被用作符号位。

当离散信号采样值 $x(n)$ 的电平落在两个相邻量化电平之间时,就要四舍五入到相近的一个量化电平上。该量化电平与信号实际电平之间的差值称为量化误差 $\varepsilon(n)$。量化误差的最大值为 $\pm(\Delta x/2)$,可认为量化误差在 $(-\Delta x/2, \Delta x/2)$ 区间各点出现的概率是相等的,其概率密度为 $1/\Delta x$,均值为零,其均方值为 $\Delta x^2/12$,误差的标准差为 $0.29\Delta x$。实际上,跟信号获取、处理的其他误差相比,量化误差通常是不大的。

量化误差是叠加在信号采样值上的随机噪声。假定数据字长为 8,峰值电平等于 $2^{(8-1)}\Delta x$。这样峰值电平与误差的标准差之比为 $(128\Delta x/0.29\Delta x)\approx 450$,即约等于 26 dB。

A/D 转换器位数选择应视信号的具体情况和量化的精度要求而定,但也要考虑到位数增多后,会导致成本显著增加、转换速率下降。

为了讨论方便,今后假设各采样点的量化电平就是信号的实际幅值,即假设 A/D 转换器的位数为无限多,则量化误差等于零。

2. 截断、泄漏和窗函数

1) 截断和泄漏

信号的历程是无限的,而在数字处理时必须把长时间的序列截断。截断就是将无限长的信号乘以有限宽的窗函数。"窗"的意思是指通过窗口使人们能够"看到""外景(信号)"的一部分。最简单的窗是矩形窗,如图 8-20 所示。

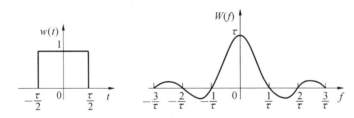

图 8-20　矩形窗及其频谱

矩形窗函数为

$$w(t) = \begin{cases} 1, & |t| \leqslant \tau/2 \\[2mm] 0, & |t| > \tau/2 \end{cases} \tag{8-64}$$

其频谱为

$$W(f) = F[x(t)] = \tau\frac{\sin\pi f\tau}{\pi f\tau} = \tau\mathrm{sinc}(\pi f\tau) \tag{8-65}$$

对采样信号 $x_s(t)$ 截取一段 $(-\tau/2, \tau/2)$,相当于将其乘以矩形窗函数 $w(t)$,由卷积定理,有

$$F[x_s(t)w(t)] = X_s(f) * W(f) \tag{8-66}$$

式中,$X_s(f)$、$W(f)$ 分别为 $x_s(t)$、$w(t)$ 的傅里叶变换。

$x_s(t)$ 截断后的频谱不同于它加窗以前的频谱。由于 $w(t)$ 是一个频带无限的函数,因此即使 $x_s(t)$ 是带限信号,其在截断以后也必须变成无限带宽的函数。这说明能量分布被扩展了,有一部分能量泄漏到 $x_s(t)$ 的频带以外,因此信号截断必然产生一些误差。这种由于时域上的截断而在频域上出现附加频率分量的现象称为泄漏。

在图 8-20 中,频域中 $|f| < 1/\tau$ 的部分称为 $W(f)$ 的主瓣,其余两旁的部分即附加频率分量称为旁瓣,可以看出主瓣和旁瓣宽度之比是固定的。窗口宽度 τ 与 $W(f)$ 的关系可用傅里叶变换的时间尺度改变特性和面积定理来说明。

面积定理如下

由

$$W(f) = \int_{-\infty}^{\infty} w(t)\, \mathrm{e}^{-\mathrm{j}2\pi ft}\, \mathrm{d}t$$

有

$$W(0) = \int_{-\tau/2}^{\tau/2} w(t)\mathrm{d}t = \tau \tag{8-67}$$

同理

$$w(0) = \int_{-\infty}^{\infty} W(f)\mathrm{d}f = 1 \tag{8-68}$$

由此可见,当窗口宽度增大时,主瓣和旁瓣的宽度变窄,并且主瓣高度恒等于窗口宽度,即当 $\tau \rightarrow \infty$ 时,$W(f) \rightarrow \delta(f)$。而单位脉冲函数 $\delta(f)$ 与任何 $X(f)$ 相卷积都不会使其改变,所以加大窗口宽度可使泄漏减小,但无限加宽等于对 $x(t)$ 不截断,这是不可能的。为了减少泄漏可尽量寻找频域中接近 $\delta(f)$ 的窗函数,即主瓣窄、旁瓣小的窗函数。

设 $x(t) = \mathrm{e}^{\mathrm{j}2\pi f_0 t}$,则有

$$X_s(f) = X(f) * S(f) = \frac{1}{T_s}\sum_{n=-\infty}^{\infty} X(f - nf_s)$$

$$= \frac{1}{T_s}\sum_{n=-\infty}^{\infty} \delta(f - f_0 - nf_s) \tag{8-69}$$

式中,T_s 为采样间隔;f_s 为采样频率;n 为任意整数。

这时谱线位置在 $f = f_0 + nf_s$ 处,如图 8-21 所示。加上矩形窗后 $X_s(f)$ 要与 $W(f)$ 卷积,($W(f) = \tau\mathrm{sinc}(\pi f\tau)$ 为矩形窗的宽度),所得频域图形如图 8-21(b)所示。这时从原来 f_0 处的一根谱线变成了以 f_0 为中心的形状为 $\mathrm{sinc}(\pi f\tau)$ 的连续谱线。此时称 $X_s(f)$ 的频率成分从 f_0 处泄漏到了其他频率处:因为,原来在一个周期 f_s 内只有一个频率上有非零值,而现在在一个周期内几乎在所有的频率上都有了非零值。为了更清楚地看清泄漏,图 8-21(b)中只画出了 f_0 处的脉冲 $X_s(f)$ 与 $W(f)$ 的卷积结果,其他频率 $f = f_0 + nf_s$ 处相同的卷积图形都未画出。

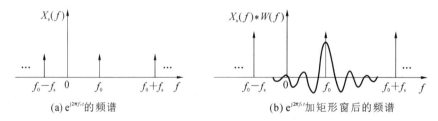

(a) $\mathrm{e}^{\mathrm{j}2\pi f_0 t}$ 的频谱　　　　(b) $\mathrm{e}^{\mathrm{j}2\pi f_0 t}$ 加矩形窗后的频谱

图 8-21　$\mathrm{e}^{\mathrm{j}2\pi f_0 t}$ 的相关图形

2）窗函数的评价

如上所述，对时间窗的一般要求是其频谱（也叫作频域谱）的主瓣尽量窄，以提高频率分辨率，旁瓣要尽量低，以减少泄漏。但两者往往不能同时满足，我们需要根据不同的测试对象选择窗函数。窗函数的优劣大致可从最大旁瓣峰值与主瓣峰值之比、最大旁瓣 10 倍频程衰减率和主瓣宽度等方面来评价。

3）常用的窗函数

（1）矩形窗。

矩形窗的时域和频域函数分别如式（8-64）和式（8-65）表示。矩形窗及其频谱图形如图 8-20 所示。矩形窗是使用最普遍的，因为习惯中的不加窗就相当于使用了矩形窗，并且矩形窗的主瓣是最窄的。

（2）汉宁窗。

汉宁窗及其频谱如图 8-22 所示。它的频率窗可以看作是 3 个矩形时间窗的频谱之和，式（8-71）的括号中的两项相对于第一个频率窗向左、右各有位移 $1/\tau$。跟矩形窗比较，汉宁窗的旁瓣小得多，因而泄漏也少得多，但是它的主瓣较宽。

$$w(t) = \begin{cases} 0.5 + 0.5\cos\dfrac{2\pi t}{\tau}, & |t| \leqslant \tau/2 \\ 0, & |t| > \tau/2 \end{cases} \tag{8-70}$$

$$W(f) = 0.5Q(f) + 0.25\left[Q\left(f + \frac{1}{\tau}\right) + Q\left(f - \frac{1}{\tau}\right)\right] \tag{8-71}$$

式中，$Q(f) = \dfrac{\sin\pi f t}{\pi f t} = \mathrm{sinc}(\pi f t)$。

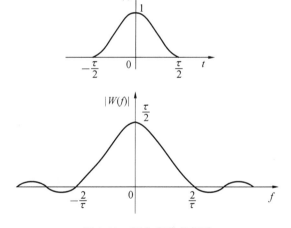

图 8-22　汉宁窗及其频谱

（3）哈明窗。

哈明窗本质上和汉宁窗是一样的，只是系数不同。哈明窗比汉宁窗消除旁瓣的效果好一些而且主瓣稍窄，但缺点是旁瓣衰减较慢。适当地改变窗函数的系数，可以得到不同特性的窗函数。

$$w(t) = \begin{cases} 0.54 + 0.46\cos\dfrac{2\pi t}{\tau}, & |t| \leqslant \tau/2 \\ 0, & |t| > \tau/2 \end{cases} \tag{8-72}$$

$$W(f) = 0.54Q(f) + 0.23\left[Q\left(f + \frac{1}{\tau}\right) + Q\left(f - \frac{1}{\tau}\right)\right] \tag{8-73}$$

常用窗函数及性能见表 8-2。

表 8-2　常见窗函数及性能

窗函数类型	3 dB 带宽 $B(\Delta f)$/Hz	最大旁瓣峰值 A/dB	旁瓣谱峰渐进衰减速度 D/(dB/oct)
矩形窗	0.89	−13	−6
汉宁窗	1.44	−32	−18
哈明窗	1.304	−43	−6
三角窗	1.28	−27	−18
高斯窗	1.55	−55	−6

3. 频域采样和栅栏效应

对信号 $x(t)$ 的采样和加窗处理,在时域可描述为它与采样脉冲序列 $s(t)$ 和窗函数 $w(t)$ 三者的乘积 $x(t)s(t)w(t)$,结果是长度为 N 的离散信号。由频域卷积定理可知,它的频域函数是 $X(f) * S(f) * W(f)$,这是一个频域连续函数。在计算机中,信号的这种变化是用离散傅里叶变换(DFT)进行的,其输出是离散的频域序列。也就是说,DFT 不仅能算出 $x(t)s(t)w(t)$ 的频谱,而且同时对其频谱 $X(f) * S(f) * W(f)$ 实施采样处理,使其离散化。这相当于将频域函数乘以采样函数 $D(f)$,如图 8-23 所示,图中 $d(t)$ 是 $D(f)$ 的时域函数。

DFT 在频域的一个周期 $f_s = 1/T_s$ 中输出 N 个数据点,故输出的频率序列的频率间隔 $\Delta f = f_s/N = 1/(T_s N) = 1/T$。如图 8-23 所示,计算机的实际输出是 $Y(f)$,即

$$Y(f) = [X(f) * S(f) * W(f)]D(f) \tag{8-74}$$

由卷积定理,与 $Y(f)$ 相对应的时域函数是 $y(t) = [x(t)s(t)w(t)] * d(t)$。应当说明,频域函数的离散化所对应的时域函数应当是周期函数,因此,$y(t)$ 是一个周期函数。

用数字处理频谱就必须先使频率离散化,实行频域采样。频域采样和时域采样相似,在频域中用脉冲序列 $D(f)$ 乘以信号的频谱函数,在时域相对应的是信号与脉冲序列 $d(t)$ 卷积。在图 8-23 中,$y(t)$ 是将时域采样加窗信号 $x(t)s(t)w(t)$ 平移到 $d(t)$ 各脉冲位置重新构图,相当于在时域中将窗内的信号波形在窗外进行周期延拓。

对函数实行采样,实质上就是"摘取"采样点上对应的函数值。其效果有如透过栅栏的缝隙观看外景一样,只有落在缝隙前的少数景象被看到,其余景象被栅栏挡住视为零,这种现象被称为栅栏效应。不管是时域采样还是频域采样,都有相应的栅栏效应,只不过时域采样如满足采样定理要求,其栅栏效应不会有什么影响。而频率采样的栅栏效应则影响颇大,"挡住"或丢失的频率成分有可能是重要的或具有特征的成分,以至于使整个处理失去意义。

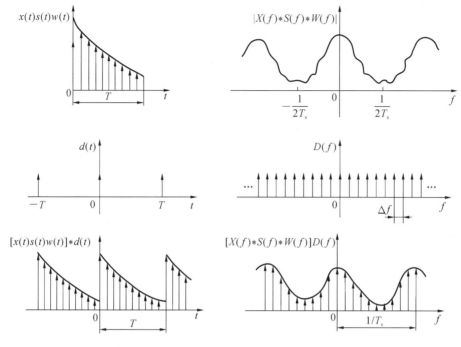

图 8-23 频域采样

4. 频率分辨率、整周期截断

频率采样间隔 Δf 也是频率分辨率的指标,此间隔越小,频率分辨率越高,被"挡住"的频率成分越少。在利用 DFT 将有限时间序列变换成相应的频谱序列的情况下,Δf 和分析的时间信号长度 T 的关系是

$$\Delta f = f_s/N = 1/T \tag{8-75}$$

这种关系是 DFT 算法固有的特征。这种关系往往会加剧频率分辨率和计算工作量之间的矛盾。

根据采样定理,若信号的最高频率为 f_h,则最低采样频率 f_s 应大于 $2f_h$。根据式(8-75),在 f_s 选定后,要提高频率分辨率就必须增加数据点数 N,但同时会使计算工作量急剧增加。解决此矛盾有两种途径:其一,在 DFT 的基础上,采用"频率细化技术",其基本思路是在处理过程中只提高感兴趣的局部频段中的频率分辨率,以此来减少计算工作量;另一条途径则是改用其他把时域序列变换成频谱序列的方法。

在分析简谐信号的场合下,我们需要了解某特定频率 f_0 的谱值,单纯减小 Δf 并不一定会使谱线落在频率 f_0 上。从 DFT 的原理来看,谱线落在 f_0 处的条件是:$f_0/\Delta f=$整数。考虑到 Δf 是分析时长 T 的导数,简谐信号的周期 T_0 是其频率 f_0 的导数,因此只有截断的信号长度 T 正好等于信号周期的整数倍时,才可能使分析谱线落在简谐信号的频率上,从而获得准确的频谱。显然,这个结论适用于所有周期信号。

因此,对周期信号实行整周期截断是获得准确频谱的先决条件。从概念来讲,DFT 的效果相当于将窗内信号向窗外周期延拓。若事先按整周期截断信号,则延拓后的信号将和原信号完全重合,无任何畸变;反之,则延拓后将在 $t=kT$(其中 k 为整数)交接处出现间断点,波形和频谱都发生畸变。

习　题

一、单选题

1. 当 $T \to \infty$ 时,信号 $x(t)$ 的自相关函数 $R_x(t)$ 呈周期性变化,说明该信号为( )。

A. 周期信号　　　　　　　　　　　B. 含有周期信号成分的信号

C. 离散信号　　　　　　　　　　　D. 非周期信号

2. 正弦信号的自相关函数,使原有的相位信息( )。

A. 不变　　　　　　　　　　　　　B. 丢失

C. 移相　　　　　　　　　　　　　D. 一定变为 $90°$

3. 自相关函数一定是( )函数。

A. 奇　　　　　　　　　　　　　　B. 偶

C. 周期　　　　　　　　　　　　　D. 非周期

二、分析题

1. 求初始相位 φ 为随机变量的正弦函数 $x(t)=A\cos(\omega t+\varphi)$ 的自相关函数。如果 $x(t)=A\sin(\omega t+\varphi)$,$R_x(\tau)$ 有何变化?

2. 假定有一个信号 $x(t)$,它由两个频率、相角均不相等的余弦函数叠加而成。其数学表达式为

$$x(t) = a_1\cos(\omega_1 t + \varphi_1) + a_2\cos(\omega_2 t + \varphi_2)$$

求其自相关函数。

3. 求方波和正弦波的互相关函数。

4. 试根据一个信号的自相关函数图形,讨论如何确定该信号中的常值分量和周期成分。

5. 已知某信号的自相关函数为 $A\cos\omega\tau$,请确定该信号的均方值 φ_x^2 和方均根值 x_{rms}。

6. 如何确定信号中是否有周期成分?

7. 什么是互相关?它主要有什么用途?

8. 测得两个同频正弦信号的相关函数,如图 8-24 所示,问:

(1) 这一波形是自相关函数还是互相关函数?为什么?

(2) 从波形中可以获得信号的哪些信息?

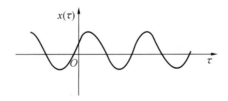

图 8-24　相关函数

参 考 文 献

[1] 谢里阳,孙红春,林贵瑜.机械工程测试技术[M].北京:机械工业出版社,2012.

[2] 秦洪浪,郭俊杰.传感器与智能检测技术[M].北京:机械工业出版社,2021.

[3] 熊诗波.机械工程测试技术基础[M].4版.北京:机械工业出版社,2024.

[4] 罗志增,席旭刚,高云园.智能检测技术与传感器[M].西安:西安电子科技大学出版社,2020.

[5] 胡向东.传感器与检测技术[M].4版.北京:机械工业出版社,2022.

[6] 郭爱芳,王恒迪.传感器原理及应用[M].西安:西安电子科技大学出版社,2007.

[7] 谢志萍.传感器与检测技术[M].4版.北京:电子工业出版社,2022.

[8] 郝琳,詹跃明,张虹.传感器与应用技术[M].武汉:华中科技大学出版社,2017.

[9] 王晓敏,黄俊,刘建新.传感检测技术[M].北京:中国电力出版社,2009.

[10] 张青春,纪剑祥.传感器与自动检测技术[M].北京:机械工业出版社,2018.

[11] 徐兰英.现代传感与检测技术[M].北京:国防工业出版社,2015.

[12] 张洪亭,王明赞.测试技术[M].沈阳:东北大学出版社,2005.

[13] 陈花玲.机械工程测试技术[M].3版.北京:机械工业出版社,2018.

[14] 范云霄,隋秀华.测试技术与信号处理[M].2版.北京:中国计量出版社,2006.

[15] 贾民平,张洪亭.测试技术[M].4版.北京:高等教育出版社,2024.